통계학

그것이 R고 싶다

임동훈 지음

자유아카데미

머리말

오늘날 통계학은 4차 산업혁명 시대에 가장 핵심적인 학문으로, 기초과학을 비롯하여 산업분야, 의학 및 통신 분야, 경제 및 사회과학 분야 등 사회의 모든 분야에서 폭넓게 활용되고 있다.

이 책은 통계학을 처음 접하는 학생들을 위한 통계학 입문서로서, 통계학의 기본적인 개념들을 쉽게 이해할 수 있도록 서술한 책이다. 개념에 대한 올바른 이해를 위해 실제 예제를 통하여 설명하고 있으며 통계 프로그램 R을 이용한 코드 설명 및 분석까지 제공하고 있다. 내용 중에 이론적인 증명이 필요한 부분은 각 장 끝에 「이론적 배경」을 별도로 삽입하여 독자의 부담을 덜도록 하였다. 또한 각 장에서 다룬 내용을 충분히 익힐 수 있도록 연습문제와 별도의 해답(홀수 번 문제만 해당)을 제공하고 있다.

이 책에서 실습하는 데 사용되는 R 프로그램은 무료이면서 오픈소스이다. 오픈소스는 누구나 어디서나 사용 가능한 프로그램이다. 따라서 인터넷상에서 쉽게 다운로드를 통해 설치할 수 있고, 사용법이 간편하여 통계 비전공자들도 부담 없이 사용할 수 있는 소프트웨어이다. 최근에 코딩교육에 대한 관심이 증가하면서 R 사용자 또한 크게 늘고 있고, 빅데이터 관련 산업 및 소프트웨어 개발을 위한 목적으로도 많은 기업이 사용하고 있다. 여기에 맞춰 R을 처음 접하는 초보자들도 불편함 없이 쉽게 따라할 수 있도록 R 프로그램의 설치에서부터 사용법까지를 부록에 첨부하였다.

이 책을 읽는 독자 대부분이 통계학과 R에 대해 초보자라는 관점에서 가능한 한 쉽게 이해할 수 있도록 집필하였지만, 여전히 책의 내용에 오류와 부족한 점이 많을 것으로 생각한다. 따라서 독자들의 애정 어린 충고와 지속적인 지도편달을 기다리며, 미흡한 부분은 계속 보완해 나가고자 한다. 추후 나올 수 있는 수정사항 및 예제에 쓰인 R 코드와 데이터 파일 등은 자유아카데미 홈페이지(www.freeaca.com) 자료실을 통해 제공할 것이다.

끝으로, 이 책의 출간에 도움을 주신 자유아카데미 출판사 여러분에게 깊은 감사를 드리며, 이 책이 나오기까지 많은 관심과 격려를 준 가족들에게 심심한 감사를 표한다.

2020년 11월
저자 임동훈 씀

차 례

부록 B 327

1장

통계학의 개요

1.1 통계학의 정의

통계학(statistics)이란 모집단(popuation)으로부터 자료(data, 데이터)를 수집하고 수집된 자료를 정리 및 요약하거나 혹은 모집단에서 수집된 자료로부터 얻은 정보(information)를 토대로 모집단의 특성을 과학적으로 추론(inference)하는 학문이라고 정의할 수 있다.

통계학은 통계분석 방법에 따라 기술 통계학(descriptive statistics)과 추측 통계학(inferential statistics, 추론 통계학)으로 구분할 수 있다. 기술 통계학은 주어진 자료를 정리 및 요약하여 자료의 특성을 규명하는 방법을 다루는 분야이다. 여기서 '기술'은 영어로 technique 혹은 technology가 아니고 description을 의미한다. 즉, description 단어는 '기술하다, 묘사하다, 설명하다, 서술하다'의 뜻을 가진 영어 describe의 명사형이다.

기술 통계학의 대상이 되는 자료는 모집단을 구성하는 모든 개체이거나, 모집단의 일부분인 표본(sample)이다. 방대한 자료로부터 자료의 특징을 파악하기 위해서는 자료를 정리 및 요약할 필요가 있다. 자료를 정리 및 요약하는 방법에는 도표(table)와 그래프(graph) 등을 이용하는 방법과 평균(mean)과 분산(variance) 등의 수치를 이용하는 방법이 있다. 도표와 그래프, 평균과 분산 등을 이용하여 자료를 정리 및 요약하는 방법을 다루는 분야가 바로 기술 통계학이다. 예를 들어, 40명의 조사자들을 대상으로 가장 선호하는 자동차 색을 설문 조사하여 **그림 1.1**을 얻었다고 가정하자. **그림 1.1**의 왼쪽은 원자료(raw data)에 대한 스프레드시트(spreadsheet)이고, 오른쪽은 이를 바탕으로 얻어진 기술 통계학을 나타낸 것이다. 현재, 이 스프레드시트만으로는 많은 정보가 제공되고 있지 않지만, 스프레드시트로부터 몇 가지 그래프와 차트를 작성하여 다음과 같은 간단한 결론을 얻을 수 있었다.

"조사자의 30%가 가장 좋아하는 자동차 색은 흰색이다".

우리는 스프레드시트로부터 자료를 정리 및 요약함으로써 자료의 특징을 쉽게 파악할 수 있다. 이것이 기술 통계학의 핵심이다.

모집단의 크기가 큰 경우 모집단 전체의 특성을 파악하기 위해 모집단을 구성하는 모든 개체를 조사하는 것은 불가능하다. 이 경우 모집단으로부터 표본을 추출하여 얻은 정보를 바탕으로 모집단의 특성에 대해 추론하는 방법을 다루는 분야가 바로 추측 통계학이다. 예를 들어, 가장 선호하는 자동차 색에 대해 전 세계 사람들의 선호도를 조사하는 경우를 생각해보자. 전 세계 인구는 약 70억이 넘기 때문에 모든 사람을 조사하는 것은 불가능하다. 이 경우 모집단을 대표하는 표본을 추출하여 표본의 결과로부터 모집단 전체를 추론할 수밖에 없다. 물론, 이런 과정에서는 필연적으로 오류(error)가 발생하지만, 불확정적인 상

	A	B	C	D
1	번호	나이	성별	좋아하는색
2	1	22	남	흰색
3	2	37	여	회색
4	3	45	여	검정색
5	4	62	남	기타
6	5	28	남	빨간색
7	6	45	여	파란색
8	7	70	남	흰색
9	8	61	남	흰색
10	9	44	남	검정색
11	10	55	여	파란색
12	11	58	남	흰색
13	12	40	여	검정색
14	13	32	남	흰색
15	14	47	여	회색
16	15	55	여	회색
·	·	· ·	·	
35	34	54	여	파란색
36	35	57	남	회색
37	36	69	남	검정색
38	37	60	남	흰색
39	38	43	남	흰색
40	39	54	여	파란색
41	40	57	남	회색

	나이
평균	51.1
표준편차	14.5034

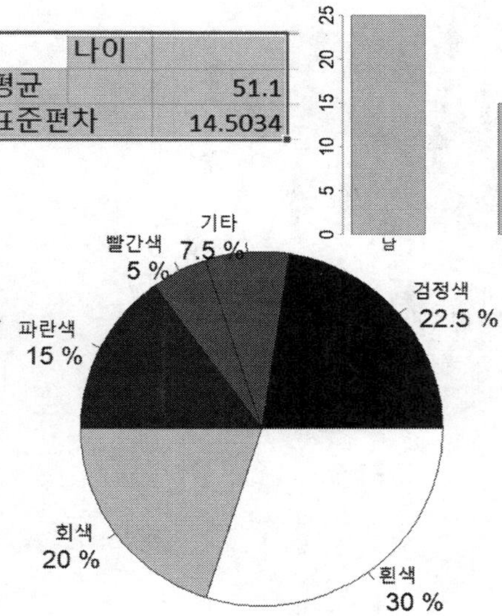

그림 1.1 원자료에 대한 스프레드시트와 기술 통계학

황에 대해서는 과학적인 방법에 따라 합리적인 의사 결정을 내릴 수밖에 없다. 이것이 추측 통계학의 핵심이다.

오늘날 통계학의 주류는 추측 통계학의 분야이다. 왜냐하면 수집된 자료를 단순히 기술하는 것도 중요하지만 이것보다 표본에서 얻은 정보를 이용하여 모집단의 특성을 규명하는 데 더 중점을 두고 있기 때문이다.

현재 통계학은 경제학, 경영학, 사회학, 정치학, 교육학, 의학, 생물학, 공학 등 대부분의 학문 분야에서 폭넓게 활용되고 있다. 통계학이 이처럼 폭넓게 활용되는 이유는 통계분석 방법의 과학성에 있다. 즉, 통계학은 막연한 추측이나 의사 결정을 허용하지 않으며, 오직 과학적 방법을 통해 자료를 수집하고 분석하여 모집단의 특성을 추론한다.

1.2 모집단과 표본

모집단(population)이란 관심의 대상이 되는 모든 개체의 집합을 말하고 표본(sample)은 모집단으로부터 추출된 일부분을 말한다. 모집단과 표본의 관계를 집합으로 얘기한다면 모집단을 전체집합이라 할 때 표본은 모집단의 부분집합(subset)이라 생각할 수 있다. **그림 1.2**는 모집단과 표본의 관계를 보여주고 있다.

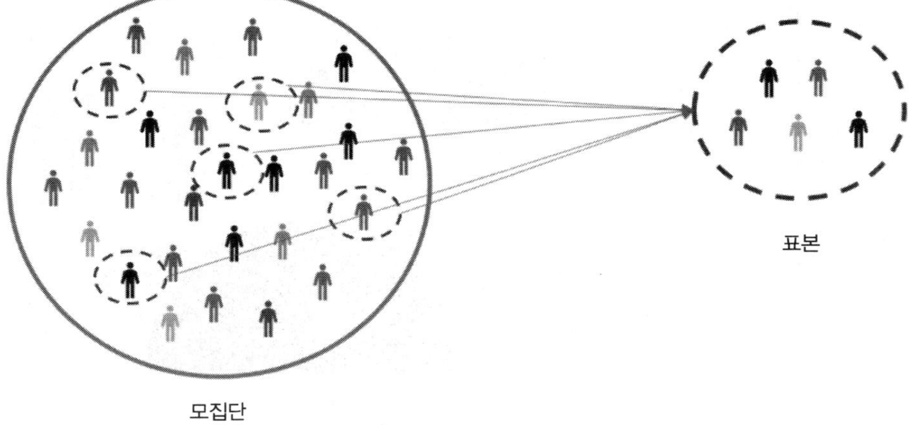

그림 1.2 모집단과 표본

여기서 보면 표본은 모집단의 일부에 해당한다. 예를 들어, 우리나라 성인 남자의 평균 신장을 조사하는 경우 모집단은 우리나라 모든 성인 남자의 신장이 된다. 우리나라의 모든 성인 남자를 대상으로 조사를 하는 것은 시간적, 경제적 제약 때문에 사실상 불가능하며, 따라서 그중 일부를 추출하여 조사된 성인 남자의 신장이 바로 표본이 된다.

다른 예를 들어보자. GNU 대학교와 GNTECH 대학교 간의 통합에 대해 구성원들의 의견조사를 하는 경우 두 대학에 속하는 모든 구성원의 의견이 모집단이 되고 그중 일부를 추출하여 조사된 의견이 표본이 된다.

전체 모집단으로부터 표본을 추출하는 과정을 표본추출(sampling)이라고 하고, 역으로 표본으로부터 모집단의 특성에 대해 일반화(generalization)하는 과정을 추론(inference)이라고 한다. **그림 1.3**은 표본추출과 추론과의 관계를 보여주고 있다.

그림 1.3에서 표본으로부터 모집단에 대해 유용한 추론(valid inferences)을 하기 위해서는 모집단으로부터 대표성을 갖는 표본(representative sample)을 추출하여야 한다.

모집단과 표본에 대해 구체적인 예를 들어 설명하고자 한다. 다음 **표 1.1**은 최근 몇 년간 활동한 우리나라 아이돌 그룹의 BMI(Body Mass Index : 체질량 지수)를 알기 위해 20명의 아이돌을 조사한 자료이다. 여기서 남자 아이돌은 12명이고 여자 아이돌은 8명이다. 이 자료에서는 우리나라 전체 아이돌 그룹의 BMI 자료가 모집단이 되고, **표 1.1**에 주어진 20명의 BMI 자료가 바로 표본이 된다.

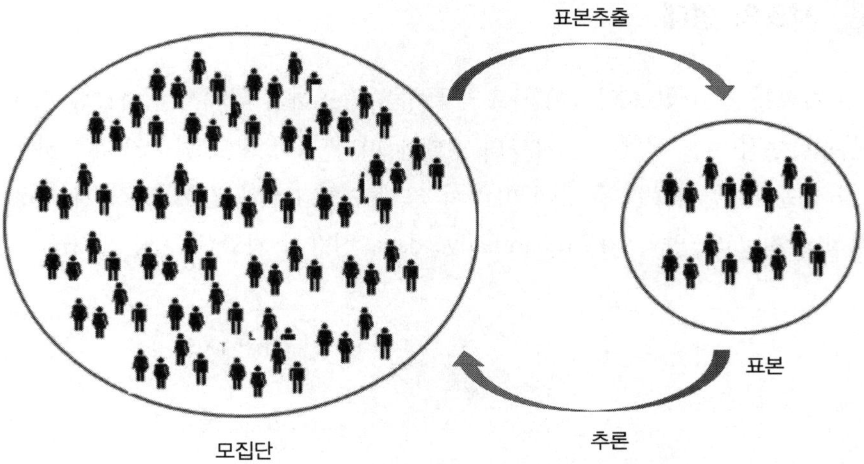

그림 1.3 표본추출과 추론

표 1.1 아이돌 그룹에 대한 BMI 자료

이름	성별	키	몸무게	BMI
A	남	182	66	19.93
B	여	167	45	16.14
C	남	177	60	19.15
D	여	158	45	18.03
E	남	176	62	20.02
F	남	178	65	20.52
G	여	170	50	17.30
H	남	179	65	20.29
I	여	166	43	15.60
J	남	177	64	20.43
K	남	175	58	18.94
L	여	165	47	17.26
M	남	180	62	19.14
N	여	167	47	16.85
O	남	177	60	19.15
P	남	177	62	19.79
Q	여	163	46	17.31
R	남	180	60	18.52
S	여	155	45	18.73
T	남	176	61	19.69

1.3 자료의 형태

주어진 자료를 정리 및 요약하여 자료의 특성을 규명하기 위해서는 자료의 형태를 파악하는 것은 필수적이다. 왜냐하면 자료의 형태에 따라 정리 및 요약하고 분석하는 방법이 달라지기 때문이다. 자료는 특성에 따라서 크게 **그림 1.4**와 같이 질적 자료(qualitative data, 정성적 자료)와 양적 자료(quantitative data, 정량적 자료)로 구분한다.

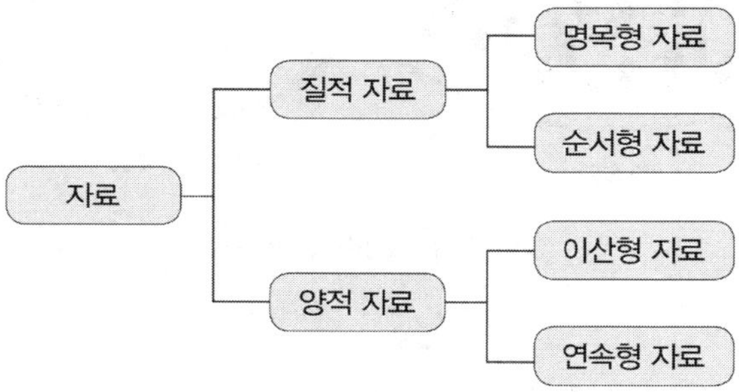

그림 1.4 자료의 형태

질적 자료는 수치로 측정이 불가능한 자료이고 양적 자료는 수치로 측정이 가능한 자료이다. 질적 자료를 범주형 자료(categorical data)라고도 하고, 양적 자료를 수치 자료(numerical data)라고도 한다. 질적 자료는 다시 세분하여 명목형 자료(nominal data)와 순서형 자료(ordinal data)로 구분한다. 명목형 자료는 성별, 혈액형처럼 범주 간에 순서의 의미가 없는 자료이고, 순서형 자료는 학년, 계급, 등급처럼 범주 간에 순서의 의미가 있는 자료이다. 예를 들면, 선호도나 만족도를 3단 척도("좋다", "그저 그렇다", "싫다") 또는 5단 척도("매우 좋다", "좋다", "그저 그렇다", "싫다", "매우 싫다")로 조사하는 경우 순서형 자료에 해당된다.

양적 자료는 다시 세분하여 이산형 자료(discrete data)와 연속형 자료(continuous data)로 구분한다. 이산형 자료는 사람 수, 교통사고 건수 등과 같이 하나씩 셀 수 있는 자료이고 연속형 자료는 가격, 길이, 실업률 등과 같이 하나씩 셀 수 없는 자료를 말한다. 이산형 자료는 측정의 최소단위가 존재하는 반면에 연속형 자료는 모든 실수 값을 가질 수 있으므로 임의로 지정하지 않는 한 측정의 최소단위가 존재하지 않는다.

자료를 질적 자료와 양적 자료로 구분하는 데 주의할 사항은 자료가 숫자로 표현 가능하다고 하여 무조건 양적 자료로 분류해서는 안 된다. 예를 들어, 성별에서 남자를 0, 여자를 1로 나타내고, 학년에서 1학년, 2학년, 3학년, 4학년을 각각 1, 2, 3, 4로 나타내기도 한다. 성별에서 숫자 0과 1은 자료의 속성과는 무관하고 단지 분석의 편의상 숫자로 나타낸 것이고, 학년에서의 1, 2, 3, 4도 성별의 0, 1과 마찬가지로 단지 숫자로 범주를 표시한 것에 불과하다. 물론 이들 숫자 간의 연산도 무의미하다. 따라서 이들 자료는 양적 자료가 아니고 질적 자료에 해당된다.

통계학에서 변수(variable)는 한 가지 이상의 자료값을 가질 수 있는 것을 말한다. **표 1.1**의 아이돌 그룹에 대한 BMI 자료에서, 첫 번째 행(row)에 있는 번호, 성별, 키, 몸무게, BMI를 변수라 하고 해당 변수에 속해 있는 자료값들을 변수 값(variable value)이라고 한다. 자료를 특성에 따라 질적 자료와 양적 자료로 구분하듯이 변수도 질적 변수(qualitative variable)와 양적 변수(quantitative variable)로 나눈다. 질적 변수는 다시 세분하여 명목형 변수(nominal variable)와 순서형 변수(ordinal variable)로 구분하고, 양적 변수도 다시 세분하여 이산형 변수(discrete variable)와 연속형 변수(continuous variable)로 구분한다.

표 1.1의 자료에서 번호와 성별은 질적 변수에 속하며 그중에서 명목형 변수에 해당하고, 키, 몸무게, BMI는 양적 변수에 속하며 그중에서 연속형 변수에 해당한다.

1.4 R을 이용한 실습

표 1.1의 아이돌 그룹에 대한 BMI 자료를 읽고 자료의 구조와 형태에 대해 알아보고자 한다.

¤ [R 코드 1.1]

```
setwd("D:/통계학R고싶다")
idol <- read.table("idol.txt", header=T)
str(idol)

class(idol$이름)
class(idol$성별)
class(idol$키)
class(idol$몸무게)
class(idol$BMI)
```

¤ [R 코드 1.1] 실행결과

```
> str(idol)
'data.frame':   20 obs. of  5 variables:
 $ 이름  : chr  "A" "B" "C" "D" ...
```

```
 $ 성별  : chr  "남" "여" "남" "여" ...
 $ 키    : int  182 167 177 158 176 178 170 179 166 177 ...
 $ 몸무게: int  66 45 60 45 62 65 50 65 43 64 ...
 $ BMI   : num  19.9 16.1 19.1 18 20 ...
```

→ idol 데이터의 구조(structure)는 데이터 프레임 형태이고 5개의 변수와 20개의 관찰값으로 이루어져 있다. 그리고 5개의 변수 중 이름, 성별은 문자형(character)이고 키, 몸무게, BMI는 숫자형이다. 숫자형에서 int는 정수형(integer)을, num은 실수형(numeric)을 의미한다.

```
> class(idol$이름)
[1] "character"
> class(idol$성별)
[1] "character"
> class(idol$키)
[1] "integer"
> class(idol$몸무게)
[1] "integer"
> class(idol$BMI)
[1] "numeric"
```

→ 이름과 성별의 자료 형태는 문자형이고 키, 몸무게, BMI의 자료 형태는 숫자형이다. 숫자형에서 integer는 정수형을, numeric은 실수형을 의미한다.

[R 코드 1.1] 설명

- setwd() 함수: 작업 디렉토리(working directory)를 지정하기 위한 함수이다. 데이터 파일 "idol.txt"가 위치하고 있는 디렉토리를 지정한다. 참고로, 현재의 작업 디렉토리를 알고자 하는 경우 getwd() 함수를 사용한다.
- read.table() 함수: 데이터 파일을 읽는데 사용하는 함수로서 사용형식은 다음과 같다.

```
read.table(file,header)
```

  - file: 데이터 파일을 지정한다.
  - header: 데이터에 변수명 존재 여부를 지정한다. 변수명이 존재하면 header=TRUE(혹은 header=T), 변수명 존재하지 않으면 header=FALSE(혹은 header=F)로 지정한다.
- str() 함수: 데이터의 구조를 알고자 하는 경우 사용하는 함수이다.
- class() 함수: 변수의 자료 형태를 알고자 하는 경우 사용하는 함수이다.

연습문제

01 모집단과 표본을 예를 들어 설명하라.

02 표본추출과 추론 사이의 관계에 대해 예를 들어 설명하라.

03 다음 자료를 질적 자료와 양적 자료로 구분하라.

> 전화번호, 이름, 혈액형, 하루 스팸메일 건수, 종교, 거주 지역, 온도, 주사위 눈의 수, 시험성적, 국회의원 후보에 대한 선호도("매우 좋다", "좋다", "그저 그렇다", "싫다", "매우 싫다"), 날씨(맑음, 흐림, 비, 눈), 강수량, 1일 주식거래량, 감기 환자 수, 사람 수("적다", "보통", "많다"), 기분 상태("매우 불행", "불행", "그저 그렇다", "행복", "매우 행복"), 우편번호, 생년월일, 주거 형태("아파트", "원룸", "주택"), 학생 수, 키, 몸무게, 나이, 자동차 사고 건수

질적 자료: ______________________________

양적 자료: ______________________________

04 다음 자료를 명목형 자료와 순서형 자료로 구분하라.

> 전화번호, 이름, 혈액형, 종교, 거주 지역, 국회의원 후보에 대한 선호도("매우 좋다", "좋다", "그저 그렇다", "싫다", "매우 싫다"), 날씨(맑음, 흐림, 비, 눈), 사람 수("적다", "보통", "많다"), 기분 상태("매우 불행", "불행", "그저 그렇다", "행복", "매우 행복"), 우편번호, 생년월일, 주거 형태("아파트", "원룸", "주택")

명목형 자료: ______________________________

순서형 자료: ______________________________

05 다음 자료를 이산형 자료와 연속형 자료로 구분하라.

> 하루 스팸메일 건수, 온도, 주사위 눈의 수, 시험성적, 강수량, 1일 주식거래량, 감기 환자 수, 학생 수, 키, 몸무게, 나이, 자동차 사고 건수

이산형 자료: ______________________________

연속형 자료: ______________________________

2장

통계조사

2.1 통계조사의 개념

통계조사(statistical survey)는 모집단에 대한 정보를 과학적인 방법으로 수집하는 데 그 목적이 있다. 통계조사를 실시하기 위해서는 조사인력, 조사비용, 조사시간 등을 고려하여 조사의 기획, 설계 단계에서부터 최종수집 단계까지 면밀한 검토가 필요하다. 다음은 통계조사의 기획 및 설계 단계에서부터 고려돼야 하는 일반적인 요소들이다.

① 조사주체(조사기관) - 누가(who)
② 조사객체(조사내용) - 무엇(what)
③ 조사시기(조사기간) - 언제(when)
④ 조사장소(조사대상) - 어디서(where)
⑤ 조사방법 - 어떻게(how)

예를 들어, 동물보호에 대한 국민의식을 조사하는 경우 위의 5가지 요소는 다음과 같이 나타낼 수 있다.

① 조사주체(조사기관) – G 대학교 정보통계학과
② 조사객체(조사내용) – 국민의 동물보호 의식 수준
③ 조사시기(조사기간) – 2020년 9월 1일 ~ 2020년 9월 30일
④ 조사장소(조사대상) – 전국 만 20 ~ 60세 성인 남녀 2,000명
⑤ 조사방법 – 면접 조사

통계조사의 방법은 전수조사(complete survey)와 표본조사(sampling survey)로 나눈다. 전수조사는 관심의 대상이 되는 집단을 이루는 모든 개체를 조사하는 방법으로, 통계청에서 5년마다 실시하는 정부의 인구주택총조사(population and housing census)가 그 대표적인 예이다. 인구주택총조사는 우리나라의 모든 사람과 주택의 규모 및 특징을 파악하기 위한 국가기본통계조사이다. 인구주택총조사의 경우, 국가정책 수립의 기초자료를 제공한다는 점에서 필요하지만, 집단 내 모든 개체를 다 조사한다는 것은 현실적인 어려움이 따르고 너무 많은 조사비용이 필요하여 모든 조사를 다 전수조사할 수는 없다. 표본조사는 전체 대상자 중 일부만 조사하는 방법으로, 사실 대부분의 통계조사는 전수조사가 아닌 표본조사로 이루어진다.

2.2 표본조사

표본조사는 모집단의 일부분을 조사하기 때문에 전수조사에 비해 시간과 비용을 절약할 수 있다. 또한 표본조사에서는 조사의 규모가 작으므로, 표본조사의 올바른 설계 및 소수의 조사자에 대한 철저한 훈련과 감독을 통하여 조사 시 발생할 수 있는 오류를 줄일 수 있다. 결국 표본조사를 과학적으로 시행한다면 전수조사보다 정확한 정보를 얻을 수 있다. 다음은 표본조사가 전수조사에 비해 가지는 몇 가지 이점들이다.

① 경제성

표본조사는 조사대상 중 일부를 추출하여 조사하기 때문에 전수조사보다 비용이 절감된다. 예를 들어, 정부는 매년 쌀 수확량을 표본조사를 통하여 예측하고 있다. 만약 전수조사를 통하여 예측한다면 전국에 있는 모든 논의 수확량을 조사하여야 하고 이에 따른 많은 예산이 소요될 것이다. 이 경우, 표본조사를 통해 일부 논의 수확량만을 조사함으로 비용을 절약할 수 있다.

② 신속성

표본조사는 전수조사보다 신속한 자료수집과 처리를 통해 결과를 도출할 수 있다. 예를 들어, 선거 예측을 위해 전수조사를 한다고 하자. 많은 양의 자료를 수집 및 처리하는 데에는 많은 시간이 소요된다. 이 경우 선거가 끝나고 개표가 마무리된 이후에 여론조사 결과가 나올 수도 있다. 결국 무의미한 조사가 되기 때문에 신속한 선거 결과를 사전에 예측하고자 하는 경우 표본조사가 널리 사용된다.

③ 정확성

많은 사람들은 모집단 전체에 대한 조사만이 정확성을 높일 수 있다고 생각할 수도 있다. 그러나 전수조사의 경우에는 많은 조사원을 동원하기 때문에 그 가운데 훈련이 덜 된 조사원들이 포함될 수 있다. 결국 조사결과의 질이 저하될 수 있는 것이다. 반면에 표본조사는, 소수의 잘 훈련된 조사원들에 대한 철저한 관리를 통하여 정확한 자료를 수집할 수 있다. 또한 전수조사에 비해 자료 규모가 작아 자료의 입력, 처리과정 등에서 오류를 줄일 수 있다.

④ 전수조사가 불가능한 경우

제품의 파괴검사, 의약품 효과 및 혈액검사 등과 같이 전수조사가 불가능한 경우에도 표본조사가 적당하다. 예를 들어, TV의 수명을 추정하는 경우 공장에서 생산되는 모든 TV를 조사하여 수명이 다할 때까지 검사를 한다면 판매할 수 있는 TV은 하나도 남지 않을 것이다. 그리고 어떤 제약회사에서 새로 개발한 의약품의 효과를 검사하는 경우, 전수조사를 한다면 현재 생존해 있는 모든 사람뿐 아니라 앞으로 태어날 모든 사람에 대해서도 그 약품의 효과를 검사하여야 할 것이다. 그러나 이것은 현실적으로 불가능하다. 따라서, 전수조사가 불가능한 경우 표본조사를 할 수밖에 없다.

⑤ **표본관리 용이**

표본조사는 예비조사(pilot survey)와 사후조사(post survey)를 철저히 할 수 있다. 예비조사는 본 조사를 하기 전에 먼저 실험적으로 행하는 작은 규모의 조사이고 사후조사는 본 조사 후에 행하는 조사이다. 표본조사는 모집단의 일부분을 조사하게 되므로 면밀한 계획과 철저한 시행이 가능하고 재방문이나 반복조사가 가능하여 표본관리가 용이하다.

2.3 표본오차와 비표본오차

통계조사에서 오차(error)는 참값(true value)과 추정값(estimate)의 차이를 말한다. 오차에는 표본오차(sampling error)와 비표본오차(non-sampling error)가 있다. 표본오차는 모집단의 일부인 표본을 가지고 모집단의 특성값을 추정함으로써 발생하는 오차로 표본조사의 정확성을 나타내는 척도이다. 물론 전수조사의 경우에는 표본오차가 발생하지 않는다. 비표본오차는 표본오차를 제외한 자료수집, 측정, 처리과정 등 조사 전반에 걸쳐 발생할 수 있는 모든 오차를 말한다. 비표본오차는 전수조사와 표본조사 모두에서 발생되는 오차로서 다음과 같은 오차들이 여기에 속한다.

① **무응답오차**(non-response error): 응답자에 대해 측정을 하지 못하는 경우에 발생하는 오차를 말한다. 무응답오차의 대부분은 응답을 거부하거나 응답자가 부재중이어서 조사가 불가능한 경우에 발생한다.

② **응답오차**(response error): 응답자에 대해 측정을 하였지만 정확하게 측정하지 못하거나 측정된 자료를 잘못 처리하여 발생하는 오차를 말한다. 여기에는 측정오차(measurement error)와 처리오차(processing error)가 있다.

(a) **측정오차**: 참값을 정확하게 측정하지 못해 발생하는 오차로서 조사원에 대한 불충분한 감독, 조사원의 경험 미숙, 훈련 부족 등으로 생기는 오차를 말한다.

(b) **처리오차**: 코딩 또는 자료입력 등의 수집된 자료를 처리하는 과정에서 생기는 오차를 말한다.

통계조사는 필연적으로 오차를 수반한다. 통계조사에서 표본의 크기가 크면 표본오차가 작아져 정확한 추정값을 구할 수 있으나 비표본오차가 표본의 크기에 비례하여 증가하는 경향이 있어 표본의 크기가 크다고 반드시 좋은 것은 아니다.

일반적으로 통계조사 결과를 표본오차와 함께 발표하기 때문에 표본오차만 고려하여 조사하는 경우가 많다. 그러나 실제로 통계조사의 오차에는 표본오차보다 비표본오차가 훨씬 많은 영향을 미친다. 따라서 통계조사 설계부터 최종 처리 단계까지 비표본오차의 발생가능성에 대하여 주의를 기울이고 이를 최소화해야 한다.

2.4 표본추출 방법

표본추출(sampling) 방법에는 확률표본추출(probability sampling)과 비확률표본추출(non-probability sampling)이 있다. 그 차이는 표본추출과정에서 표본설계자의 주관성이나 판단의식이 내포되어 있는가, 아니면 전혀 내포되어 있지 않은 무작위성(randomness)인가에 달려 있다. **그림 2.1**과 같이 확률표본추출에는 단순임의추출법(simple random sampling), 층화추출법(stratified sampling), 집락추출법(cluster sampling), 계통추출법(systematic sampling)이 있고 비확률표본추출에는 판단추출법(judgement sampling)과 할당추출법(quota sampling)이 있다.

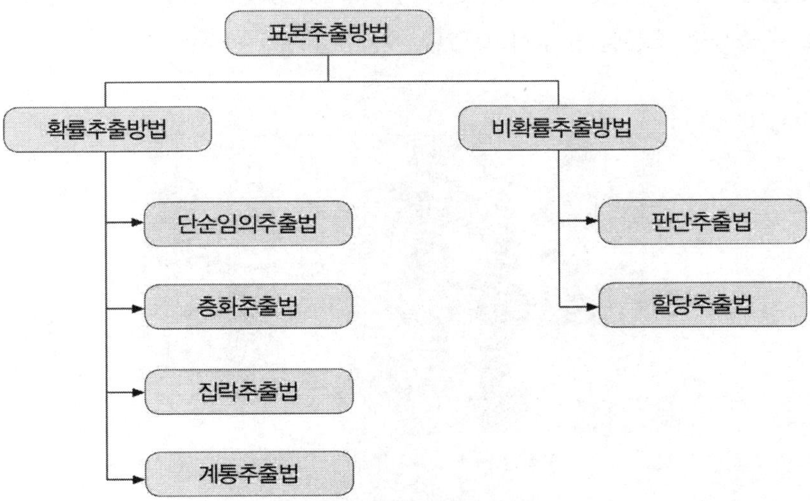

그림 2.1 표본추출방법의 종류

(1) 확률표본추출

① 단순임의추출법

단순임의추출법(simple random sampling)이란 모집단의 모든 개체가 표본으로 뽑힐 가능성이 똑같도록 표본을 추출하는 방법이다. 단순랜덤추출법이라고도 한다. 단순임의추출법은 모든 표본추출법의 기본이 되는 추출방법이다. 예를 들어, 50명인 모집단에서 5명을 단순임의추출법으로 뽑는 경우 모집단에 속하는 50명이 표본으로 뽑힐 확률이 모두 1/10이 되도록 표본을 추출하는 방법이다. 실제로, 단순임의추출로 어떻게 5명을 뽑을 것인가? 먼저, 표본을 뽑는 방법으로 고등학교 수학교과서에 나온 제비뽑기를 이용할 수 있다. 50명의 이름을 적은 종이쪽지를 한 통 안에 넣고 완전히 섞은 다음, 이 중에서 5개의 쪽지를 뽑는 방법이다. 비록 이 방법은 이론적으로는 간단하지만 실제로 실행하는 데는 번거롭기 때문에 거의 이용하지 않고 있다.

또 다른 방법으로 난수표(random number table)를 이용할 수 있다. 난수표는 0에서 9까지의 숫자를 임의대로 배열한 표이다. 50명 중에서 5명을 난수표를 이용하여 뽑는다면 먼저 50명인 모집단에 대해 1번부터 50번까지 번호를 부여해야 한다. 이후 난수표에서 출발점을 먼저 선택한 후 그 출발점에서부터 두 자리씩 아래로 읽어 내려가면 된다. 예를 들어, 93, 07, 39, 68, 17, 24, 12 등이 뽑혀진 난수들이라면 이 중에서 50을 넘는 수 93, 68은 현재 없는 번호이므로 버리고 나머지 난수 07, 39, 17, 24, 12가 우리가 뽑고자 하는 표본에 해당된다.

그림 2.2는 단순임의추출법을 보여주는 그림으로, 12명으로 구성된 모집단으로부터 4명을 임의로 추출하여 표본을 구성하고 있다.

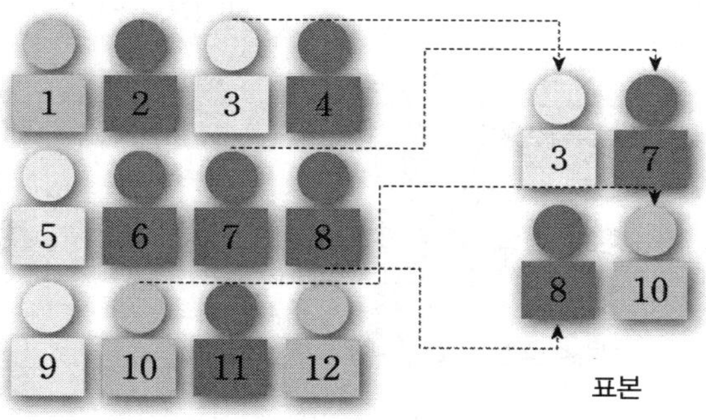

그림 2.2 단순임의추출법

② 층화추출법

층화추출법(stratified sampling)이란 모집단을 여러 개의 겹치지 않는 층(stratum, strata)으로 나눈 다음 각 층에서 단순임의추출법으로 표본을 추출하는 방법이다. 모집단을 몇 개의 층으로 나누는 것을 층화(stratification)라고 한다. 예를 들어, 진주시 슈퍼마켓의 한 달 평균 매출액을 층화추출법으로 표본을 추출하여 조사하는 경우를 생각해보자. 먼저 진주시에 있는 슈퍼마켓을 대 · 중 · 소의 세 그룹으로 나눈 다음 각 그룹으로부터 표본을 추출하여 혼합된 표본을 이용하여 매출액을 조사하면 된다. 슈퍼마켓 매출액 조사를 층화추출법으로 표본을 추출하는 이유는 단순임의추출법으로 표본을 추출하는 경우 대·중·소의 슈퍼마켓 중 우연히 어느 한 층에 속하는 슈퍼마켓들만 추출될 수 있기 때문이다. 이렇게 추출된 표본은 모집단을 잘 대표한다고 볼 수 없다.

그림 2.3은 층화추출법을 나타내는 그림으로 12명으로 구성된 모집단을 3개의 층으로 나누고 각 층으로부터 임의로 사람을 추출하여 표본을 구성하고 있다.

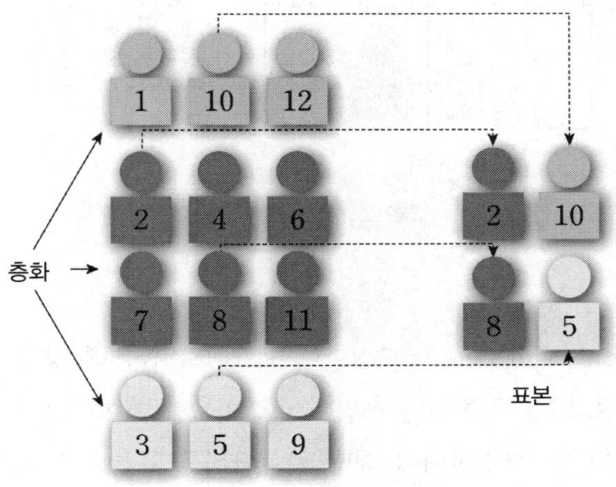

그림 2.3 층화추출법

③ 집락추출법

집락추출법(cluster sampling)은 모집단을 집락(cluster)이라고 부르는 서브 집단(sub-population)으로 분류하고 그 집락 중에서 임의(혹은 무작위)로 집락을 추출한 다음 선택된 집락 내에서 일부 혹은 모든 조사 단위들을 조사하는 방법이다. 예를 들어, 우리나라 고등학생들의 월평균 사교육비를 조사하기 위해 집락추출법을 사용하여 표본을 추출한다면 먼저 각 시·도를 집락으로 간주하여 먼저 몇 개의 시·도를 무작위로 선택한다. 그 다음 선택된 시·도에서 무작위로 고등학교를 추출하고 뽑힌 고등학교 학생 일부 혹은 전체를 조사한다. 이처럼 집락추출법은 지역적으로 인접한 것끼리 묶어 집락을 구성하고, 집락이 추출단위인 모집단에서 몇 개의 집락을 추출하여, 선택된 집락 내의 모든 조사 단위들을 조사하는 방법으로 현재 통계청에서 많이 사용하는 방법이다. 집락추출을 하는 가장 큰 이유는 표본추출과 실사(field work)를 하는 데 드는 비용과 수고를 덜기 위해서이다.

그림 2.4는 집락추출법을 나타내는 그림으로 12명으로 구성된 모집단을 인접한 사람들끼리 묶어 6개의 집락으로 나누고, 이들 집락 중에서 두 개의 집락을 선택하여 선택된 집락의 사람들로 표본을 구성하고 있다.

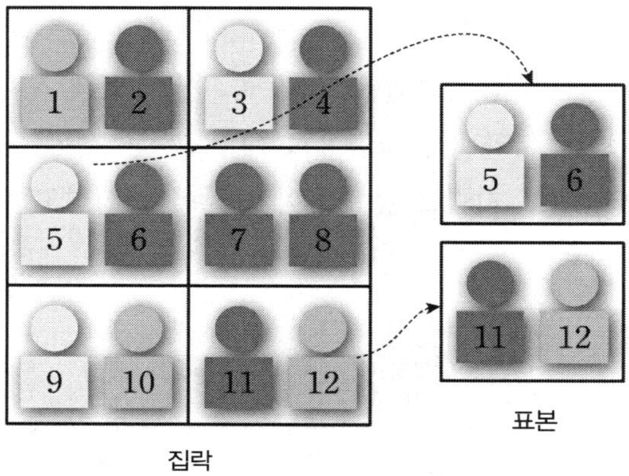

그림 2.4 집락추출법

④ **계통추출법**

계통추출법(systematic sampling)은 모집단에서 표본을 뽑는데 일정한 간격을 두고 표본을 추출하는 방법이다. 이를 위해 추출단위에 일련번호를 부여하고 처음 k개의 단위들 중 하나를 임의로 선택한 후 매 k번째에 해당되는 단위를 표본으로 선택하는 방법이다.

단순임의추출에서 난수표를 이용하여 표본을 추출하고자 할 때, 모집단과 표본이 모두 큰 경우에는 반복적이고 지루한 작업이 된다. 계통추출법은 이러한 문제점을 다소 해소할 수 있어서 실질적으로 많이 이용되고 있다. 전화번호부에서 전화 조사 응답자를 선택하거나 고객명부에서 자사 제품에 대한 만족도를 조사할 때 주로 이 방법에 의하여 응답자를 선정하기도 한다. 간단한 예로 학생 수가 1000명인 학교에서 100명을 계통추출법으로 뽑는다고 하자. 표본추출률은 100/1000 = 1/10이다. 첫 번째 학생은 1과 10 사이의 난수를 뽑아 결정하고 그다음 학생으로는 매 10번째 학생을 선택한다. 만약 첫 번째 난수가 5이면 학생명부에서 5번째, 15번째, 25번째, … 이런 식으로 일정한 간격을 두고 학생을 선택하면 된다.

그림 2.5는 계통추출법을 나타내는 그림으로 12명으로 구성된 모집단에서 3번째마다 사람을 뽑고자 하는 경우를 보여준다. 먼저, 출발점으로 사람 1부터 사람 3 사이에서 임의로 한 사람을 뽑는다. 만약 뽑힌 사람이 사람 2라면 이 사람을 출발점으로 하여 매 3번째 사람마다 추출하여 표본을 구성하고 있다.

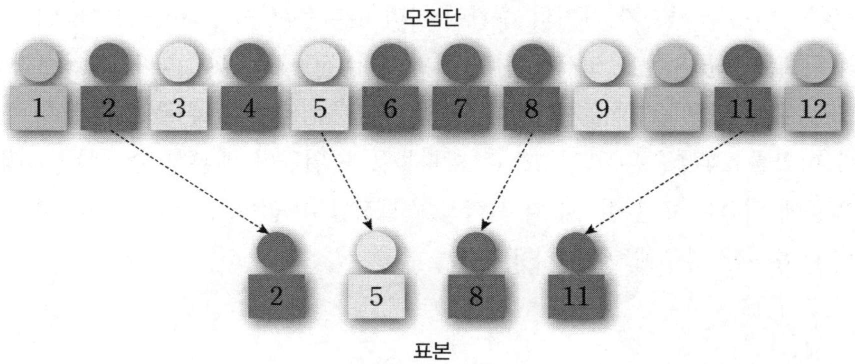

그림 2.5 계통추출법

(2) 비확률표본추출

① 판단추출법

판단추출법(judgement sampling)은 모집단의 성격에 대하여 사전에 풍부한 지식을 갖고 있는 전문가가 판단하기에 가장 모집단을 잘 대표한다고 판단되는 표본을 추출하는 방법을 말한다.

판단추출법은 모집단의 성격이 매우 이질적이거나 혹은 여러 가지 이유로 표본의 수가 적을 경우 유용하다. 예를 들어, 유권자의 투표 성향을 적은 표본을 가지고 조사를 하는 경우 과거의 경험을 기초로 선거결과를 가장 잘 대표할 것으로 판단되는 특정지역을 선정하여 이 지역의 유권자를 대상으로 조사하는 것이 바람직할 수 있다. 보다 구체적인 예로서, 판단추출법으로 경남도민의 S당 지지도를 조사하는 경우를 생각해보자. 경상남도 내의 18개의 모든 시·군을 조사하지 않고 사전에 경남도민을 대표할 수 있는 시·군, 예를 들어 진주시라면 진주지역의 S당 지지도만 조사하는 방법이다.

판단추출법은 일반적인 결론을 도출할 목적으로는 잘 사용하지 않고 본조사에 대한 예비조사 등에 사용된다.

② 할당추출법

할당추출법(quota sampling)은 모집단을 특성에 따라 몇 개의 범주(category)로 나누어 그 범주별 크기에 비례하여 표본 수를 할당하고 할당된 수만큼 조사자가 임의로 표본을 추출하는 방법이다. 모집단의 구성 비율이 표본에 그대로 유지되도록 표본을 할당하는 것이 중요하다. 층화추출법과의 차이점은 최종적인 추출단위의 선택을 표본설계자가 무작위로 하지 않고 현지 조사자가 자기의 주관에 따라 한다는 점이다. 예를 들어, 어느 대학교 학생들의 한 달 평균 용돈을 조사하는 경우 단과대, 전공, 성별에 따라 학생 수가 차이가 나므로 표본에 구성 비율이 유지되도록 표본을 할당한 다음 표본을 추출한다.

따라서 비확률표본추출은 객관적으로 확률들을 단위들에 배분할 수 없는 과정이므로 우리는 확률에 의하여 표본 결과값의 신뢰성을 결정할 수 없다. 그러나 여론조사나 시장조사 등 기타 특수한 경우에 자주 사용된다.

2.5 여론조사

(1) 여론조사의 개념

여론조사(public opinion poll/survey)는 어느 사회집단의 구성원에 대해 여론의 동향을 알아보려는 목적으로 실시하는 통계적 사회조사를 말한다. 가장 일반적인 것으로는 정치에 관한 여론조사를 들 수 있다. 전형으로는 선거여론조사를 들 수 있다. 예를 들면, '이번 선거에서 어느 당의 후보자에 투표할 것인가?'를 선거 전에 선거결과를 예측하기 위해 조사하는 것이다. 선거여론조사와 같은 특정한 정치적 사건에 관한 여론조사 외에 평상시에도 사회, 문화 등 다방면에 걸쳐 많은 여론조사가 실시되고 있다. 예를 들면, '독도는 어느 나라 땅이라고 생각하는가?' 혹은 '다문화 가족에 대해 어떻게 생각하는가?' 등과 같이 특정 사안에 대해 여론의 향배를 알아보기 위해 조사한다.

(2) 여론조사 방법

여론조사 방법에는 크게 5가지가 있다. 우편 설문조사(mail survey), 전화 설문조사(telephone survey), 자동응답(auto response system; ARS) 전화조사, 온라인 설문조사(online survey), 대인 면접 조사(interview survey) 등이 있는데 이러한 설문조사의 특징을 비교해 보면 다음과 같다.

우편 설문조사는 우편을 이용하여 조사내용이 들어있는 설문지를 발송하고 그 결과를 다시 우편으로 받아 조사하는 방법이다. 우편조사의 장점으로는 적은 비용과 노력으로 광범위한 조사가 가능하고, 문항이 많거나 전문적인 문항이 포함된 설문조사가 가능하며, 또한 응답자가 충분한 시간을 갖고 응답할 수 있을 뿐만 아니라 자발적 응답이라 응답의 신뢰성이 높다. 우편조사의 단점으로는 회수율(응답률)이 낮고 응답자가 문항에 대한 의문이 생길 경우 질문할 곳이 없다는 것이다.

전화 설문조사는 조사원이 전화를 이용하여 실시하는 설문방법으로 최근에는 RDD(random digit dialing: 임의전화걸기) 방식을 이용한 전화 여론조사를 많이 하고 있다. RDD 방식은 무작위로 선정된 전화번호를 여론조사에 활용하는 방법으로 최근 유선전화 보급률이 감소되고 휴대전화가 보편화되면서 전화번호부에 등재되지 않는 번호까지 조사할 수 있는 방법이다. 전화조사의 장점으로는 신속성과 조사비용이 절약되고 넓은 지역 조사가 가능하다는 것이 있고, 단점으로는 응답자의 신분 노출에 대한 거부감으로 인해 질문내용이 제한된다는 점이 있다. 더불어 우편조사보다 다소 높지만 여전히 응답률이 낮다는 점도 단점이다.

자동응답 전화조사는 컴퓨터가 저장된 전화번호에 자동으로 전화를 걸어 녹음된 질문과 보기를 들려주고 응답자가 전화기의 버튼을 눌러 응답하는 방식이다. 조사원이 응답자와 상호 대화를 하면서 조사가 이뤄지는 일반적인 전화 여론조사와 달리 자동응답조사는 그런 상호작용이 원천적으로 불가능한 조사방식이다. 이 조사는 전화조사에 비해 비싼 비용을 들여 조사기관을 의뢰하거나 전화 조사원을 동원할 필요가 없어 비용이 적게 든다는 장점을 갖고 있으나 기계가 말한다는 점 때문에 응답자들의 거부감을 유발하여 조사의 신뢰성을 떨어뜨린다는 단점을 갖고 있다.

온라인 설문조사는 전자메일(e-mail)이나 웹사이트를 통해 조사하는 방식으로 장점으로는 단시간에 저렴한 비용으로 조사할 수 있다는 것이고, 단점으로는 컴퓨터 사용자, 인터넷 사용자만이 설문에 응답할 수 있으며 한 사람이 여러 번 조사에 응할 수 있다는 것이다.

대인 면접 조사는 조사원이 직접 응답자를 방문하여 조사하는 방법으로 조사방법 중에서 가장 많이 사용하는 방법이다. 장점으로는 응답률이 높고 정확성과 신뢰성이 높다는 것이 있다. 조사원의 영향이 크고 또한 시간 및 비용 면에서 비효율적이라는 단점이 있다.

(3) 여론조사 사례

여론조사기관 <알앤써치>가 인터넷매체 <데일리안>의 의뢰로 실시한 2019년 4월 3주차 조사결과에 따르면, 제19대 문재인 대통령 국정운영에 대한 긍정평가는 51.4%, 부정평가는 44.7%로 각각 나타났다. 이번 조사는 4월 15·16일 이틀간 전국 만 19세 이상 성인 남녀 1036명을 대상으로 설문지를 이용한 무선(100%) RDD 자동응답 방식으로 진행됐으며 응답률은 8.3%, 표본오차는 95% 신뢰수준에 ±3.1%포인트이다.

위 여론조사에서 표본오차는 95% 신뢰수준(confidence level)에 ±3.1%포인트란 의미는 무엇인가? 위 여론조사는 전국 만 19세 이상 성인 남녀 1036명이라는 표본이 전국 성인 남녀 전체인 모집단을 잘 대표한다는 가설하에 통계를 진행한 것이다. 하지만 표본조사는 모집단을 100% 대표할 수 없기에 필연적으로 오차가 발생한다. 이 결과를 어느 정도 신뢰할 수 있는가를 나타내는 것이 신뢰수준과 표본오차다. 95% 신뢰수준은 해당 여론조사를 95% 믿을 수 있다는 뜻이 아니라 같은 조사를 100번 하면 오차범위 내 동일한 결과가 나올 횟수가 95번이라는 뜻이다. 다시 말해 5% 확률로 다른 결과가 나올 수 있다는 뜻이다.

따라서 표본오차 95% 신뢰수준에서 ±3.1%포인트는 조사된 비율 $\hat{p}$에 대한 참값 p가 100번 조사했다면 95번은 $\hat{p}-3.1\% \le p \le \hat{p}+3.1\%$ 범위 내에 있고, 나머지 5번 정도가 이 범위를 벗어날 수 있다는 의미이다. 이렇게 구한 범위를 95% 신뢰구간이라 한다. 따라서 조사된 자료에서 문 대통령 국정운영 평가에 대한 95% 신뢰구간(confidence interval)은 다음과 같다.

$$\text{긍정평가: } 51.4-3.1 \le p \le 51.4+3.1 \ \text{ 즉, } 48.3 \le p \le 54.5$$
$$\text{부정평가: } 44.7-3.1 \le p \le 44.7+3.1 \ \text{ 즉, } 41.6 \le p \le 47.8$$

즉, 문 대통령 국정운영에 대해 관측된 긍정평가 비율은 95% 신뢰수준에서 $(48.3, 54.5)$이고 부정평가 비율은 $(41.6, 47.8)$로 나타났다. 이것은 100번 동일한 조사를 하는 경우 얻어진 95개 신뢰구간 중의 하나라고 생각하면 된다. 그리고 위 결과에서 보면, 국정운영에 대해 긍정평가와 부정평가의 격차는 오차범위 밖인 6.7%포인트로 우리 국민들은 문 대통령 국정운영에 대해 95% 신뢰수준에서 부정적 평가보다 긍정적 평가를 더 많이 하고 있음을 알 수 있다. 물론 이 결과도 95% 신뢰수준임으로 100번 동일한 조사를 하는 경우 95번 정도 이런 결과를 낳는다는 의미이고 5번 정도는 이 신뢰구간을 벗어날 수 있으므로 100% 항상 이런 결과를 낳는다고 말할 수는 없다.

2.6 R을 이용한 실습

R을 이용하여 확률표본추출 중에서 단순임의추출법, 층화추출법, 계통추출법을 중심으로 실습하고자 한다.

단순임의추출법은 R에서 기본적으로 내장되어 있는 sample() 함수를 이용하여 표본을 추출하고 층화추출법은 sampling 패키지 안에 내장되어 있는 strata() 함수를 이용하여 표본을 추출할 수 있다. 그리고 계통추출법은 doBy 패키지 안에 내장되어 있는 sampleBy() 함수를 이용하여 표본을 추출한다.

❖ 패키지 설치

R에서 패키지란 비슷한 기능을 하는 함수들을 묶어놓은 것을 말한다. 따라서 특정 함수, 예를 들면 strata() 함수 혹은 sampleBy() 함수를 사용하기 위해서는 사전에 이 함수가 들어있는 패키지를 설치해야한다. 패키지 설치하는 방법에는 메뉴를 이용하는 방법과 install.packages() 함수를 이용하는 방법이 있다. 첫 번째 방법인 메뉴를 이용하여 설치하는 방법은 R의 콘솔창 즉, RGUI 창에서 아래의 메뉴를 선택하는 것이다.

[패키지들]→ [패키지(들) 설치하기...]→ [Secure CRAN mirrors]→[Packages]

여기서 [Secure CRAN mirrors]에서는 각 나라에서 운영하는 미러 사이트(mirror site)를 선택한다. 그리고 [Packages]에서 설치를 원하는 패키지를 선택한다.

두 번째 방법인 install.packages() 함수를 이용하는 방법은 설치하고자 하는 패키지, 예를 들면, sampling 패키지를 설치하고자 하는 경우 다음과 같다.

install.packages("sampling")

패키지를 설치한 다음 library() 함수를 이용하여 불러온다. R에서 자주 사용하는 기본적인 함수들은 base 패키지에 들어있고 이 패키지는 R을 설치할 때 기본적으로 설치된다. 따라서 별도로 library() 함수를 이용하여 패키지를 불러올 필요는 없다.

다음은 iris 데이터를 가지고 표본추출 방법을 실습하고자 한다.

[R 코드 2.1]

```
setwd("D:/통계학R고싶다/제2장")

iris <- read.table("iris.txt", header=T)
str(iris)

#Simple random sampling
set.seed (1)
index <- sample (1:nrow(iris), size=10)
srs <- iris[index,]
srs

#Stratified sampling
library(sampling)
set.seed (1)
str.s <- strata(data=iris, stratanames = "Species", size = c(3, 3, 3),
method = "srswor")
str.s
getdata(iris, str.s)

#Systematic sampling
library(doBy)
set.seed (1)
sys.s <- sampleBy(formula  = ~Species, frac = 0.1, data = iris)
sys.s
```

[R 코드 2.1] 실행결과

```
> str(iris)
'data.frame':   150 obs. of  5 variables:
 $ Sepal.Length: num  5.1 4.9 4.7 4.6 5 5.4 4.6 5 4.4 4.9 ...
 $ Sepal.Width : num  3.5 3 3.2 3.1 3.6 3.9 3.4 3.4 2.9 3.1 ...
 $ Petal.Length: num  1.4 1.4 1.3 1.5 1.4 1.7 1.4 1.5 1.4 1.5 ...
 $ Petal.Width : num  0.2 0.2 0.2 0.2 0.2 0.4 0.3 0.2 0.2 0.1 ...
 $ Species     : chr  "setosa" "setosa" "setosa" "setosa" ...
```

→ iris 데이터의 구조(structure)는 데이터 프레임 형태이고 5개의 변수와 150개의 관찰값으로 이루어져 있다. 그리고 5개의 변수 중 Sepal.Length(꽃받침길이), Sepal.Width(꽃받침넓이), Petal.Length(꽃잎길이), Petal.Width(꽃잎넓이)는 숫자형이고 Species(종)는 문자형(character)이다.

```
> srs
    Sepal.Length Sepal.Width Petal.Length Petal.Width    Species
68           5.8         2.7          4.1         1.0 versicolor
129          6.4         2.8          5.6         2.1  virginica
43           4.4         3.2          1.3         0.2     setosa
14           4.3         3.0          1.1         0.1     setosa
51           7.0         3.2          4.7         1.4 versicolor
85           5.4         3.0          4.5         1.5 versicolor
21           5.4         3.4          1.7         0.2     setosa
106          7.6         3.0          6.6         2.1  virginica
74           6.1         2.8          4.7         1.2 versicolor
7            4.6         3.4          1.4         0.3     setosa
```

→ 단순임의추출법에 의해 전체 150개의 데이터 중에서 10개의 표본을 추출하였다.

```
> str.s
       Species ID_unit Prob Stratum
1       setosa       1 0.06       1
4       setosa       4 0.06       1
39      setosa      39 0.06       1
73  versicolor      73 0.06       2
84  versicolor      84 0.06       2
93  versicolor      93 0.06       2
114  virginica     114 0.06       3
118  virginica     118 0.06       3
133  virginica     133 0.06       3
```

→ 층화추출법에 의해 iris의 3가지 종(species)인 setosa, versicolor, virginica에서 각각 3개씩 표본을 추출한다. 이때 행 번호(row number) 기준으로 출력한다.

```
> getdata(iris, str.s)
    Sepal.Length Sepal.Width Petal.Length Petal.Width    Species ID_unit
1            5.1         3.5          1.4         0.2     setosa       1
4            4.6         3.1          1.5         0.2     setosa       4
39           4.4         3.0          1.3         0.2     setosa      39
```

```
73              6.3          2.5          4.9          1.5  versicolor       73
84              6.0          2.7          5.1          1.6  versicolor       84
93              5.8          2.6          4.0          1.2  versicolor       93
114             5.7          2.5          5.0          2.0   virginica      114
118             7.7          3.8          6.7          2.2   virginica      118
133             6.4          2.8          5.6          2.2   virginica      133
               Prob      Stratum
1              0.06            1
4              0.06            1
39             0.06            1
73             0.06            2
84             0.06            2
93             0.06            2
114            0.06            3
118            0.06            3
133            0.06            3
```

→ 층화추출법에 의해 iris의 3가지 종인 setosa, versicolor, virginica에서 각각 3개씩 표본을 추출한다. 이때 데이터의 변수와 함께 출력한다.

```
> sys.s
              Sepal.Length Sepal.Width Petal.Length Petal.Width    Species
setosa.1               5.1         3.5          1.4         0.2     setosa
setosa.4               4.6         3.1          1.5         0.2     setosa
setosa.23              4.6         3.6          1.0         0.2     setosa
setosa.34              5.5         4.2          1.4         0.2     setosa
setosa.39              4.4         3.0          1.3         0.2     setosa
versicolor.64          6.1         2.9          4.7         1.4 versicolor
versicolor.68          5.8         2.7          4.1         1.0 versicolor
versicolor.71          5.9         3.2          4.8         1.8 versicolor
versicolor.83          5.8         2.7          3.9         1.2 versicolor
versicolor.93          5.8         2.6          4.0         1.2 versicolor
virginica.107          4.9         2.5          4.5         1.7  virginica
virginica.110          7.2         3.6          6.1         2.5  virginica
virginica.121          6.9         3.2          5.7         2.3  virginica
virginica.142          6.9         3.1          5.1         2.3  virginica
virginica.146          6.7         3.0          5.2         2.3  virginica
```

→ 계통추출법에 의해 매 10번째마다 표본을 추출하였다.

[R 코드 2.1] 설명

- set.seed() 함수 : 매번 똑같은 결과를 재현하기 위해 난수 시드값(seed value)을 지정하는 데 사용하는 함수이다.
- sample() 함수 : 주어진 데이터에서 임의로 표본을 추출하는 데 사용하는 함수이다. 사용형식은 다음과 같다.

```
sample(x, size, replace = FALSE)
```

  - x: 데이터
  - size: 표본의 크기
  - replace: 복원추출과 비복원추출 결정 인자. 기본값은 replace = FALSE로 비복원추출이고 replace = TRUE이면 복원추출이다.

  예 `index <- sample(1:nrow(iris), size=10)`

- strata() 함수: 층별로 표본을 추출하는 데 사용하는 함수이다. 사용형식은 다음과 같다.

```
strata(data, stratanames = NULL, size, method)
```

  - data: 데이터
  - stratanames: 층 변수
  - size: 각 층의 크기
  - method: 복원추출과 비복원추출 결정 인자. method="srswor"이면 비복원추출, method= "srswr"이면 복원추출한다.

  예 `str.s <- strata(data=iris, stratanames = "Species", size = c(3, 3, 3), method = "srswor")`

- getdata() 함수: strata() 함수의 결과는 행 번호(row number) 기준으로 출력된다. 추출된 표본에 데이터에 포함된 변수들을 출력하고자 하는 경우 getdata() 함수를 이용한다.
- sampleBy() 함수 : 모집단의 임의 위치에서 시작해 매 k번째 항목을 표본으로 추출하는 단순한 방법이다.

```
sampleBy(formula, frac = 0.1, replace = FALSE, data)
```

  - formula: 그룹 지정. 만약 그룹의 구분이 없는 경우 상수 1을 사용한다.

- frac: 표본 비율, 기본값은 10%이다.
- replace: 복원 추출과 비복원추출 결정 인자. 기본값은 replace = FALSE로 비복원추출이고 replace = TRUE이면 복원추출이다.
- data: 데이터

예

```
sys.s <- sampleBy(formula  = ~Species, frac = 0.1, data = iris)
```

연습문제

01 G 대학교 정보통계학과 학생들의 한 달 용돈을 조사하고자 한다. 전체 140명 학생 중에서 15명을 뽑아 조사하는 경우 전체 140명에 대해 일련번호를 부여한 후 추첨을 통해 15명을 추출하고자 한다. 이와 같이 표본을 추출하는 방법을 무엇이라 하는가?

02 G 대학교 학생들의 일본제품 불매운동에 대해 실태조사를 하고자 한다. 단과대학의 크기를 학생 수에 따라 대・중・소 3그룹으로 나눈 후 각 그룹에서 사전에 배분된 학생 수 만큼 단순임의 추출법으로 표본을 추출하여 조사하는 방법을 무엇이라 하는가?

03 진주시 고등학교 학생들의 인권조례에 대한 의식을 조사하고자 한다. 전체 고등학교 중에서 임의로 3개 고등학교를 추출하고 추출된 고등학교 학생들 전체를 조사하고자 한다. 이와 같이 표본을 추출하여 조사하는 방법을 무엇이라 하는가?

04 국회의원 선거에서 방송 3사(KBS, MBC, SBS)가 공동으로 투표소 밖에서 투표자 5명당 1명꼴로 어떤 후보를 찍었는지 물어보는 방식으로 출구조사를 실시하였다. 이와 같이 표본을 추출하여 조사하는 방법을 무엇이라 하는가?

05 G 대학교 학생회는 도서관과 운동시설 건립 중 하나를 본부에 요구하기 위해 학생들의 여론을 수렴하기로 하였다. 100명을 뽑아 조사하는 경우 학교 정문에서 등교하는 학생들 상대로 매 10번째 학생을 선택하여 조사하고자 한다. 이와 같이 표본을 추출하여 조사하는 방법을 무엇이라 하는가?

06 G 대학교 학생들의 성의식 실태조사를 하고자 한다. 각 학과 학생 수에 비례하여 표본을 할당하고 할당된 수만큼 학과 조교는 학과사무실에 출입하는 학생들 상대로 설문조사를 하고자 한다. 이와 같이 손쉽게 표본을 추출하여 조사하는 방법을 무엇이라 하는가?

3장

자료의 정리 및 요약

3.1 도표·그래프를 이용한 자료의 정리 및 요약

자료가 주어졌을 때 주어진 자료에 대한 정보를 가장 쉽고 빠르게 알 수 있는 방법은 자료에 대해 도표나 그래프를 그려보는 것이다. **표 3.1**은 1장에서 소개한 가장 선호하는 자동차 색에 대한 설문조사 결과이다.

표 3.1 자동차 색에 대한 선호도 조사 자료

번호	나이	성별	좋아하는색
1	22	남	흰색
2	37	여	회색
3	45	여	검정색
4	62	남	기타
5	28	남	빨간색
6	45	여	파란색
7	70	남	흰색
8	61	남	흰색
9	44	여	검정색
10	55	여	파란색
11	58	남	흰색
12	40	여	검정색
13	32	남	흰색
14	47	여	회색
15	55	여	회색
…	…	…	…
34	54	여	파란색
35	57	남	회색
36	69	남	검정색
37	60	남	흰색
38	43	남	흰색
39	54	여	파란색
40	57	남	회색

(1) 도수분포표

자료값을 몇 개의 구간으로 나누고 각 구간의 빈도수를 도수(frequency)하고 하며 이 도수를 전체 자료의 개수로 나눈 것을 상대도수(relative frequency)라고 한다. 도수분포표

(frequency table)는 각 자료값에 대하여 도수 혹은 상대도수를 계산하여 표로 나타낸 것을 말한다. 자료가 질적 자료냐, 양적 자료냐에 따라 도수분포표를 작성하는 방법이 달라진다.

① 질적 자료의 도수분포표

질적 자료의 경우 각 관측값은 몇 개의 가능한 범주 중의 하나에 속한다. 따라서, 질적 자료의 도수분포표는 범주에 속하는 각 관측값에 대해 도수 혹은 상대도수를 계산하여 표로 나타낸 것이다. **표 3.2**와 **표 3.3**은 **표 3.1**에서 성별과 좋아하는 색에 대한 도수분포표이다.

표 3.2 성별에 대한 도수분포표

성별	도수	상대도수
남	25	0.625
여	15	0.375
합계	40	1.0

표 3.3 좋아하는 색에 대한 도수분포표

좋아하는 색	도수	상대도수
검정색	9	0.225
흰색	12	0.300
회색	8	0.200
파란색	6	0.150
빨간색	2	0.050
기타	3	0.075
합계	40	1.0

② 양적 자료의 도수분포표

질적 자료인 경우는 범주에 속하는 관측값이 몇 개인가 개수를 셈으로써 쉽게 도수분포표를 작성할 수 있었다. 그러나 양적 자료의 경우 각 관측값에 대해 해당하는 도수를 세는 것은 의미가 없다. 양적 자료의 도수분포표는 관측값을 몇 개의 구간으로 나누어 구간별로 도수 혹은 상대도수를 계산하여 표로 나타낸다. 이때, 나누어진 구간을 계급(class)이라 하고 각 구간에 포함되는 값의 범위를 계급구간(class interval)이라고 한다. 또 각 계급구간의 크기를 계급구간의 폭이라 한다. 구간을 대표하는 값으로서 계급 중앙값을 계급값(class value)이라고 부른다.

도수분포표에서 계급의 개수를 몇 개로 할 것인지가 중요한데 계급의 개수를 결정하는 일률적인 공식은 없다. 다만 계급의 개수가 너무 적으면 자료들의 세부적인 분포 상태에 대한 정보를 잃게 되고 계급의 수가 너무 많으면 자료의 전반적인 분포 형태를 파악하기 어렵다. 계급의 개수가 정해지면 계급구간을 결정해야 하는데 계급구간을 정하는 데도 중복되지 않도록 계급구간을 정하며, 최솟값이 첫 번째 구간에 속하고 최댓값이 마지막 구간에 속하도록 계급의 개수를 고려하여 결정한다. **표 3.4**는 **표 3.1**에 있는 나이에 대한 도수분포표를 보여주고 있다.

표 3.4 나이에 대한 도수분포표

나이	도수	상대도수
20 ~ 30	4	0.100
30 ~ 40	6	0.150
40 ~ 50	8	0.200
50 ~ 60	11	0.275
60 ~ 70	8	0.200
70 ~ 80	3	0.075
합계	40	1.00

(2) 막대그래프

막대그래프(bar graph)는 질적 자료에서의 도수분포표를 그림으로 나타낸 것이다. 막대그래프는 각 범주의 관측값에 해당하는 도수 혹은 상대도수를 수직 혹은 수평으로 선을 그어 나타낸다. **그림 3.1**과 **그림 3.2**는 **표 3.1**에 있는 성별과 좋아하는 색에 대한 막대그래프를 보여주고 있다.

그림 3.1의 막대그래프에서 왼쪽은 수직축이 도수를 나타내고 오른쪽은 수직축이 상대도수를 나타낸다.

그림 3.2의 막대그래프에서 왼쪽은 수직축이 도수를 나타내고 오른쪽은 수직축이 상대도수를 나타낸다.

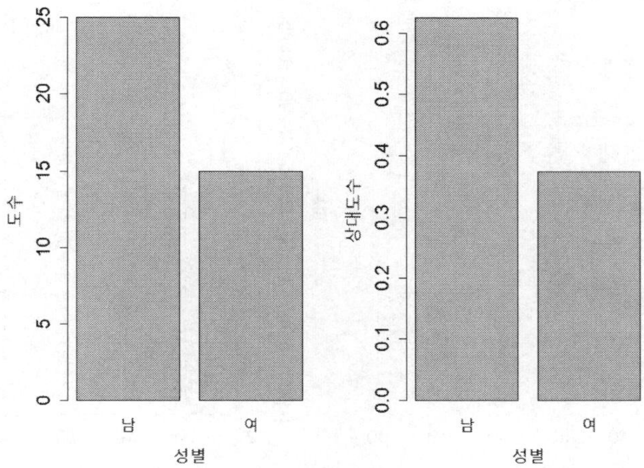

그림 3.1 성별에 대한 막대그래프

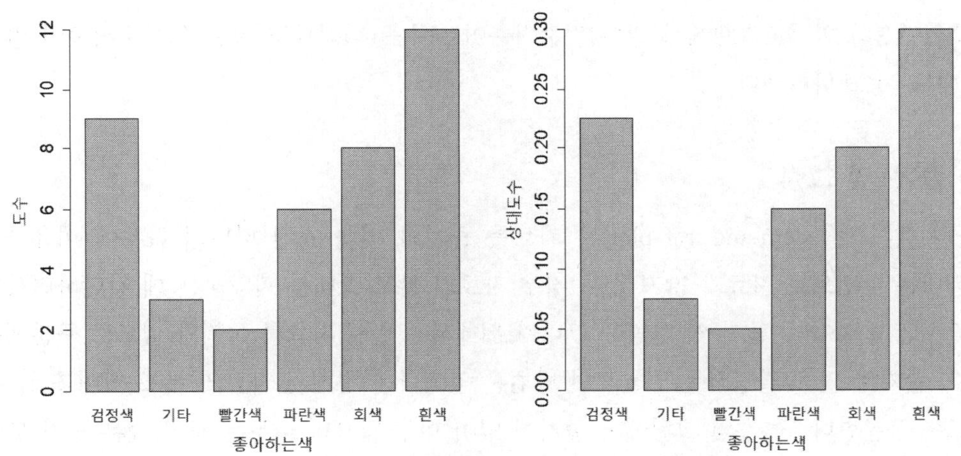

그림 3.2 좋아하는 색에 대한 막대그래프

(3) 히스토그램

히스토그램(histogram)은 양적 자료에서 도수분포표를 그림으로 나타낸 것이다. 히스토그램은 언뜻 보기엔 질적 자료에서의 막대그래프와 같게 보이나 수평축을 보면 막대그래프는 여러 개의 범주에 해당하는 관측값을 일정 간격을 두고 나타내고 있는 반면에 히스토그램은 연속적인 관측값들을 계급구간 혹은 계급값을 가지고 일정 간격 없이 표시하고 있음을 알 수 있다. **그림 3.3**은 **표 3.1**에 있는 나이에 대한 히스토그램을 보여주고 있다.

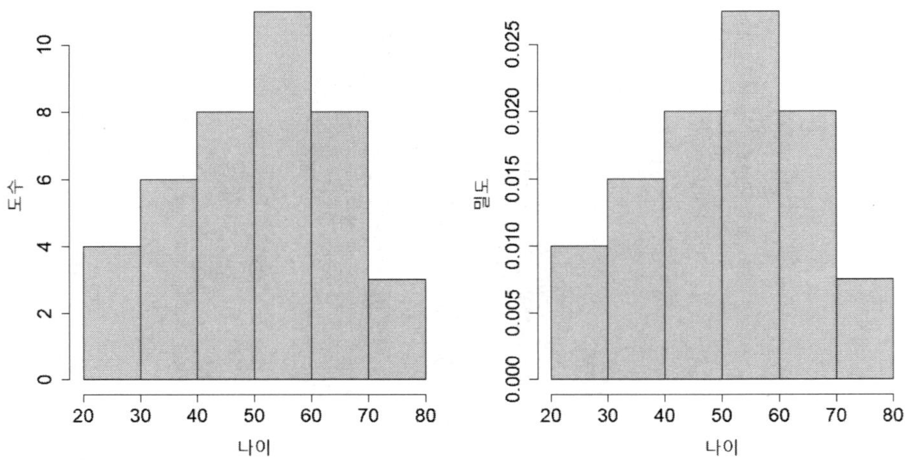

그림 3.3 나이에 대한 히스토그램

그림 3.3의 히스토그램에서 왼쪽은 수직축이 도수를 나타내고 오른쪽은 수직축이 밀도(상대도수)를 나타낸다.

(4) 줄기-잎 그림

줄기-잎 그림(stem-and-leaf plot)은 자료를 줄기와 잎을 가진 하나의 나무에 비유하여 나타내는 방법으로 자료가 많지 않는 경우 자료의 분포 형태를 파악하는 데 간단하면서도 효과적인 방법이다. 줄기-잎 그림을 그리기 위해서는 먼저 자료를 줄기와 잎으로 구분해야 한다. 줄기와 잎을 결정하는 일률적인 방법은 없으나 어떻게든 자료의 분포 형태를 알 수 있도록 구분한다. 줄기-잎 그림에서 줄기에 잎이 너무 많으면 나무는 보고 숲은 보지 못한다는 말처럼 자료의 전반적인 분포형태 파악이 어려울 수 있다. 반대로 줄기에 잎이 너무 적은 경우에는 숲은 보고 그 안에 있는 나무를 보지 못하는 것처럼 자료가 가지고 있는 세부적인 특징을 파악하는 것이 어려울 수 있다.

표 3.1에서 나이에 대해 줄기-잎 그림을 그려보자. 나이 자료를 보고 줄기와 잎을 결정해야 하는데 관측값이 두 자리의 숫자이므로 둘째 자리(십의 자리)를 줄기로 생각하여 크기 순서대로 세로로 적고 첫째 자리(일의 자리)를 잎으로 생각하여 줄기에 해당하는 잎을 가로로 적는다. 그리고 줄기와 잎을 구분하기 위해 줄기와 잎 사이에 수직선을 긋는다. **그림 3.4**는 이렇게 하여 작성한 나이에 대한 줄기-잎 그림이다.

줄기	잎
2	2 8 1 8
3	7 2 8 9 7
4	5 5 4 0 7 4 4 3 3
5	5 8 5 5 4 4 7 4 7
6	2 1 5 8 1 9 0 9 0
7	0 2 1
8	0

그림 3.4 나이에 대한 줄기-잎 그림

위 그림에서 각 줄기의 마지막 잎에 해당하는 자료를 연결하여 꺾은선 그래프를 그린 후 반시계방향으로 90도 회전하면 대략적인 분포형태를 알 수 있다.

줄기	잎
2	1 2 8 8
3	2 7 7 8 9
4	0 3 3 4 4 4 5 5 7
5	4 4 4 5 5 5 7 7 8
6	0 0 1 1 2 5 8 9 9
7	0 1 2
8	0

그림 3.5 나이에 대한 줄기-잎 그림

그림 3.5는 나이에 대한 또 다른 줄기-잎 그림으로서 **그림 3.4**와의 차이점은 줄기에 붙어있는 잎들을 자료가 얻어진 순서에 따라 나타낸 것이 아니라 크기 순서대로 정렬하여 나타냈다는 것이다. 주로 통계 소프트웨어를 이용하여 줄기-잎 그림을 그릴 경우 **그림 3.5**와 같이 나타난다. 그러나 **그림 3.4**와 **그림 3.5** 모두 같은 분포 형태를 나타내는 줄기-잎 그림들이다.

(5) 상자그림

상자그림(box plot)은 **그림 3.6**과 같이 자료를 요약하는 데 흔히 사용되는 다섯 가지의 요약통계량(summary statistics), 즉 최솟값, 최댓값, 제1사분위수(Q_1), 제3사분위수(Q_3) 그리고 중앙값(Q_2)을 상자를 이용하여 나타낸 그래프이다.

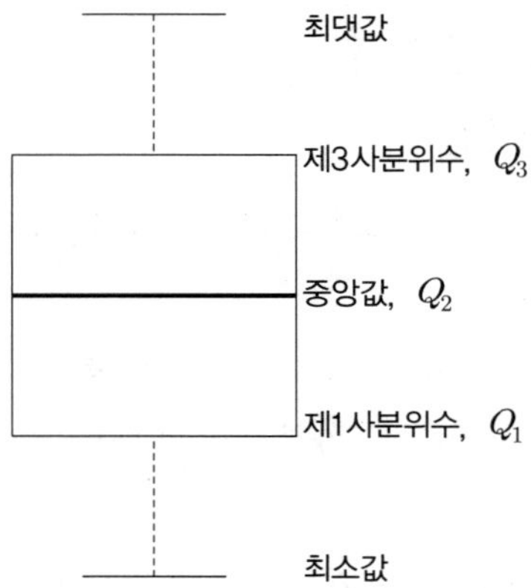

그림 3.6 상자그림

최솟값과 최댓값은 관측값 중에서 가장 작은 값과 가장 큰 값이고, 사분위수(quartile)는 크기 순서대로 늘어놓은 자료를 사등분하는 값을 말한다. 사분위수에는 제1사분위수와 제2사분위수 그리고 제3사분위수가 있다. 제1사분위수는 첫 번째로 사등분하는 수이고 제2사분위수는 두 번째로 사등분하는 수, 제3사분위수는 세 번째로 사등분하는 수이다. 제2사분위수는 중앙값에 해당한다.

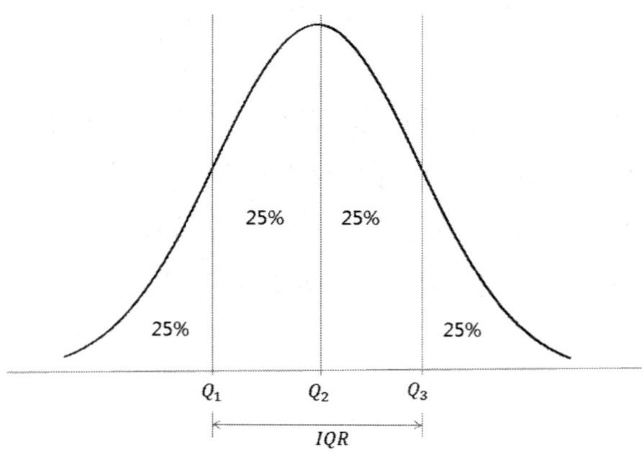

그림 3.7 사분위수와 사분위수 범위(IQR)

그림 3.7에서처럼 분포에서 제1사분위수는 상위 25%(혹은 하위 75%)에 해당하는 값이고 제2사분위수는 상위 50%(혹은 하위 50%), 제3사분위수는 상위 75%(혹은 하위 25%)에 해당하는 값이다. 크기 순서대로 늘어놓은 자료에 대해 사분위수 순위는 다음과 같이 계산하면 된다.

$$\text{사분위수 순위} = \frac{\text{중앙값의 순위} + 1}{2}$$

여기서 중앙값의 순위는 다음과 같다.

$$\text{중앙값의 순위} = \frac{n+1}{2}$$

여기서 n은 자료의 개수를 나타낸다.

제1사분위수는 작은 값부터의 크기 순서(ascending order, 오름차순)로 나열된 자료에서 첫 번째 사분위수 순위에 해당하는 값이고 제3사분위수는 큰 값부터의 크기 순서(descending order, 내림차순)대로 나열된 자료에서 첫 번째 사분위수 순위에 해당하는 값이다.

사분위수 범위(interquartile range; IQR)는 다음과 같이 제3사분위수와 제1사분위수의 차로 정의된다.

$$\text{사분위수 범위} = \text{제3사분위수} - \text{제1사분위수}$$

사분위수 범위는 **그림 3.7**에서처럼 전체 자료 중에서 상위 25%의 관측값과 하위 25%의 관측값을 제외한, 중앙에 위치한 50%의 관측값의 퍼진 정도를 나타낸다.

사분위수 범위 외에 관측값의 퍼진 정도를 나타내는 또 다른 측도로 범위(range, R)를 들 수 있다. 범위는 다음과 같이 최댓값과 최솟값의 차로 정의된다.

$$\text{범위} = \text{최댓값} - \text{최솟값}$$

다음의 간단한 자료를 가지고 상자그림을 그리는데 필요한 사분위수를 구해보자.

20 40 50 10 30

먼저, 사분위수를 구하기 위해 다음과 같이 크기 순서대로 나열한다.

10 20 30 40 50

중앙값은 자료에서 중앙에 있는 값이므로 $Q_2 = 30$이다. 이것을 중앙값의 순위를 이용하여 구하면 다음과 같다.

중앙값의 순위는 $\frac{5+1}{2} = 3$이므로 중앙값은 3번째 관측값인 $Q_2 = 30$이다.

제1사분위수와 제3사분위수를 계산하는 데 필요한 사분위수 순위는 $\frac{3+1}{2} = 2$이므로 제1사분위수는 크기 순서 자료에서 2번째 관측값인 $Q_1 = 20$이고 제3사분위수는 크기 역순서 자료에서 2번째 관측값인 $Q_3 = 40$이다. **그림 3.8**은 위 자료에 대한 상자그림이다.

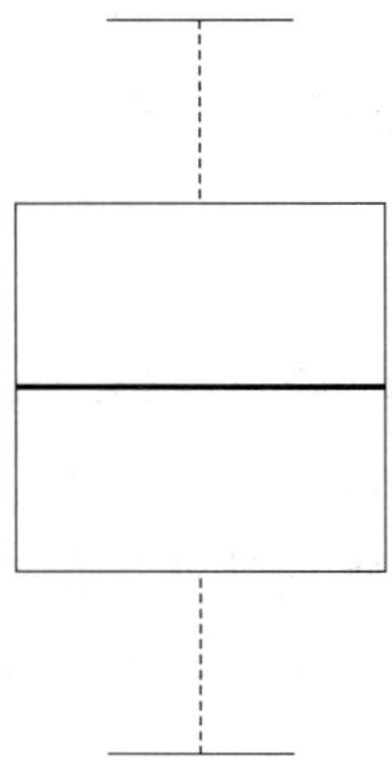

그림 3.8 간단한 자료에 대한 상자그림

어떤 자료를 보면 다른 관측값보다 아주 크거나 혹은 아주 작은 값이 들어있는 자료가 있다. 극단적으로 아주 크거나 혹은 아주 작은 값을 이상값(outlier, 이상점)이라고 한다. 이상값의 판단 기준으로 경계값을 이용한다. 어떤 값이 우측(혹은 위측) 경계값 $(Q_3 + 1.5 \times IQR)$보다 크거나 혹은 좌측(혹은 아래 측) 경계값$(Q_1 - 1.5 \times IQR)$보다 작으면 이상값으로 처리한다. 상자그림에서 이상값이 존재하는 경우 이상값을 별도로 표시하고 이 경우 최솟값과 최댓값은 이상값을 제외한 관측값 중에서 구하여 표시한다.

예제 3.1 **표 3.1의 나이에 대해 상자그림을 그려보자.**

22, 37, 45, 62, 28, 45, 70, 61, 44, 55, 58, 40, 32, 47, 55, 72, 38, 55, 80, 71, 54, 65, 68, 39, 21, 37, 44, 61, 28, 44, 69, 60, 43, 54, 57, 69, 60, 43, 54, 57

풀이 상자그림을 그리려면 먼저 사분위수를 구해야 한다. 이를 위해 자료를 다음과 같이 크기 순서대로 나열한다.

21, 22, 28, 28, 32, 37, 37, 38, 39, 40, 43, 43, 44, 44, 44, 45, 45, 47, 54, 54,
54, 55, 55, 55, 57, 57, 58, 60, 60, 61, 61, 62, 65, 68, 69, 69, 70, 71, 72, 80

중앙값의 순위는 $\frac{1}{2}(40+1)=20.5$번째 즉 20번째와 21번째 중간이므로 중앙값은 20번째와 21번째 관측값의 평균 즉,

$$Q_2 = \frac{54+54}{2} = 54$$

이다.
제1사분위수와 제3사분위수를 계산하는 데 필요한 사분위수 순위는 다음과 같다.

$$\text{사분위수 순위} = \frac{20.5+1}{2}$$

제1사분위수는 10.75번째 순위에 해당하는 값으로, 10번째 관측값 40과 11번째 관측값 43 사이의 길이의 0.75에 해당하는 값

$$Q_1 = 40 + (43-40) \times 0.75 = 42.25$$

이다.
제3사분위수는 자료를 역순서대로 나열된 자료에서 10.75번째 순위에 해당하는 값으로, 10번째 관측값 61과 11번째 관측값 61 사이의 길이의 0.75에 해당하는 값

$$Q_3 = 61 + (61-61) \times 0.75 = 61.0$$

이다.
이상값이 존재하는지 알아보기 위해 먼저 사분위수 범위와 좌측 경계값, 우측 경계값을 구해보자.

$$IQR = 61.0 - 42.25 = 18.75$$

이고

$$Q_1 - 1.5 \times IQR = 42.25 - 1.5 \times 18.75 = 14.125,$$
$$Q_3 + 1.5 \times IQR = 61.0 + 1.5 \times 18.75 = 89.125$$

이다.

따라서 관측값 중에서 14.125보다 작고 89.125보다 큰 값을 이상값으로 처리한다. 주어진 관측값에서는 이상값은 존재하지 않는다.

그림 3.9는 예제 3.1에 대한 상자그림을 나타낸다.

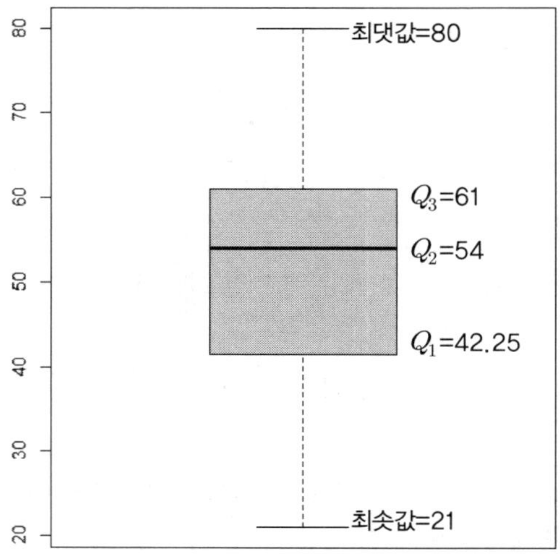

그림 3.9 예제 3.1에 대한 상자그림 ■

3.2 수치를 이용한 자료의 정리 및 요약

(1) 중심위치에 대한 측도

중심위치에 대한 측도(measure of central tendency)란, 자료가 주어졌을 때 어떤 값을 중심으로 분포되어 있는가를 나타내기 위한 측도이다. 많이 사용하는 측도로는 평균(mean)과 중앙값(median)이 있다.

① 평균

평균에는 모집단의 평균인 모평균(population mean)과 뽑은 표본의 평균인 표본평균(sample mean)이 있다. 모집단의 크기 N인 $X_1, X_2, X_3, \cdots, X_N$에서 표본의 크기 n인 $x_1, x_2, x_3, \cdots, x_n$을 추출하였을 때 모평균과 표본평균을 구하는 식은 다음과 같다.

$$\text{모평균: } \mu = \frac{1}{N}(X_1 + X_2 + X_3 + \ldots + X_N) = \frac{1}{N}\sum_{i=1}^{N} X_i$$

$$\text{표본평균: } \bar{x} = \frac{1}{n}(x_1 + x_2 + x_3 + \ldots + x_n) = \frac{1}{n}\sum_{i=1}^{n} x_i$$

예제 3.2 **표 3.1의 자료에서 나이에 대한 표본평균을 구해보자.**

풀이 나이에 대한 표본평균은 다음과 같다.

$$\bar{x} = \frac{1}{n}\sum_{i=1}^{n} x_i = \frac{22+37+\ldots+54+57}{40} = 51.1$$

■

② 중앙값

중앙값은 자료를 크기순으로 나열했을 때 중앙에 위치하는 값이다. 자료가 주어졌을 때 중앙값은, 앞에서 소개한 것처럼 중앙값의 순위인 $(n+1)/2$에 해당하는 값이다. n이 홀수이면 중앙값은 $(n+1)/2$번째의 자료값이고 n이 짝수이면 중앙값은 $n/2$번째와 $(n/2)+1$번째 자료값의 평균이다.

예제 3.3 **표 3.1의 자료에서 나이에 대한 중앙값을 구해보자.**

풀이 나이에 대한 자료를 순서대로 나열한다.

21, 22, 28, 28, 32, 37, 37, 38, 39, 40, 43, 43, 44, 44, 44, 45, 45, 47, 54, 54, 54, 55, 55, 55, 57, 57, 58, 60, 60, 61, 61, 62, 65, 68, 69, 69, 70, 71, 72, 80

자료의 개수는 n=40이므로 짝수이다. 중앙값은 $20(=40/2)$번째 자료값 54와 $21(=(40/2)+1)$번째 자료값 54의 평균이다. 따라서 중앙값은 $54(=(54+54)/2)$이다. ■

예제 3.4 **기획재정부는 2010년 국세 세입 예산안을 발표하면서 1인당 평균 세금은 453만원이 될 것이라고 예상하였다. 이를 조사하기 위해 10명을 뽑아 세금을 조사한 자료는 다음과 같다(단위 : 만원).**

440, 500, 420, 400, 470, 350, 700, 300, 1200, 600

풀이 세금자료를 크기 순서대로 나열한다.

300, 350, 400, 420, 440, 470, 500, 600, 700, 1200

자료의 개수가 n=10이므로 중앙값은 5번째와 6번째 자료값의 평균인

$$\frac{440+470}{2}=455(\text{만원})$$

이다. ■

자료의 중심위치를 측정하는 대푯값으로 가장 많이 사용하는 것이 평균과 중앙값이라고 하였다. 평균과 중앙값 중 어느 대푯값을 가지고 중심위치를 측정하는 것이 좋은지, 즉 평균과 중앙값의 효율에 대해 살펴보자. 예제 3.4의 세금자료에서 평균을 계산하면 다음과 같다.

$$\frac{440+500+420+\ldots+600}{10}=538(\text{만원})$$

중앙값은 455(만원)이므로 평균과 비교했을 때 83(만원)이나 차이가 난다. 이와 같은 큰 차이는 이 자료가 1200(만원)과 같은 이상값을 갖고 있기 때문에 생기는 차이이다. 평균은 이상값에 영향을 크게 받지만, 중앙값은 별로 영향을 받지 않는다. 자료에 이상값이 있는 경우 자료의 분포상태는 비대칭 분포 형태를 가지는데 이 경우 중앙값이 평균보다 대푯값으로서 더 큰 의미가 있다. 예제 3.4와 같은 세금 혹은 소득과 관련된 경제 자료들은 비대칭 분포의 형태를 많이 갖는데 이런 자료의 대푯값으로는 중앙값을 평균보다 많이 사용한다. 그러나 자료가 대칭 형태에 가까울수록 평균을 사용하는 것이 좋다.

(2) 산포에 대한 측도

주어진 자료의 분포 형태를 알고자 하는 경우 평균, 중앙값과 같은 중심위치의 측도와 더불어 중요한 측도로서 산포의 측도(measure of dispersion)가 있다. 산포의 측도는 자료들이 중심위치로부터 얼마만큼 흩어져 있는 혹은 퍼져 있는가에 대한 측도로서 분산(variance)과 표준편차(standard deviation)가 많이 사용된다.

분산과 표준편차에는 모집단의 분산인 모분산(population variance)과 모집단의 표준편차인 모표준편차(population standard deviation)가 있고 뽑은 표본으로부터 구한 표본분산(sample variance)과 표본표준편차(sample standard deviation)가 있다. 모집단의 평균

이 μ이고 크기가 N인 $X_1, X_2, X_3, \cdots, X_N$에서 모분산과 모표준편차는 다음과 같이 정의된다.

$$\text{모분산} \quad : \sigma^2 = \frac{1}{N}\sum_{i=1}^{N}(X_i - \mu)^2$$
$$\text{모표준편차} : \sigma = \sqrt{\sigma^2}$$

모집단으로부터 크기 n인 표본 $x_1, x_2, x_3, \cdots, x_n$을 추출하였을 때 표본분산과 표본표준편차를 구하는 식은 다음과 같다.

$$\text{표본분산} \quad : s^2 = \frac{1}{n-1}\sum_{i=1}^{n}(x_i - \overline{x})^2$$
$$\text{표본표준편차} : s = \sqrt{s^2}$$

다음은 모집단으로부터 뽑은 가상의 자료인데 평균은 같으나 분포가 다른 자료들이다.

자료 1: 1, 2, 3, 4, 5, 5, 6, 7, 8, 9

자료 2: 3, 4, 4, 5, 5, 5, 5, 6, 6, 7

자료 1과 자료 2의 평균은 똑같이 5이지만 분포의 형태는 **그림 3.10**의 점도표(dot diagram)에서 보는 것처럼 다르다.

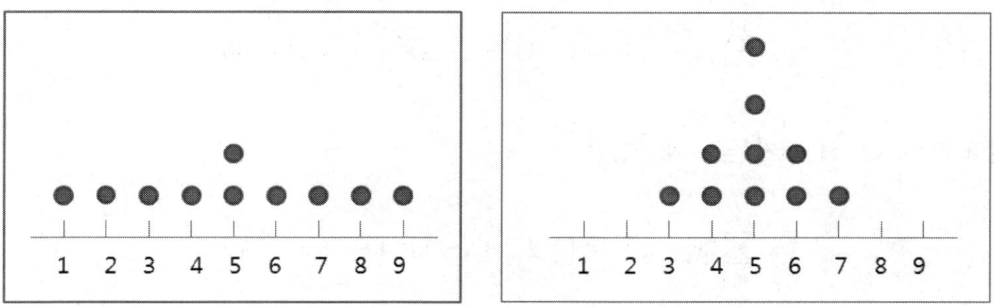

(a) 자료 1 (b) 자료 2

그림 3.10 점도표

중심으로부터 어느 정도 떨어져 있는지를 편차(deviation)를 가지고 알아보자. n개 자료에서 다음과 같이 n개의 편차를 구한다.

$$x_1 - \overline{x},\ x_2 - \overline{x}, \cdots,\ x_n - \overline{x}$$

자료 1과 자료 2에 대한 편차는 다음과 같다.

자료 1	1	2	3	4	5	5	6	7	8
편 차	-4	-3	-2	-1	0	0	1	2	3

자료 2	3	4	4	5	5	5	5	6	6	7
편 차	-2	-1	-1	0	0	0	0	1	1	2

자료 1이 자료 2에 비해 편차들이 상대적으로 큼을 알 수 있다.

n개의 편차의 합은 0, 즉 $\sum_{i=1}^{n}(x_i - \overline{x}) = 0$이므로 $n-1$개의 편차를 알면 나머지 1개의 편차는 저절로 구할 수 있다. n개 편차 중에서 $n-1$개는 독립적인 편차이고 나머지 1개는 종속적인 편차라고 볼 수 있다. 이때 $n-1$을 자유도(degree of freedom)라 한다.

표본분산은 편차들의 제곱합 $\Sigma_{i=1}^{n}(x_i - \overline{x})^2$을 자유도 $n-1$로 나눈 값이다. 표본분산에 대한 간편한 계산식은 다음과 같다.

$$s^2 = \frac{1}{n-1}\Sigma_{i=1}^{n}(x_i - \overline{x})^2 = \frac{1}{n-1}\left[\Sigma_{i=1}^{n} x_i^2 - n\overline{x}^2\right]$$

자료 1에서 편차들의 제곱합은

$$\sum_{i=1}^{10}(x_i - \overline{x})^2 = (-4)^2 + (-3)^2 + \ldots + 4^2 = 60$$

이고 자료 2에서 편차들의 제곱합은

$$\sum_{i=1}^{10}(x_i - \overline{x})^2 = (-2)^2 + (-1)^2 + \ldots + 2^2 = 12$$

이다.

자료 1의 분산과 표준편차는 다음과 같다.

$$s^2 = \frac{1}{n-1}\Sigma_{i=1}^{n}(x_i - \overline{x})^2 = \frac{1}{10-1}(60) = 6.67$$

$$s = \sqrt{s^2} = \sqrt{6.67} = 2.58$$

자료 2의 분산과 표준편차는 다음과 같다.

$$s^2 = \frac{1}{n-1}\sum_{i=1}^{n}(x_i - \overline{x})^2 = \frac{1}{10-1}(12) = 1.33$$

$$s = \sqrt{s^2} = \sqrt{1.33} = 1.15$$

자료 2는 자료 1에 비해 분산과 표준편차가 상대적으로 작다. 따라서 자료 2는 자료 1에 비해 중심위치로부터 떨어져 있는 정도가 작음을 알 수 있다.

산포의 측도로서 분산과 표준편차 외에 자료의 최댓값과 최솟값의 차로 정의되는 범위(range)와 제3사분위수와 제1사분위수의 차로 정의되는 사분위수 범위 등이 있다.

예제 3.5 **표 3.1의 자료에서 나이에 대한 분산과 표준편차를 구해보자.**

풀이 나이에 대한 분산과 표준편차는 다음과 같다.

$$s^2 = \frac{1}{40-1}\{(22-51.1)^2 + (37-51.1)^2 + \dots + (57-51.1)^2\} = 210.3487$$

$$s = \sqrt{210.3487} = 14.5034$$

■

자료에 대한 산포의 측도로서 분산이나 표준편차 어느 것을 사용해도 무방하나 표준편차가 분산보다 해석상 편리하여 더 많이 사용한다. 왜냐하면 표준편차는 자료의 단위와 같은 단위를 사용하기 때문이다. 예를 들어, cm 단위로 조사한 키 자료에서 표준편차의 단위는 cm 이므로 조사된 자료의 단위와 일치하지만 분산의 단위는 cm^2 이 되어 길이가 아닌 면적의 단위가 된다.

3.3 R을 이용한 실습

(1) 도표 · 그래프를 이용한 자료의 정리 및 요약

① R을 이용한 도수분포표

❖ 질적 자료

질적 자료에 대한 도수분포표를 작성하기 위해서는 table() 함수를 사용한다. 정확히 말하자면, table() 함수는 도수분포표보다는 자료의 도수(빈도수)를 계산하기 위한 함수이다.

다음은 table() 함수의 사용형식이다.

```
table(x)
```

여기서 x는 자료를 나타낸다.

상대도수는 prop.table() 함수를 사용하여 계산한다. 다음은 prop.table() 함수의 사용형식이다.

```
prop.table(x)
```

여기서 x는 표(table)를 나타내는 자료인데 table() 함수의 결과를 지정한다.

다음은 **표 3.1**의 성별에 대해 도수와 상대도수를 계산하기 위한 R 코드이다.

```
> setwd("D:/통계학R고싶다/제3장")
> carcolor <- read.table("CarColor.txt", sep=",", header=T)
> freq <-table(carcolor$성별)
> freq

남 여
25 15
> relative_freq <- prop.table(freq)
> relative_freq

   남     여
0.625 0.375
```

위 R 코드는 read.table() 함수를 사용하여 데이터를 읽고 이를 데이터 프레임 형식으로 변수 carcolor에 저장한다. 변수 “성별”에 대해 “carcolor$성별”과 같이 지정하고 이 변수의 도수를 다음과 같이 계산한다.

```
table(carcolor$성별)
```

위 table() 함수의 실행결과는 다음과 같다.

```
남 여
25 15
```

이것은 남자 25명, 여자 15명이란 뜻이다.

상대도수를 계산하기 위해 prop.table() 함수를 사용하여 다음과 같이 구한다.

```
prop.table(table(carcolor$성별))
```

위 함수의 실행결과는 다음과 같다.

```
   남    여
0.625 0.375
```

여기서 남자는 0.625, 즉 62.5%, 여자는 0.375, 즉 37.5%에 해당된다.

❖ 양적 자료

양적 자료에 대한 도수분포표를 작성하기 위해서는 먼저 cut() 함수를 사용하여 자료를 구간으로 나눈 다음 table() 함수를 사용하여 빈도수를 계산한다. 다음은 cut() 함수의 사용 형식이다.

```
cut(x, br)
```

여기서 x는 자료이고, br은 breaks의 약자로 구간을 나타내는 인수이다. 구간은 계급의 개수 혹은 구간의 범위를 가지고 나타낸다.

다음은 **표 3.1**의 나이에 대한 도수분포표를 작성하기 위한 R 코드이다.

```
> setwd("D:/통계학R고싶다/제3장")
> carcolor <- read.table("CarColor.txt", sep=",", header=T)
> freq <-table(cut(carcolor$나이, br=6))
> freq

(20.9,30.8] (30.8,40.7] (40.7,50.5] (50.5,60.3] (60.3,70.2] (70.2,80.1]
```

```
         4             6             8            11             8            3
> relative_freq <- prop.table(freq)
> relative_freq

(20.9,30.8] (30.8,40.7] (40.7,50.5] (50.5,60.3] (60.3,70.2] (70.2,80.1]
      0.100       0.150       0.200       0.275       0.200       0.075
```

여기서 cut() 함수의 인수 br=6은 계급의 개수를 6으로 지정하고 있다.

다음은 구간의 범위를 지정하여 도수분포표를 작성하기 위한 R 코드이다.

```
> setwd("D:/통계학R고싶다/제3장")
> carcolor <- read.table("CarColor.txt", sep=",", header=T)
> freq <-table(cut(carcolor$나이, br=seq(20,80,10)))
> freq

(20,30] (30,40] (40,50] (50,60] (60,70] (70,80]
      4       6       8      11       8       3
> relative_freq <- prop.table(freq)
> relative_freq

(20,30] (30,40] (40,50] (50,60] (60,70] (70,80]
  0.100   0.150   0.200   0.275   0.200   0.075
```

위 결과를 보면 구간별로 빈도수를 계산하여 보여주고 있다. 구간의 범위는 seq() 함수를 사용하여 첫 번째 계급의 왼쪽 경계값과 마지막 계급의 오른쪽 경계값을 지정한다. 그리고 기본적으로 구간은 왼쪽은 열려있고 오른쪽이 닫혀있는 "(　]"와 같은 형태이다. 만약, "[　)"와 같은 구간을 사용하고자 하는 경우 인수 "right"를 사용하여 "right=FALSE"처럼 지정하면 된다.

```
cut(x, br, right=FALSE)
```

다음은 cut() 함수의 인수 "right=FALSE"를 사용하여 변수 나이에 대한 도수분포표를 작성하기 위한 R 코드이다.

```
> setwd("D:/통계학R고싶다/제3장")
> carcolor <- read.table("CarColor.txt", sep=",", header=T)
> freq <-table(cut(carcolor$나이, br=seq(20,80,10), right=FALSE))
> freq

[20,30) [30,40) [40,50) [50,60) [60,70) [70,80)
      4       5       9       9       9       3
> relative_freq <- prop.table(freq)
> relative_freq

   [20,30)    [30,40)    [40,50)    [50,60)    [60,70)    [70,80)
0.10256410 0.12820513 0.23076923 0.23076923 0.23076923 0.07692308
```

② R을 이용한 막대그래프

막대그래프는 barplot() 함수를 사용하여 그린다. 다음은 기본적인 막대그래프를 그리기 위한 barplot() 함수의 사용형식이다.

```
barplot(freq)
```

여기서 freq는 표(테이블) 형식의 자료이다.

다음은 **표 3.1**의 성별에 대한 기본적인 막대그래프를 그리기 위한 R 코드이다.

```
> setwd("D:/통계학R고싶다/제3장")
> carcolor <- read.table("CarColor.txt", sep=",", header=T)
> freq <- table(carcolor$성별)
> barplot(freq)
```

그림 3.11은 위의 코드에 대한 실행결과이다.

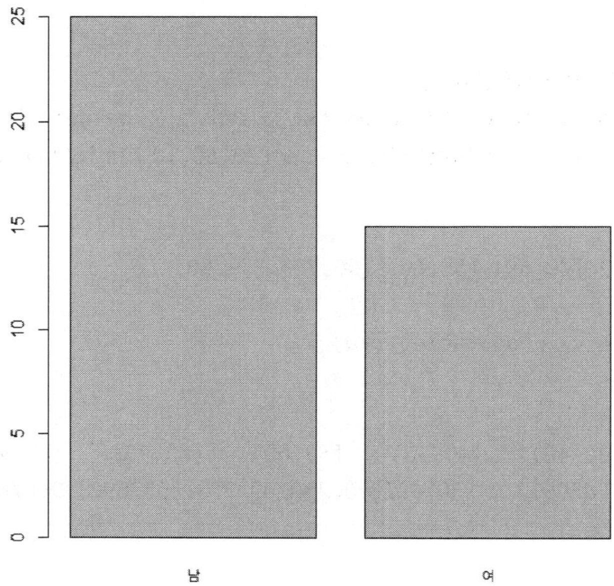

그림 3.11 성별에 대한 막대그래프

그림 3.11의 막대그래프는 barplot() 함수에서 모든 인자의 기본값을 그대로 사용하였다. barplot() 함수의 인자를 새로 지정하면 원하는 모양의 막대그래프를 그릴 수 있다. 다음은 이를 위한 barplot() 함수의 사용형식이다.

```
barplot(x, main, xlab, ylab, cex.axis, cex.names, cex.lab)
```

- x : 표(table)를 나타내는 자료
- main : 그래프 제목
- xlab : x축 이름
- ylab : y축 이름
- cex.axis : 숫자형 축(y축) 좌표라벨의 글자 크기
- cex.names : 범주형 축(x축) 좌표라벨의 글자 크기
- cex.lab : 축 이름 글자 크기

다음은 성별에 대한 2개의 막대그래프를 그리기 위한 R 코드이다. 막대그래프에서 도수, 혹은 상대도수를 가지고 y축 좌표를 나타내고 있다.

```
> setwd("D:/통계학R고싶다/제3장")
> carcolor <- read.table("CarColor.txt", sep=",", header=T)
> freq <- table(carcolor$성별)
> relative_freq <- prop.table(freq)
> par(mfrow=c(1,2))# set the plotting area into a 1*2 array
> barplot(freq, xlab="성별", ylab="도수", cex.axis=1.5, cex.names=1.5,
cex.lab=1.8) # for the frequency
> barplot(relative_freq, xlab="성별", ylab="상대도수",cex.axis=1.5,
cex.names=1.5, cex.lab=1.8) # for the
> #par(mfrow=c(1,1))
```

그림 3.1의 성별에 대한 막대그래프는 위의 코드에 대한 실행결과이다. 여기서 par() 함수는 하나의 그래픽 창에 여러 개의 그래프를 그릴 때 사용하는 함수이다. 여기서 사용된 인자 mfrow는 행(row) 기준으로 여러 개의 그래프를 배열하고자 할 때 사용한다. mfrow=c(1,2)는 1행 2열로 그래픽을 배열한다. 참고로, 원래의 그래픽 창으로 돌아가고자 하는 경우, 즉 하나의 창에 하나의 그래프를 그리고자 하는 경우에는 par(mfrow=c(1,1))을 사용한다.

다음은 **표 3.1**의 좋아하는 색에 대한 막대그래프를 그리기 위한 R 코드이다.

```
> carcolor <- read.table("CarColor.txt", sep=",", header=T)
> freq <- table(carcolor$좋아하는색)
> relative_freq <- prop.table(freq)
> par(mfrow=c(1,2))# set the plotting area into a 1*2 array
> barplot(freq, xlab="좋아하는색", ylab="도수", cex.axis=1.5, cex.names=1.5,
cex.lab=1.8) # for the frequency
> barplot(relative_freq, xlab="좋아하는색", ylab="상대도수", cex.axis=1.5,
cex.names=1.5, cex.lab=1.8) # for the relative frequency
> #par(mfrow=c(1,1))
```

그림 3.2의 좋아하는 색에 대한 막대그래프는 위의 코드에 대한 실행결과이다.

③ R을 이용한 히스토그램

hist() 함수를 이용하여 히스토그램을 작성한다. 다음은 기본적인 히스토그램을 작성을 위한 hist() 함수의 사용형식이다.

```
hist(x)
```

여기서 x는 자료를 나타내는 인수이다.

다음은 **표 3.1**의 나이에 대한 히스토그램을 그리기 위한 R 코드이다.

```
> setwd("D:/통계학R고싶다/제3장")
> carcolor <- read.table("CarColor.txt", sep=",", header=T)
> hist(carcolor$나이)
```

그림 3.12는 위의 코드에 대한 실행결과이다.

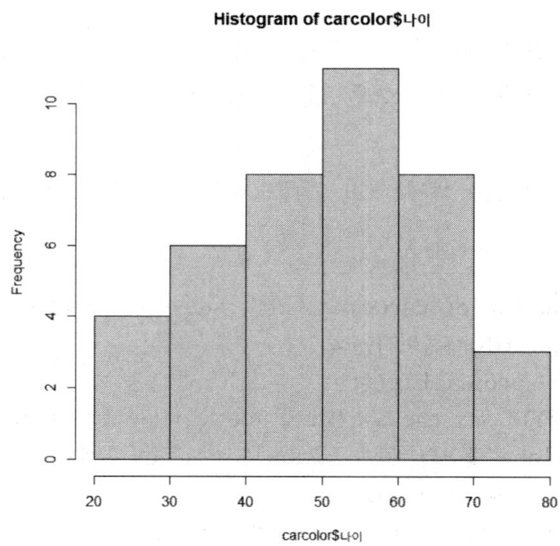

그림 3.12 나이에 대한 히스토그램

그림 3.12의 막대그래프는 hist() 함수에서 모든 인자의 기본값을 그대로 사용하였다. hist() 함수의 인자를 새로 지정하면 원하는 모양의 히스토그램을 그릴 수 있다. 다음은 이를 위한 hist() 함수의 사용형식이다.

```
hist(x, freq, main, xlab, ylab, cex.axis, cex.lab)
```

◦ x : 자료
◦ freq : 빈도, 밀도(density) 지정
◦ main : 그래프 제목
◦ xlab : x축 이름
◦ ylab : y축 이름
◦ cex.axis : 숫자형 축, y축 좌표라벨의 글자 크기
◦ cex.lab : 축 이름 글자 크기

```
> setwd("D:/통계학R고싶다/제3장")
> carcolor <- read.table("CarColor.txt", sep=",", header=T)
> par(mfrow=c(1,2))# set the plotting area into a 1*2 array
> hist(carcolor$나이, freq=TRUE, main="", xlab="나이",
ylab="도수",cex.axis=1.5,cex.lab=1.8)
> hist(carcolor$나이, freq=FALSE, main="", xlab="나이",
ylab="밀도",cex.axis=1.5, cex.lab=1.8)
> #par(mfrow=c(1,1))
```

그림 3.3의 나이에 대한 히스토그램은 위의 코드에 대한 실행결과이다.

④ R을 이용한 줄기-잎 그림

줄기-잎 그림을 그리기 위해 stem() 함수를 사용한다. 다음은 stem() 함수의 사용형식이다.

```
stem(x, scale)
```

여기서 x는 자료이고, scale은 줄기의 길이를 몇 배 확장하기 위해 사용하는 인수인데 1인 경우 생략이 가능하다.

다음은 **표 3.1**의 나이에 대한 줄기-잎 그림을 그리기 위한 R 코드이다.

```
> setwd("D:/통계학R고싶다/제3장")
> carcolor <- read.table("CarColor.txt", sep=",", header=T)
> stem(carcolor$나이)

  The decimal point is 1 digit(s) to the right of the |

  2 | 1288
  3 | 27789
  4 | 033444557
  5 | 444555778
  6 | 001125899
  7 | 012
  8 | 0
```

그림 3.5의 나이에 대한 줄기-잎 그림은 위의 코드에 대한 실행결과이다.

⑤ R을 이용한 상자그림

상자그림을 그리기 위해 boxplot() 함수를 사용한다. 다음은 boxplot() 함수의 사용형식이다.

```
boxplot(x, horizontal, main)
```

여기서 x는 자료이고, horizontal은 상자그림을 수평으로 그릴 것인가 아니면 수직으로 그릴 것인가를 결정하는 인수이고 생략하면 horizontal=FALSE가 되어 수직 상자그림이 그려진다. 그리고 main은 상자그림의 제목을 붙이고자 하는 경우 사용하는 인수이다.

다음은 **표 3.1**의 나이에 대한 상자그림을 그리기 위한 R 코드이다.

```
> setwd("D:/통계학R고싶다/제3장")
> carcolor <- read.table("CarColor.txt", sep=",", header=T)
> boxplot(carcolor$나이)
```

그림 3.13은 위의 코드에 대한 실행결과이다.

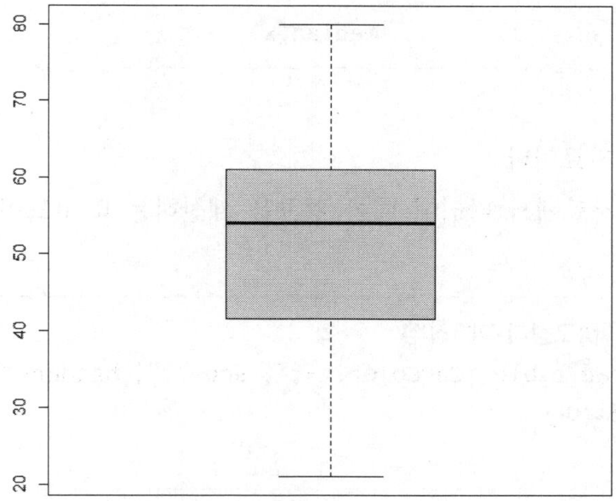

그림 3.13 나이에 대한 상자그림

상자그림을 그리는데 필요한 5가지 요약통계량은 summary() 함수를 이용하여 구할 수 있다.

```
> setwd("D:/통계학R고싶다/제3장")
> carcolor <- read.table("CarColor.txt", sep=",", header=T)
> summary(carcolor$나이)
   Min. 1st Qu.  Median    Mean 3rd Qu.    Max.
  21.00   42.25   54.00   51.10   61.00   80.00
```

(2) 수치를 이용한 자료의 정리 및 요약

① R을 이용한 평균과 중앙값 계산

평균을 계산하기 위해 mean() 함수를 사용한다. 다음은 mean() 함수의 사용형식이다.

```
mean(x)
```

여기서 x는 주어진 자료이다.

중앙값을 계산하기 위해 median() 함수를 사용한다. 다음은 median() 함수의 사용형식이다.

```
median(x)
```

여기서 x는 주어진 자료이다.

다음은 **표 3.1**의 자료에서 나이에 대한 평균을 계산하는 R 코드이다.

```
> setwd("D:/통계학R고싶다/제3장")
> carcolor <- read.table("CarColor.txt", sep=",", header=T)
> mean(carcolor$나이)
[1] 51.1
```

다음은 **표 3.1**의 자료에서 나이에 대한 중앙값을 계산하는 R 코드이다.

```
> setwd("D:/통계학R고싶다/제3장")
> carcolor <- read.table("CarColor.txt", sep=",", header=T)
> median(carcolor$나이)
[1] 54
```

② R을 이용한 분산과 표준편차 계산

분산을 계산하기 위해 var() 함수를 사용한다. 다음은 var() 함수의 사용형식이다.

```
var(x)
```

여기서 x는 주어진 자료이다.

표준편차를 계산하기 위해 sd() 함수를 사용한다. 다음은 sd() 함수의 사용형식이다.

```
sd(x)
```

여기서 x는 주어진 자료이다.

다음은 **표 3.1**의 나이에 대한 분산을 계산하는 R 코드이다.

```
> setwd("D:/통계학R고싶다/제3장")
> carcolor <- read.table("CarColor.txt", sep=",", header=T)
> var(carcolor$나이)
[1] 210.3487
```

다음은 **표 3.1**의 나이에 대한 표준편차를 계산하는 R 코드이다.

```
> setwd("D:/통계학R고싶다/제3장")
> carcolor <- read.table("CarColor.txt", sep=",", header=T)
> sd(carcolor$나이)
[1] 14.5034
```

연습문제

01 어느 과일농장에서 수확한 과일 중에서 32개의 과일을 추출하여 무게를 측정한 자료이다 (단위: g).

36, 29, 28, 26, 34, 32, 22, 26, 26, 24, 24, 26, 34, 24, 21, 26,
30, 24, 27, 24, 26, 29, 29, 20, 27, 22, 28, 27, 18, 25, 30, 32

① 히스토그램, 줄기-잎 그림, 상자그림을 그려라.
② 평균, 중앙값, 분산, 표준편차를 구하라.

02 다음은 우리나라 20대 청소년들의 월 평균 이동전화 요금을 알아보기 위해 20명을 추출하여 조사한 자료이다(단위: 천원).

48, 37, 75, 65, 27, 30, 40, 50, 36, 55,
44, 37, 35, 65, 82, 58 , 60, 70, 65, 56

① 히스토그램, 줄기-잎 그림, 상자그림을 그려라.
② 평균, 중앙값, 분산, 표준편차를 구하라.

03 다음은 우리나라 국민 1년 평균 독서량을 알아보기 위해 30명을 조사한 자료이다(단위: 권).

10, 0, 5, 20, 15, 12, 9, 8, 3, 5, 1, 25, 30, 7, 0,
14, 16, 9, 17, 13, 6, 5, 18, 6, 14, 24, 10, 10, 9, 9

① 히스토그램, 줄기-잎 그림, 상자그림을 그려라.
② 평균, 중앙값, 분산, 표준편차를 구하라.

04 다음은 우리나라 걸그룹에 속하는 멤버들의 BMI(Body Mass Index; 체질량지수)를 조사한 자료이다.

15.79, 15.60, 17.26, 17.15, 16.94, 17.15, 16.94, 17.26, 17.26,
17.57, 16.18, 17.10, 16.94, 16.90, 15.94, 16.33, 15.92, 16.14,
17.19, 17.53, 18.03, 16.94, 18.03, 16.49, 15.42, 16.85, 17.31,
16.77, 18.73, 17.30, 16.30, 16.16, 17.93, 17.72

① 히스토그램, 줄기-잎 그림, 상자그림을 그려라.

② 평균, 중앙값, 분산, 표준편차를 구하라.

05 다음은 정보통계학 수업을 수강하는 학생 중에서 38명에 대한 기말시험 점수이다.

24, 31, 40, 50, 60, 72, 80, 90, 28, 35, 40, 53,
61, 72, 80, 90, 35, 42, 53, 62, 73, 84, 92, 56,
64, 75, 85, 95, 58, 64, 75, 87, 67, 69, 78, 79,
87, 76

① 히스토그램, 줄기-잎 그림, 상자그림을 그려라.

② 평균, 중앙값, 분산, 표준편차를 구하라.

06 다음은 우리나라 17세 여성의 몸무게를 알아보기 위해 20명을 조사한 자료이다(단위: kg).

55, 56, 72, 54, 53, 58, 52, 55, 50, 60,
51, 62, 65, 46, 48, 64, 55, 49, 68, 57

① 히스토그램, 줄기-잎 그림, 상자그림을 그려라.

② 평균, 중앙값, 분산, 표준편차를 구하라.

4장

확률분포

4.1 확률변수
4.2 확률변수의 평균과 분산
4.3 이항분포
4.4 정규분포
4.5 이항분포의 정규분포 근사
4.6 R을 이용한 실습

4.1 확률변수

확률변수(random variable)는 표본공간(sample space)에서 정의된 실수 값을 갖는 함수로 정의할 수 있다. 간단하게 표현하면, 확률변수란 표본공간의 원소 하나하나에 숫자를 부여한 변수라 말할 수 있다. 더 간단하게 말하면, 표본공간 내의 사건들을 수치적인 표현으로 바꾼 것이 확률변수이다. 확률변수에는 이산확률변수(discrete random variable)와 연속확률변수(continuous random variable)가 있다. 이산확률변수는 확률변수가 이산적인 정수 값을 취할 수 있는 것이고 연속확률변수는 확률변수가 연속적인 실수 값을 취할 수 있는 것을 말한다. 예를 들어, 이산확률변수는 동전을 던질 때 나오는 앞면의 수, 제품 검사에서 불량품의 수 같이 하나둘 셀 수 있는 것이고, 연속확률변수는 체중, 신장, 수명 등과 같이 하나둘 셀 수 없는 것을 말한다. 일반적으로 확률변수는 X, Y, Z 등과 같이 대문자로 나타내고 확률변수가 취할 수 있는 값은 x, y, z 등과 같이 소문자로 나타낸다.

확률분포(probability distribution)는 확률변수가 취할 수 있는 값과 그에 대응하는 확률을 나타낸 것이다. **그림 4.1**은 표본공간과 확률변수, 그리고 확률분포와의 관계를 나타낸다.

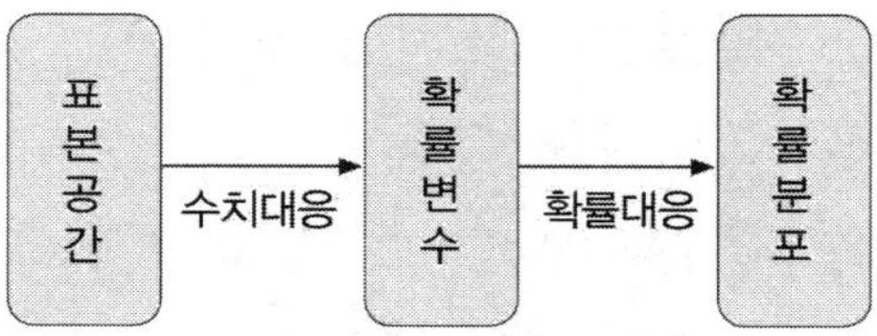

그림 4.1 확률변수와 확률분포와의 관계

그림 4.1에서 보듯이 확률변수는 표본공간에 수치를 대응시킨 것이고, 확률분포는 확률변수에 확률을 대응시킨 것이라 할 수 있다.

확률분포에는 이산확률분포(discrete probability distribution)와 연속확률분포(continuous probability distribution)가 있다. 이산확률분포는 확률변수가 이산(discrete)인 경우의 확률분포이고 연속확률분포는 확률변수가 연속(continuous)인 경우의 확률분포이다.

먼저, 이산확률변수와 이산확률분포의 예를 들어보자. 동전을 1번 던지는 실험에서 앞면이 나오는 횟수를 X라 할 때 이 실험에서 표본공간 S는 다음과 같다.

$$S = \{앞면,\ 뒷면\}$$

표본공간 S 상에서 확률변수 X를 다음과 같이 정의할 수 있다.

$$'앞면'이면\ X=1,\ '뒷면'이면\ X=0$$

즉, X는 동전이 앞면이면 1, 동전이 뒷면이면 0의 값을 갖는다. 그림으로 나타내면 **그림 4.2**와 같다.

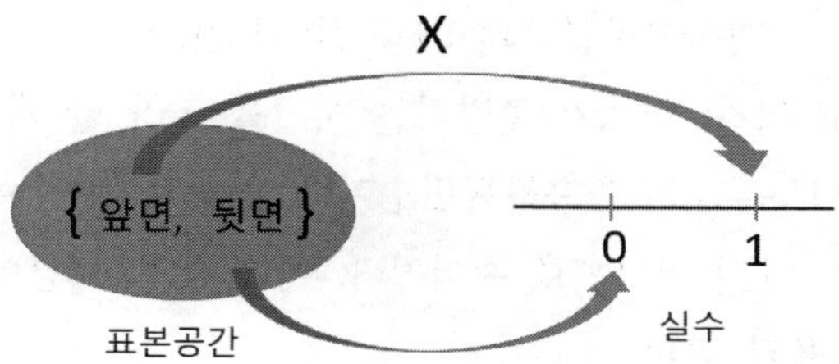

그림 4.2 동전 던지는 실험에서 확률변수 정의

여기서 X는 정수 값, 0과 1을 취하므로 이산확률변수이다. 그리고 표본공간 S 상에서 앞면과 뒷면이 각각 나올 확률은

$$P\{앞면\}=\frac{1}{2},\ P\{뒷면\}=\frac{1}{2}$$

이다. 따라서 확률변수 $X=1$일 확률과 $X=0$일 확률은 다음과 같다.

$$P\{X=1\}=\frac{1}{2},\ P\{X=0\}=\frac{1}{2}$$

동전 1번 던지는 실험에서 확률변수 X의 확률분포는 **표 4.1**과 같이 나타난다.

표 4.1 동전 1번 던지는 실험에서 앞면의 수 X의 확률분포

x	0	1
$P\{X=x\}$	$\frac{1}{2}$	$\frac{1}{2}$

이산확률변수 X의 관측값이 x가 될 확률, 즉 $P\{X=x\}$을 확률질량함수(probability mass function)라고 하고 $f(x)$로 나타낸다. 확률질량함수 $f(x)$는 이산확률변수 X의 분포를 나타내는 함수로서 다음과 같은 성질을 만족해야 한다.

(a) 모든 x에 대하여 $f(x) \geq 0$

(b) 모든 x에 대한 $f(x)$의 합은 1이다. 즉, $\sum_{i=1}^{n} f(x_i) = 1$

(c) $P\{a \leq X \leq b\} = \sum_{a \leq x \leq b} f(x)$

다음은 연속확률변수와 연속확률분포의 예를 들어보자. 어느 버스 정류장에서 버스는 매시간 한번 출발한다고 하자. 버스가 출발하는 시간을 X라 할 때 X는 0에서 60까지의 모든 값을 취할 수 있으므로 X는 연속확률변수이다. 연속확률변수에 대한 확률은 이산확률변수에 대한 확률과는 달리 면적으로 주어진다. 예를 들어, 30분에서 40분 사이에 정류장을 출발할 확률은 다음과 같다.

$$P\{30 \leq X \leq 40\} = \frac{40-30}{60} = \frac{1}{6}$$

연속확률변수 X의 분포를 나타내는 함수를 확률밀도함수(probability density function) (간단히 밀도함수) $f(x)$라 하는데 연속확률분포의 적당한 구간에서의 확률을 확률밀도함수 $f(x)$을 이용하여 계산한다. 연속확률변수 X의 확률밀도함수 $f(x)$는 다음과 같은 성질을 만족해야 한다.

(a) 모든 x에 대하여 $f(x) \geq 0$

(b) 전체 구간의 면적은 1이다. 즉, $\int_{-\infty}^{\infty} f(x)dx = 1$

(c) $P\{a \leq X \leq b\} = \int_{a}^{b} f(x)dx$

X가 연속확률변수일 때 다음이 성립한다.

(a) 임의의 한 점 c에 대해 $P\{X = c\} = 0$

(b) $P\{a \leq X \leq b\} = P\{a \leq X < b\} = P\{a < X \leq b\} = P\{a < X < b\}$

위의 연속확률변수의 예에서 X를 버스가 출발하는 시간이라고 할 때 X의 확률밀도함수 $f(x)$는 다음과 같이 표현할 수 있다.

$$f(x) = \frac{1}{60},\ 0 \le x \le 60.$$

버스가 30분에서 40분 사이에 출발할 확률은 **그림 4.3**에서 검게 칠한 면적과 같다.

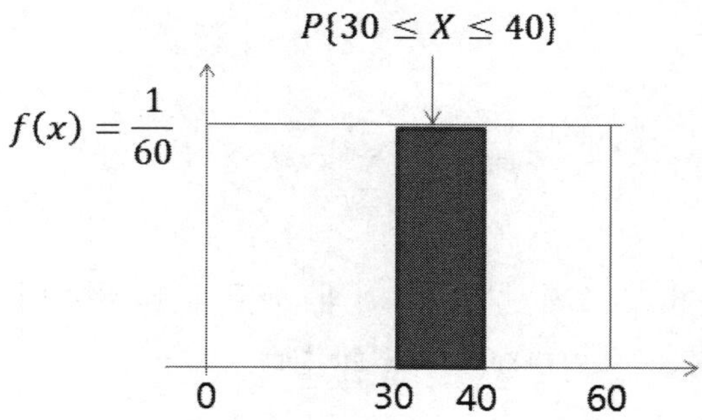

그림 4.3 확률밀도함수의 예

따라서 구하는 확률은

$$P\{30 \le X \le 40\} = \int_{30}^{40} f(x)dx = \int_{30}^{40} \frac{1}{60}dx = \frac{1}{60}(40-30) = \frac{1}{6}$$

이다.

다음은 확률질량함수, 확률밀도함수와 확률과의 관계를 예를 들어 설명하고 있다.

확률질량함수, 확률밀도함수와 확률 관계
이산확률변수 ⇒ 확률질량함수 = 확률 ⇒ 예) f(2)는 x가 2의 값을 가질 확률
연속확률변수 ⇒ 확률밀도함수 ≠ 확률 ⇒ 예) f(2)는 x가 2의 값을 가질 확률이 아님

4.2 확률변수의 평균과 분산

(1) 확률변수의 평균

X가 이산확률변수이고 X가 취하는 값이, $x_1, x_2, \cdots, x_n$일 때 $X = x_i$일 확률, 즉 확률질량함수 $f(x_i) = P\{X = x_i\}$로 주어질 때 X의 평균(mean) 혹은 기댓값(expected value)은 다음과 같다.

$$E(X) = \sum_{i=1}^{n} x_i f(x_i) \tag{4.1}$$

X가 연속확률변수이고, X가 구간 $[l, u]$의 모든 값을 취하며 X의 확률밀도함수가 $f(x)$일 때 X의 평균 혹은 기댓값은 다음과 같다.

$$E(X) = \int_{l}^{u} x f(x) dx \tag{4.2}$$

예제 4.1 **동전을 1번 던지는 실험에서 앞면이 나오는 횟수를 X라고 할 때 X의 평균을 구하라.**

풀이 X의 확률분포는 다음과 같다.

x	0	1
$P\{X = x\}$	$\frac{1}{2}$	$\frac{1}{2}$

따라서, 이산확률변수의 평균에 대한 식 (4.1)로부터

$$E(X) = 0 \times \frac{1}{2} + 1 \times \frac{1}{2} = \frac{1}{2}.$$

예제 4.2 **어느 버스 정류장에서 버스는 매시간 한번 출발한다고 하자. 한 사람이 우연히 이 정류장에 와서 버스가 출발할 때까지 기다리는 시간의 평균을 구하라.**

풀이 확률변수 X를 버스가 출발할 때까지 기다리는 시간이라 할 때 X의 확률밀도함수는 다음과 같다.

$$f(x)=\frac{1}{60},\ 0\le x\le 60$$

따라서, 연속확률변수의 평균에 대한 식 (4.2)로부터

$$E(X)=\int_0^{60} xf(x)dx=\frac{1}{60}\int_0^{60} xdx=\frac{1}{60}\times\frac{1}{2}\left[x^2\right]_0^{60}=30.$$ ■

평균 혹은 기댓값은 다음의 성질을 만족한다.

(a) $E(aX+b)=aE(X)+b(a,b$는 상수)

(b) $E(af(X)+bg(X))=aE[f(X)]+b\,E[g(X)](a,b$는 상수)

(2) 확률변수의 분산

X가 이산확률변수이고 X가 취하는 값이, $x_1,x_2,\cdots,x_n$일 때의 $X=x_i$일 확률, 즉 확률질량함수 $f(x_i)=P\{X=x_i\}$로 주어질 때 X의 분산은 다음과 같다.

$$Var(X)=E[(X-\mu)^2]=\sum_{i=1}^{n}(x_i-\mu)^2 f(x_i)$$

여기서 $\mu=E(X)$이다.

X가 연속확률변수고, X가 구간 $[l,u]$의 모든 값을 취하며 X의 확률밀도함수가 $f(x)$일 때 X의 분산은 다음과 같다.

$$Var(X)=E[(X-\mu)^2]=\int_l^u (x-\mu)^2 f(x)dx$$

확률변수 X의 분산의 정의를 보면 분산은 $(X-\mu)^2$의 기댓값이므로 X와 X의 분산에 대한 단위가 다르다. 따라서, X와 단위가 같은 분산의 양의 제곱근인 표준편차가 산포에 대한 측도로써 많이 사용된다. 표준편차에 대한 기호로는 $sd(X)$을 사용한다. 즉,

$$sd(X)=\sqrt{Var(X)}$$

이다.

확률변수 X의 분산에 대한 간편한 계산식은 다음과 같다.

$$Var(X) = E(X^2) - \mu^2$$

이에 대한 증명은 기댓값의 성질을 이용하여 다음과 같이 쉽게 보일 수 있다.

$$\begin{aligned} Var(X) &= E[(X-\mu)^2] = E(X^2 - 2\mu X + \mu^2) \\ &= E(X^2) - 2\mu E(X) + \mu^2 \\ &= E(X^2) - \mu^2 \end{aligned}$$

예제 4.3 **동전을 1번 던지는 실험에서 X를 앞면의 나오는 횟수라 할 때 X의 분산과 표준편차를 구하라.**

풀이 X의 평균 $E(X)$과 $E(X^2)$은 각각 다음과 같다.

$$E(X) = 0 \times \frac{1}{2} + 1 \times \frac{1}{2} = \frac{1}{2}$$

$$E(X^2) = 0^2 \times \frac{1}{2} + 1^2 \times \frac{1}{2} = \frac{1}{2}$$

따라서, X의 분산과 표준편차는 각각 다음과 같다.

$$Var(X) = E(X^2) - [E(X)]^2 = \frac{1}{2} - (\frac{1}{2})^2 = \frac{1}{4}$$

$$sd(X) = \sqrt{Var(X)} = \frac{1}{2}$$

■

예제 4.4 **어느 버스 정류장에서 버스는 매시간 한번 출발한다고 하자. 한 사람이 우연히 이 정류장에 와서 버스가 출발할 때까지 기다리는 시간을 X라고 할 때 X의 분산과 표준편차를 구하라.**

풀이 X의 평균 $E(X)$과 $E(X^2)$은 각각 다음과 같다.

$$E(X) = \int_0^{60} xf(x)dx = \frac{1}{60}\int_0^{60} xdx = \frac{1}{60} \times \frac{1}{2}\left[x^2\right]_0^{60} = 30$$

$$E(X^2) = \int_0^{60} x^2 f(x)dx = \frac{1}{60}\int_0^{60} x^2 dx = \frac{1}{60} \times \frac{1}{3}\left[x^3\right]_0^{60} = 1200$$

따라서, X의 분산과 표준편차는 각각 다음과 같다.

$$Var(X) = E(X^2) - [E(X)]^2 = 1200 - 900 = 300$$
$$sd(X) = \sqrt{Var(X)} = \sqrt{300} = 10\sqrt{3}$$

■

4.3 이항분포

실험의 결과가 두 가지 상호 배타적인 결과만을 갖는 실험을 베르누이 시행(Bernoulli trial)이라고 한다. 다시 말하면, 베르누이 시행은 실험의 표본공간이 단지 두 가지 상호 배타적인 원소로 이루어지는 실험을 말한다. 예를 들어, 동전 1개를 던지는 실험, 제품 검사에서 양품과 불량품을 판정하는 실험 혹은 어떤 경기에서 승패를 알아맞히는 실험 모두 베르누이 시행에 해당한다. 베르누이 시행에서 두 가지 상호 배타적인 결과 중 관심 있는 결과를 '성공'이라 부르고 다른 하나를 '실패'라고 부른다.

베르누이 시행을 여러 번 반복 시행하는 경우, 예를 들면, 동전을 10번 던지는 실험, 10개의 제품을 검사하는 실험 혹은 10경기에서 승패를 알아맞히는 실험에서 성공의 횟수에 대한 확률분포에 대해 알아보자.

매 시행에서 성공률이 p인 베르누이 시행을 n번 독립적으로 반복시행할 때 성공한 횟수를 확률변수 X라 하면 X는 이항분포(binomial distribution)를 따른다고 하며 기호로서 다음과 같이 나타낸다.

$$X \sim B(n, p)$$

확률변수 X가 이항분포 $B(n, p)$을 따를 때 확률질량함수 $P\{X = x\}$는 다음과 같이 주어진다.

$$f(x) = P\{X = x\} = \binom{n}{x} p^x (1-p)^{n-x}, \quad x = 0, 1, \cdots, n \tag{4.3}$$

여기서 $\binom{n}{x}$는 이항계수(binomial coefficient)라 하며 다음과 같이 계산된다.

$$\binom{n}{x} = \frac{n!}{x!(n-x)!}$$

식 (4.3)에 의해 주어진 확률질량함수 $P\{X = x\}$는, n번의 독립적인 시행 중 처음 x번

성공하고 나머지 $(n-x)$번 실패할 확률이 $p^x(1-p)^{n-x}$이고, x개의 p와 $(n-x)$개의 $(1-p)$을 배열하는 경우의 수가 $\binom{n}{x}$이므로, 결과적으로 $\binom{n}{x}$와 $p^x(1-p)^{n-x}$의 곱에 의해 얻어진다.

예를 들어, 동전 1개를 3번 던지는 실험에서 앞면이 나오는 횟수를 X라 하면 X는 다음과 같은 이항분포를 갖는다.

$$X \sim B(3, 0.5)$$

X가 취할 수 있는 값은 0, 1, 2, 3이다. 이들 각각의 값에 대한 확률은 다음과 같다.

$$P\{X=0\} = \binom{3}{0}(0.5)^0(0.5)^3 = 0.125$$

$$P\{X=1\} = \binom{3}{1}(0.5)^1(0.5)^2 = 0.375$$

$$P\{X=2\} = \binom{3}{2}(0.5)^2(0.5)^1 = 0.375$$

$$P\{X=3\} = \binom{3}{3}(0.5)^3(0.5)^0 = 0.125$$

표 4.2는 모든 X가 취하는 값에 대한 확률을 나타낸 표이다.

표 4.2 X의 이항분포

x	0	1	2	3
$P\{X=x\}$	0.125	0.375	0.375	0.125

예제 4.5 **O와 X 중 하나를 택하는 OX 문제가 5문항이 있는 시험에서 임의로 답을 써넣는 경우**

(a) 정답이 하나도 없을 확률은 얼마인가?

(b) 4개 이상의 정답을 맞힐 확률은 얼마인가?

(c) 2개 이상 3개 이하의 정답을 맞힐 확률은 얼마인가?

풀이 X를 5문항 중 정답의 수라고 정의하면 X는 이항분포 $B(5, 0.5)$을 갖는다.

(a) $P\{X=0\} = \binom{5}{0}0.5^0(1-0.5)^5 = 0.5^5 = 0.03125$

(b) $P\{X \geq 4\} = \sum_{x=4}^{5} \binom{5}{x} (0.5)^x (1-0.5)^{5-x}$

$= \binom{5}{4}(0.5)^4(1-0.5)^1 + \binom{5}{5}(0.5)^5(1-0.5)^0$

$= 0.1875$

(c) $P\{2 \leq X \leq 3\} = \sum_{x=2}^{3} \binom{5}{x} (0.5)^x (1-0.5)^{5-x}$

$= \binom{5}{2}(0.5)^2(1-0.5)^{5-2} + \binom{5}{3}(0.5)^3(1-0.5)^{5-3}$

$= 0.625$ ■

$X \sim B(n, p)$일 때 p의 값 변화에 따른 이항분포의 형태에 대해 알아보자. **그림 4.4**는 $X \sim B(10, p)$일 때 $p = 0.2,\ 0.5,\ 0.8$의 값에 따른 이항분포의 형태를 나타내고 있다.

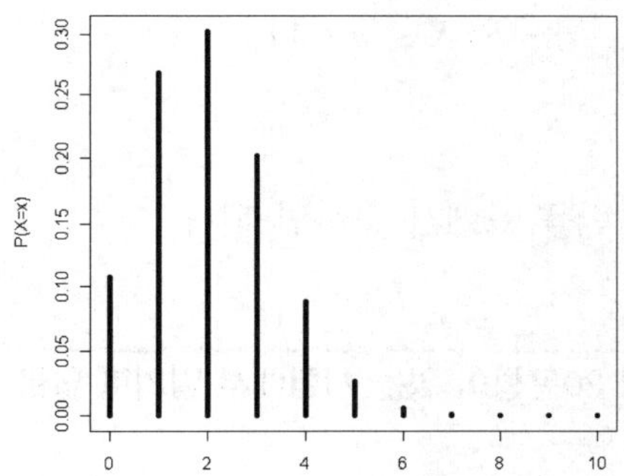

(a) $n = 10,\ p = 0.2$

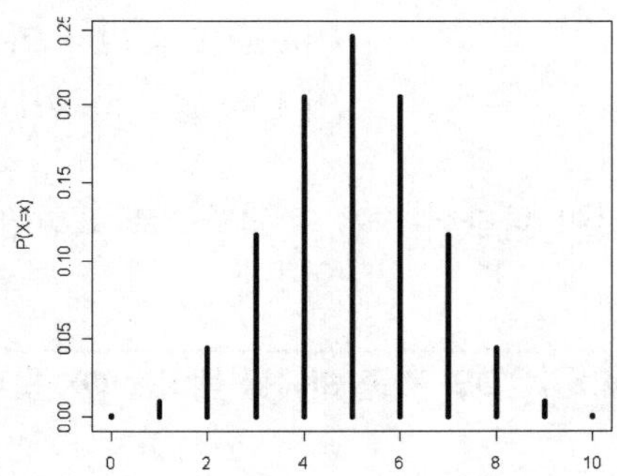

(b) $n = 10,\ p = 0.5$

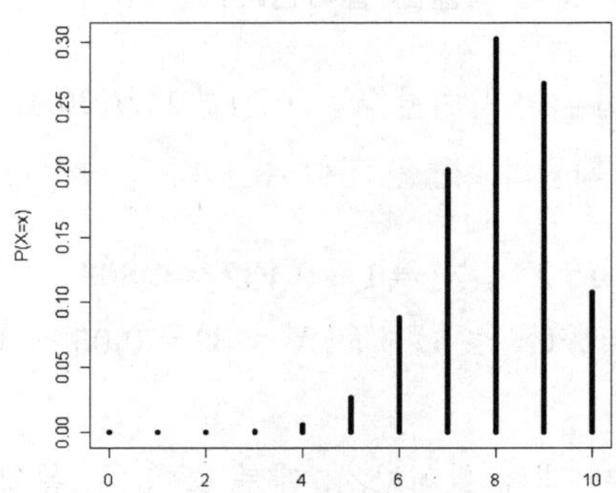

(c) $n = 10,\ p = 0.8$

그림 4.4 p의 변화에 따른 이항분포의 형태

그림 4.4에서 보는 바와 같이 $p=0.5$일 때는 분포의 모양은 대칭이고 $p<0.5$일 때는 오른쪽으로 긴 꼬리를 갖고 있는(skewed to the right) 형태이고 $p>0.5$일 때는 왼쪽으로 긴 꼬리를 갖고 있는(skewed to the left) 형태이다.

이항분포에서의 확률계산은 n이 작은 경우에는 직접 확률질량함수를 이용하여 구할 수 있으나 n이 큰 경우 일일이 확률을 구하는 것은 번거로운 일이다. 따라서 부록 B **표 1**에 있는 이항분포의 누적확률분포표(누적이항분포표)를 이용하면 간편하게 확률을 구할 수 있다. 이 표에는 $X \sim B(n, p)$일 때 $P\{X \leq c\} = \sum_{x=0}^{c} P\{X=x\}$의 값들이 여러 가지 n, p, c값에 대하여 주어져 있다. 따라서 이항분포에서 어떠한 확률계산도 부록에 있는 누적이항분포표를 이용하여 구할 수 있다. 그러기 위해서는 구하고자 하는 확률을 누적확률로 바꿔야 한다. 예를 들어,

$$P\{X=a\} = P\{X \leq a\} - P\{X \leq a-1\}$$
$$P\{a \leq X \leq b\} = P\{X \leq b\} - P\{X \leq a-1\}$$
$$P\{X \geq a\} = 1 - P\{X \leq a-1\}$$

등과 같이 나타낸 다음 누적확률로 표현된 우변을 표에서 구하면 된다.

예제 4.6 **O와 X 중 하나를 택하는 OX 문제가 20문항이 있는 시험에서 임의로 답을 써넣는 경우**

(a) 8개 이상의 정답을 맞힐 확률은 얼마인가?

(b) 4개부터 6개까지 정답을 맞힐 확률은 얼마인가?

풀이 X를 20문항 중 정답의 수라고 하면 X는 이항분포 $B(20, 0.5)$을 갖는다. 부록 B **표 1**의 누적이항분포표로부터 다음의 확률을 구할 수 있다.

(a) $P(X \geq 8) = 1 - P(X \leq 7) = 1 - 0.132 = 0.868$

(b) $P(4 \leq X \leq 6) = P(X \leq 6) - P(X \leq 3) = 0.058 - 0.001 = 0.057$ ■

이항분포의 평균과 분산에 대해 살펴보자. 예를 들어, 두 문항의 OX 문제에서 아무거나 임의로 정답을 고른다면 이 중 약 몇 문제 정도가 정답이 되겠는가? 이 문제에 대한 답은 각 문제당 정답일 확률이 0.5이므로 20 × 0.5=10(문제) 정도가 정답이 될 것이다. 일반적으로, $X \sim B(n, p)$일 때 X의 평균과 분산은 다음과 같다.

$$E(X) = np, \ \ Var(X) = np(1-p)$$

위에서 설명한 OX 문제에서 직관적인 계산결과와 위 OX 문제를 이항분포의 문제로 생각하여 공식에 의해 계산한 결과는 일치함을 알 수 있다.

4.4 정규분포

정규분포(normal distribution)는 프랑스의 드 므와브르(A. D. Moivre, 1667-1754)에 의하여 처음 제안되었고 19세기의 가장 위대한 수학자인 가우스(C. F. Gauss, 1777-1855)에 의해 새롭게 해석된 것으로 가우스 분포(Gaussian distribution, 가우시안 분포)라고도 불린다. **그림 4.5**는 과거 독일이 유로화를 쓰기 이전에 사용하던 10마르크인데 가우스의 사진과 정규분포 곡선이 그려져 있다.

그림 4.5 독일 10 마르크화

정규분포는 평균 μ과 분산 σ^2에 의해 결정되는 분포로써 확률밀도함수는 다음과 같다.

$$f(x) = \frac{1}{\sigma\sqrt{2\pi}} e^{-\frac{(x-\mu)^2}{2\sigma^2}}, \quad -\infty < x < \infty$$

확률변수 X가 정규분포를 따를 때, 기호로서 다음과 같이 나타낸다.

$$X \sim N(\mu, \sigma^2)$$

정규분포 곡선은 **그림 4.6**과 같이 종 모양이고 평균 μ에 대해 좌우 대칭이다.

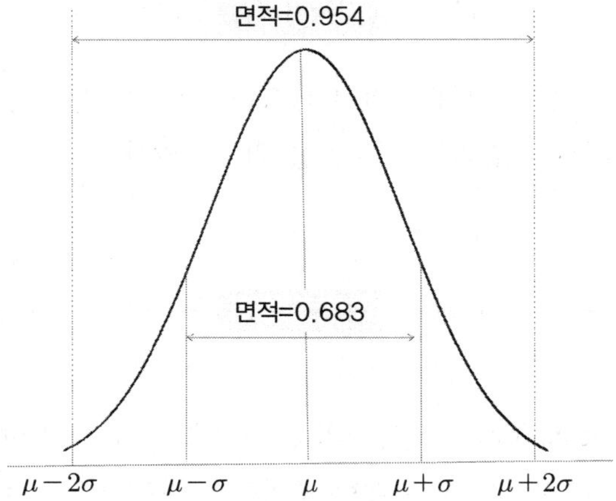

그림 4.6 정규분포 곡선

$X \sim N(\mu, \sigma^2)$ 일 때 전체 자료의 68.3%는 평균을 중심으로 $\pm 1\sigma$ 범위 내에 있고 자료의 95.4%는 평균을 중심으로 $\pm 2\sigma$ 범위 내에 있으며 자료의 99.7%는 평균을 중심으로 $\pm 3\sigma$ 범위 내에 있다. 이는 정규분포에서 평균을 중심으로 3배의 표준편차를 벗어난 자료가 관측될 가능성은 아주 희박하다는 것을 의미한다. 위에서 설명한 내용을 확률로 표현하면 다음과 같다.

$$P(\mu - \sigma \le X \le \mu + \sigma) = 0.683$$
$$P(\mu - 2\sigma \le X \le \mu + 2\sigma) = 0.954$$
$$P(\mu - 3\sigma \le X \le \mu + 3\sigma) = 0.997$$

그림 4.7은 정규분포에서 평균 μ과 분산 σ^2에 따라 정규분포 곡선의 형태가 어떻게 변하는지를 나타내고 있다.

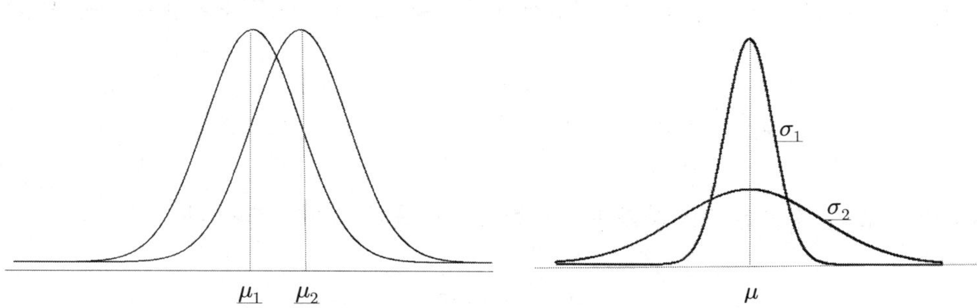

(a) 분산은 같고 평균이 다른 정규분포　　(b) 평균은 같고 분산이 다른 정규분포

그림 4.7 μ와 σ^2의 변화에 따른 정규분포 곡선의 형태

정규분포에서 평균이 0이고 분산이 1인 분포를 표준정규분포(standard normal distribution)라고 한다. 표준정규분포의 확률밀도함수는 다음과 같다.

$$f(z) = \frac{1}{\sqrt{2\pi}} e^{-\frac{z^2}{2}}, \qquad -\infty < z < \infty$$

표준정규분포를 따르는 확률변수를 보통 Z로 표현하며, 기호로서 다음과 같이 나타낸다.

$$Z \sim N(0, 1)$$

표준정규분포 곡선은 **그림 4.8**과 같이 평균 0에 대해 좌우 대칭이다. **그림 4.8**에 대응되는 면적에 대한 확률은 다음과 같다.

$$P(-1 \le Z \le 1) = 0.683$$
$$P(-2 \le Z \le 2) = 0.954$$
$$P(-3 \le Z \le 3) = 0.997$$

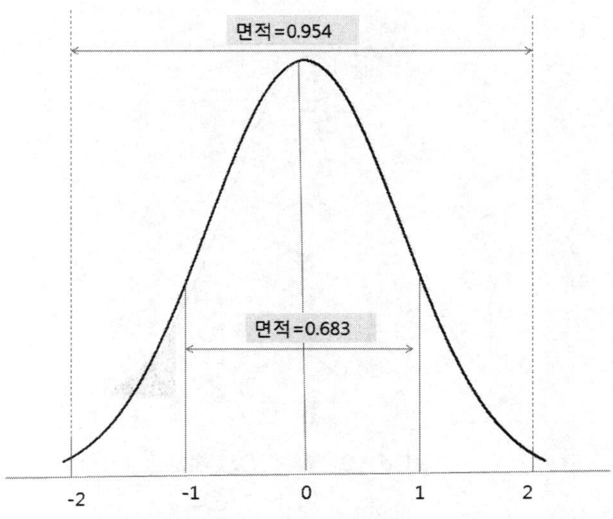

그림 4.8 표준정규분포 곡선

부록 B **표 2**의 표준정규분포표는 표준정규분포에 대해 각 z값의 왼쪽 부분의 면적 $P(Z \le z)$을 수록하고 있다. 따라서 만약 **그림 4.9**에서처럼 a와 b사이의 확률 $P(a \le Z \le b)$은 이항분포 확률을 계산하는 데 누적이항분포표를 이용하는 것처럼 표준정규분포표로부터

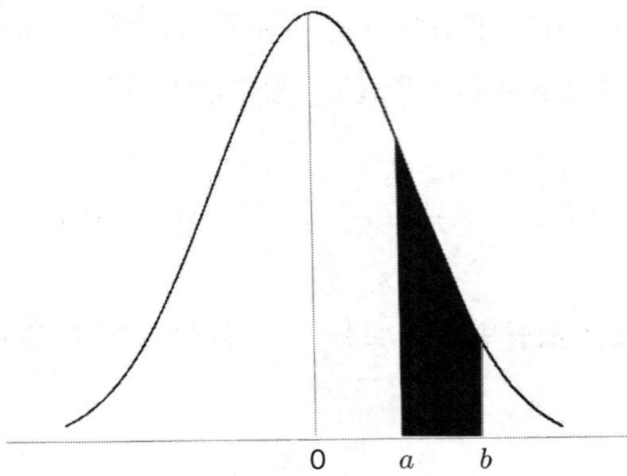

그림 4.9 $P(a \leq Z \leq b)$ 계산

$$P(a \leq Z \leq b) = P(Z \leq b) - P(Z \leq a)$$

을 이용하여 구하면 된다. 또한 **그림 4.10**에서처럼 z보다 클 확률 $P(Z \geq z)$은

$$P(Z \geq z) = 1 - P(Z \leq z)$$

을 이용하여 구하면 된다.

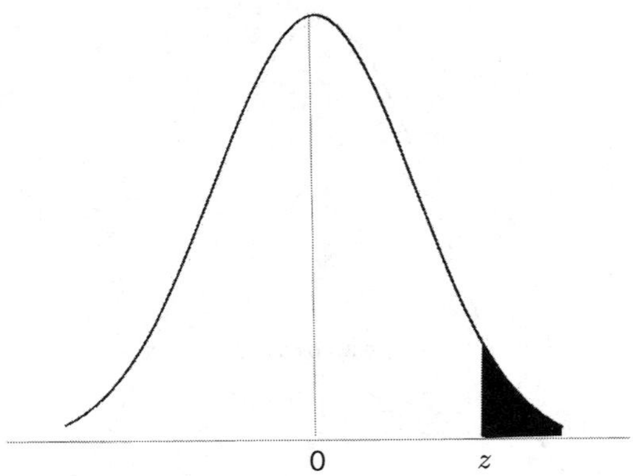

그림 4.10 $P(Z \geq z)$ 계산

예제 4.7 $Z \sim N(0,1)$**일 때 표준정규분포표를 이용하여 다음의 확률을 구하라.**

(a) $P(Z \le -1.9)$

(b) $P(0 \le Z \le 1.9)$

풀이 구하고자 하는 확률을 **그림 4.11**에서처럼 표준정규분포 곡선에서 검은색의 면적으로 표시하였다.

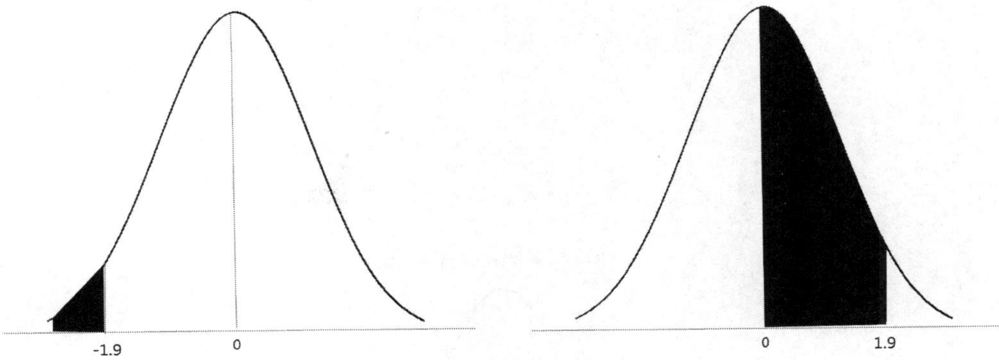

(a) $P(Z \le -1.9)$ (b) $P(0 \le Z \le 1.9)$

그림 4.11 표준정규분포 곡선에서 면적 계산

(a) **그림 4.11** (a)에서 $P(Z \le -1.9) = P(Z \ge 1.9)$이므로

$$P(Z \ge 1.9) = 1 - P(Z \le 1.9) = 1 - 0.9713 = 0.0287$$

이다.

(b) **그림 4.11** (b)에서

$$P(0 \le Z \le 1.9) = P(Z \le 1.9) - P(Z \le 0) = 0.9713 - 0.5000 = 0.4713$$

이다. ■

예제 4.8 $Z \sim N(0,1)$**일 때 다음을 만족하는** z**을 구하라.**

(a) $P(Z \ge z) = 0.005$

(b) $P(Z \ge z) = 0.025$

(c) $P(Z \ge z) = 0.05$

풀이 (a), (b), (c) 각각의 확률을 표준정규분포 곡선에서 **그림 4.12**와 같이 검은색의 면적으로 표시하였다.

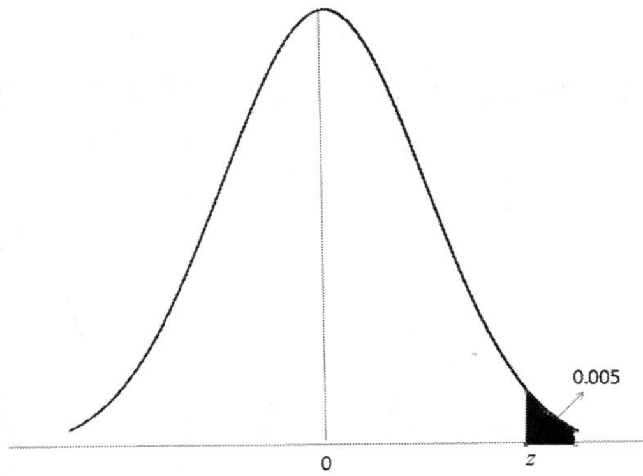

(a) $P(Z \geq z) = 0.005$

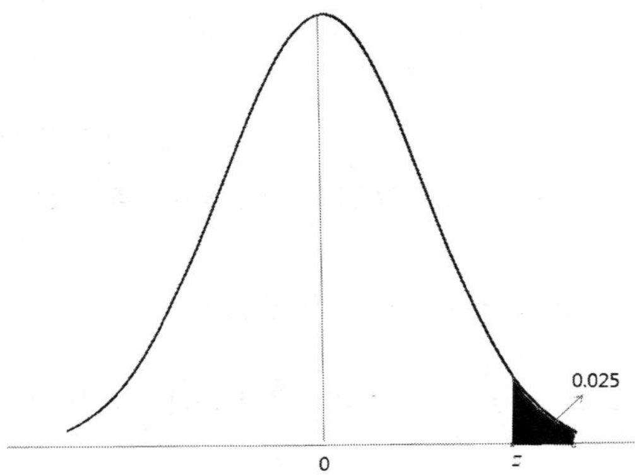

(b) $P(Z \geq z) = 0.025$

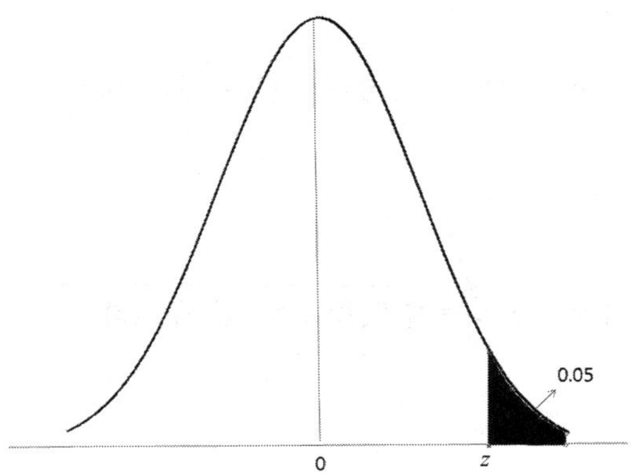

(c) $P(Z \geq z) = 0.05$

그림 4.12 면적에 해당되는 z값 계산

전체 면적은 1이므로 z의 왼쪽부분의 면적은 (a)의 경우 1-0.005=0.995이고 (b)인 경우 1-0.025 =0.975이고 (c)인 경우 1-0.05=0.95이다.

표준정규분포표로부터 (a)에서 구한 확률 0.995에 해당되는 z=2.58, (b)에서 구한 확률 0.975에 해당되는 z=1.96, 그리고 (c)에서 구한 확률 0.95에 해당되는 z=1.645이다. ■

정규분포의 중요한 성질 중의 하나는 $X \sim N(\mu, \sigma^2)$이면 $aX+b \sim N(a\mu+b, a^2\sigma^2)$이 된다는 것이다. 이 성질로부터 $X \sim N(\mu, \sigma^2)$일 때

$$Z = \frac{X-\mu}{\sigma} \sim N(0,1)$$

이 성립한다. X를 $Z=(X-\mu)/\sigma$와 같이 변환시키는 것을 표준화(standardization)한다고 한다. 정규분포에서 구하고자 하는 확률은 표준화를 통해 표준정규분포에서의 확률로 변환하여 계산한다. 예를 들어, $X \sim N(\mu, \sigma^2)$일 때 $P(a \le X \le b)$을 구하는 경우

$$\begin{aligned} P(a \le X \le b) &= P\left(\frac{a-\mu}{\sigma} \le \frac{X-\mu}{\sigma} \le \frac{b-\mu}{\sigma}\right) \\ &= P\left(\frac{a-\mu}{\sigma} \le Z \le \frac{b-\mu}{\sigma}\right) \end{aligned}$$

이므로 표준정규분포에서

$$P\left(\frac{a-\mu}{\sigma} \le Z \le \frac{b-\mu}{\sigma}\right)$$

을 구하는 문제로 변환하여 표준정규분포표를 이용하여 계산한다.

예제 4.9 **G 대학 학생들의 정보통계학 성적은 $N(60, 8^2)$을 따른다고 한다. 60점에서 70점 사이의 학생들에게 B 학점을 준다고 할 때 B 학점을 받게 될 학생의 비율을 구하라.**

풀이 정보통계학 성적을 X라 하면 $X \sim N(60, 8^2)$을 따른다. 따라서, X가 60점에서 70점 사이일 확률은 다음과 같이 계산한다.

$$\begin{aligned} P(60 \le X \le 70) &= P\left(\frac{60-60}{8} \le \frac{X-60}{8} \le \frac{70-60}{8}\right) \\ &= P(0 \le Z \le 1.25) = 0.3944 \end{aligned}$$

■

4.5 이항분포의 정규분포 근사

4.3절에서 이항분포에 대한 확률은 직접 확률밀도함수식에 대입하여 구하거나 부록에 있는 누적이항분포표를 이용하여 구하였다. 여기서는 이항분포에서의 확률을 정규분포를 이용하여 근사적으로 구하는 방법에 대해 설명하고자 한다.

그림 4.13은 이항분포 $B(n, p)$에서 $p = 0.2$이고 n=5, 10, 20, 30인 경우의 그래프를 나타낸 것이다. 이 그림으로부터 n이 커짐에 따라 이항분포의 그래프는 점점 정규분포 형태에 가까워짐을 알 수 있다.

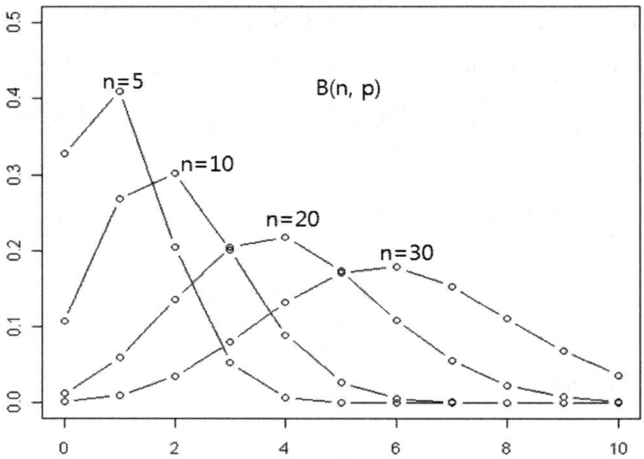

그림 4.13 n의 변화에 따른 이항분포 그래프

이항분포의 정규분포 근사
확률변수 X가 이항분포 $B(n, p)$을 따를 때 n이 크면 X는 근사적으로 정규분포 $N(np, np(1-p))$을 따른다.

대략적으로 $np \geq 5$이고 $n(1-p) \geq 5$인 경우 이항분포의 정규분포 근사가 유효하다고 알려져 있다.

예제 4.10 **현 정부에 대해 전 국민의 40% 정도가 지지하고 있다. 50명을 임의추출하여 지지 여부를 묻는다면 25명 이상이 현 정부를 지지할 확률은 얼마인가?**

풀이 표본에서 현 정부를 지지하는 사람의 수를 X라 하면 $X \sim B(50, 0.4)$이다. 따라서, 구하고자 하는 확률은

$$P(X \geq 25)$$

이다. 표본의 크기 $n = 50$이 크므로 위의 이항분포의 확률을 정규분포 근사에 의해 구할 수 있다. 대체적으로 이항분포의 평균과 분산은

$$np = 50 \times 0.4 = 20 \geq 5,\ np(1-p) = 50 \times 0.4 \times 0.6 = 12 \geq 5$$

이므로 이항분포의 정규분포 근사가 유효하다. 따라서,

$$X \sim N(20, 12)$$

이다. 결과적으로, 구하고자 하는 확률은 다음과 같다.

$$\begin{aligned} P(X \geq 25) &= P\left(\frac{X-20}{\sqrt{12}} \geq \frac{25-20}{\sqrt{12}}\right) \\ &= P(Z \geq 1.44) = 1 - P(Z \leq 1.44) \\ &= 0.0749 \end{aligned}$$

■

4.6 R을 이용한 실습

R을 이용한 이항분포의 계산

$X \sim B(n, p)$일 때 dbinom() 함수는 확률질량함수값을 구하는 함수이고 사용형식은 다음과 같다.

```
dbinom(x, n, p)
```

그림 4.4는 p의 변화에 따른 이항분포 그래프이고 R의 코드는 다음과 같다.

```
x <- seq(0, 10)
win.graph()
plot(x, dbinom(x, 10, 0.2), type="h", ylab="P(X=x)", lwd=5)
win.graph()
plot(x, dbinom(x, 10, 0.5), type="h", ylab="P(X=x)", lwd=5)
win.graph()
plot(x, dbinom(x, 10, 0.8), type="h", ylab="P(X=x)", lwd=5)
```

pbinom() 함수는 $X \sim B(n, p)$에서 누적확률을 계산하는 데 사용하는 함수이다. 다음은 pbinom() 함수의 사용형식이다.

```
pbinom(x, n, p)
```

여기서 x는 $P\{X \leq x\}$이 되는 값이다.

예제 4.11 **예제 4.6의 다음의 확률을 R을 이용하여 구해보자.**

(a) 8개 이상의 정답을 맞힐 확률은 얼마인가?

(b) 4개부터 6개까지 정답을 맞힐 확률은 얼마인가?

풀이 (a) $P\{X \geq 8\} = 1 - P\{X \leq 7\}$이므로

```
> 1-pbinom(7, 20, 0.5)
[1] 0.868412
```

(b) $P\{4 \leq X \leq 6\} = P\{X \leq 6\} - P\{X \leq 3\}$이므로

```
> pbinom(6, 20, 0.5)-pbinom(3, 20,
0.5)
[1] 0.05637074
```

■

◘ R을 이용한 정규분포의 확률계산

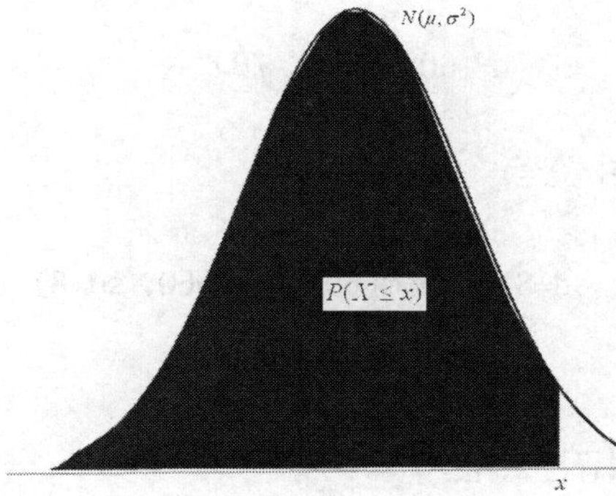

그림 4.14 정규분포에서 누적확률 계산

pnorm() 함수는 **그림 4.14**에서처럼 $X \sim N(\mu, \sigma^2)$에서 누적확률을 계산하는데 사용하는 함수이다. 다음은 pnorm() 함수의 사용형식이다.

```
pnorm(x, mean, sd)
```

여기서 x는 $P(X \le x)$이 되는 값이다. 표준정규분포인 경우 mean과 sd를 생략할 수 있다.

예제 4.12 **예제 4.7에서 $Z \sim N(0,1)$일 때 다음의 확률을 R을 이용하여 구해보자.**

(a) $P(Z \le -1.9)$

(b) $P(0 \le Z \le 1.9)$

풀이 pnorm() 함수 사용 시 표준정규분포인 경우 mean과 sd을 생략하여 사용한다.

(a) $P(Z \le -1.9)$을 구하기 위한 R 코드는 다음과 같다.

```
> pnorm(-1.9)
[1] 0.02871656
```

(b) $P(0 \le Z \le 1.9)$을 구하기 위한 R 코드는 다음과 같다.

```
> pnorm(1.9)-pnorm(0)
[1] 0.4712834
```

■

예제 4.13 예제 4.9에서 구하고자 하는 다음의 확률을 R을 이용하여 구해보자.

$$P(60 \le X \le 70)$$

풀이 $X \sim N(60, 8^2)$이므로 R 코드는 다음과 같다.

```
> pnorm(70, mean=60, sd=8)-pnorm(60, mean=60, sd=8)
[1] 0.3943502
```

■

◘ R을 이용한 이항분포의 정규분포 근사

그림 4.13은 n의 변화에 따른 이항분포 그래프이고 R의 코드는 다음과 같다.

```
n1=5; n2=10; n3=20; n4=30
x<-seq(0,10)
plot(x, dbinom(x, n1, 0.2), type="b",ylim=c(0,0.5),xlab="", ylab="")
par(new=T)
plot(x, dbinom(x, n2, 0.2), type="b", ylim=c(0,0.5),xlab="",ylab="")
par(new=T)
plot(x, dbinom(x, n3, 0.2), type="b",ylim=c(0,0.5), xlab="",ylab="")
par(new=T)
plot(x, dbinom(x, n4, 0.2), type="b", ylim=c(0,0.5),xlab="",ylab="")
```

예제 4.10에서 $X \sim B(50, 0.4)$인 경우 $P(X \ge 25)$ 계산을 정규분포 근사에 의해 구하였다. **그림 4.15**는 $P(X \ge 25)$ 계산을 위한 이항분포 곡선과 정규분포 곡선을 나타내고 있고 이에 대한 R 코드는 다음과 같다.

```
x<-seq(0,50)
plot(dbinom(x, 50, 0.4), type="h", xlab="",ylab="")
par(new=T)
lines(x, dnorm(x, 20, sqrt(12)), col="red")
```

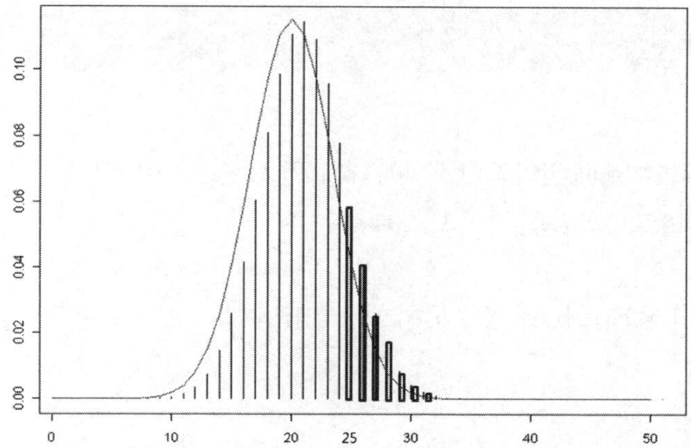

그림 4.15 $P(X \geq 25)$ 계산을 위한 이항분포 곡선과 정규분포 곡선

이론적 배경

01 X가 연속확률변수일 때 임의의 한 점 c에 대해 $P\{X=c\}=0$이다.

풀이 X의 확률밀도함수를 $f(x)$라 할 때

$$P\{X=c\}=\lim_{\Delta x\to 0}\{c\le X\le c+\Delta x\}=\lim_{\Delta x\to 0}\int_c^{c+\Delta x}f(x)dx=\int_c^c f(x)dx=0$$

이다.

02 $X\sim B(n,p)$일 때 X의 평균과 분산은 다음과 같다.

$$E(X)=np,\ Var(X)=np(1-p)$$

풀이 $Y_1, Y_2, \cdots, Y_n$은 서로 독립이고 동일한 성공의 확률 p을 갖는 베르누이 확률변수라 할 때 $X=Y_1+Y_2+\ldots+Y_n$와 같이 나타낼 수 있다. 따라서, $E(Y_i)=p$이고 $Var(Y_i)=p(1-p)$이므로 X의 평균과 분산은 다음과 같다.

$$E(X)=E(Y_1)+E(Y_2)+\ldots+E(Y_n)=np$$
$$Var(X)=Var(Y_1)+Var(Y_2)+\ldots+Var(Y_n)=np(1-p)$$

03 $X\sim N(\mu,\sigma^2)$이면 $aX+b\sim N(a\mu+b, a^2\sigma^2)$이다.

풀이 $E(aX+b)=aE(X)+b=a\mu+b$

$Var(aX+b)$

$=E[(aX+b-E(aX+b))^2]=E[(aX+b-a\mu-b)^2]=E[(aX-a\mu)^2]$

$=E[a^2(X-\mu)^2]=a^2E[(X-\mu)^2]=a^2\sigma^2$

연습문제

01 어느 한 학급에서 형제 수를 조사한 결과가 다음과 같다. 형제 수를 확률변수 X라 할 때 X의 평균과 분산, 표준편차를 구하라.

x	1	2	3
$P\{X=x\}$	$\frac{1}{4}$	$\frac{3}{8}$	$\frac{3}{8}$

02 어느 지하철 역에서 지하철은 5분 간격으로 출발한다고 하자. 한 사람이 우연히 이 지하철역에 와서 지하철이 출발할 때까지 기다린 시간의 평균을 확률변수를 이용하여 구하라.

03 시침 하나만 있는 시계에서 시침이 가리키는 곳을 X라 할 때 X의 평균과 분산을 구하라.

04 최근 프로축구 승부조작 파문이 확산되고 있다. 승부가 결정되는 축구 경기에서 A팀의 승률이 0.4라 할 때 15경기를 치르는 경우 A팀이 8게임 이상, 10게임 이하로 이길 확률은 얼마인가?

05 어떤 암에 걸렸을 때 새로운 치료방법으로 치유할 확률이 50%라 한다. 15명의 환자에게 이 치료방법을 적용하였을 때 다음 확률을 구하라.

① 6명 이하 치유할 확률
② 6명 이상 10명 이하 치유할 확률
③ 12명 이상 치유할 확률

06 어떤 공장에서 생산되는 제품 중에서 10%는 불량품이라고 한다. 100개의 표본을 임의로 추출하였을 때 15개 이상의 불량품이 포함될 확률을 구하라.

07 청년 실업률이 8%라고 한다. 200명의 청년을 임의로 선택하였을 때 15명 이하의 청년이 실업자일 확률을 구하라.

08 정보통계학 수강생의 IQ는 평균이 100이고 표준편차가 10인 정규분포를 따른다고 할 때 수강생 중 한 명의 IQ에 대해 다음 확률을 구하라.

① IQ가 120을 초과할 확률
② IQ가 80에서 110 사이일 확률

5장

표본분포

5.1 표본분포의 개념

표본분포(sampling distribution)란 통계량(statistic)의 확률분포를 말한다. 그러면 통계량이란 무엇인가? 통계량은 확률표본(random sample)의 함수이다. 확률표본이란 서로 독립이고 동일한 분포를 따르는 확률변수들을 말한다.

예를 통해 통계량에 대해 자세히 살펴보자. 모집단으로부터 10개의 표본을 뽑을 때 뽑힌 10개의 표본들 $X_1, X_2, \cdots, X_{10}$이 서로 독립이고 이들이 모두 같은 분포(예를 들면 정규분포)를 따르는 확률변수이면 $X_1, X_2, \cdots, X_{10}$은 확률표본이다. 이들 확률표본으로부터 얻어진 함수, 예를 들어 다음과 같은 표본평균 $\overline{X}$과 표본분산 S^2 은 모두 통계량이다.

$$\overline{X} = \frac{1}{n}\sum_{i=1}^{n} X_i, \quad S^2 = \frac{1}{n-1}\sum_{i=1}^{n}(X_i - \overline{X})^2$$

우리는 똑같은 모집단으로부터 크기가 동일한 표본을 무수히 많이 추출할 수 있다. 그러면 각 표본에서 구해진 표본평균, 혹은 표본분산 등은 일정한 값으로 나타나지 않고 변한다. 그러므로 표본에서 얻은 통계량은 확률변수라 할 수 있고 따라서 확률분포를 갖고 있다. 이들 통계량 $\overline{X}$와 S^2 은 모집단의 모수인 모평균 μ과 모분산 σ^2을 추론하는 데 사용된다. 왜 이 통계량들이 모수를 추론하는 데 사용되는지를 알기 위해 통계량들의 확률분포인 표본분포에 대한 이해가 필요하다. 다음 예제를 통하여 $\overline{X}$의 표본분포의 개념에 대해 알아보고자 한다.

예제 5.1 **항아리에 10, 20, 30, 40이라고 쓰인 구슬이 4개 있다. 각 구슬을 꺼낼 확률은 동일하게 1/4이다. 이 항아리에 있는 구슬의 숫자를 모집단이라고 하면, 이 모집단에서 임의로 2개의 구슬을 복원추출(sampling with replacement)로 꺼낼 때 표본평균 $\overline{X}$의 확률분포에 대해 살펴보자.**

풀이 **그림 5.1**은 모집단에서 표본 크기를 2로 하여 추출한 표본을 보여주고 있다.

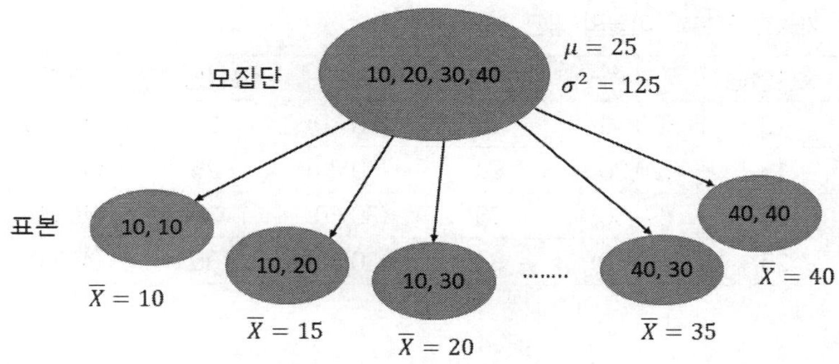

그림 5.1 모집단에서 표본의 크기 2인 표본 추출

모집단에 있는 구슬의 숫자를 X라 하면 모집단의 분포는 **표 5.1**과 같고 그림으로 나타내면 **그림 5.2**와 같다.

표 5.1 모집단 X의 분포

x	10	20	30	40
$P(X=x)$	1/4	1/4	1/4	1/4

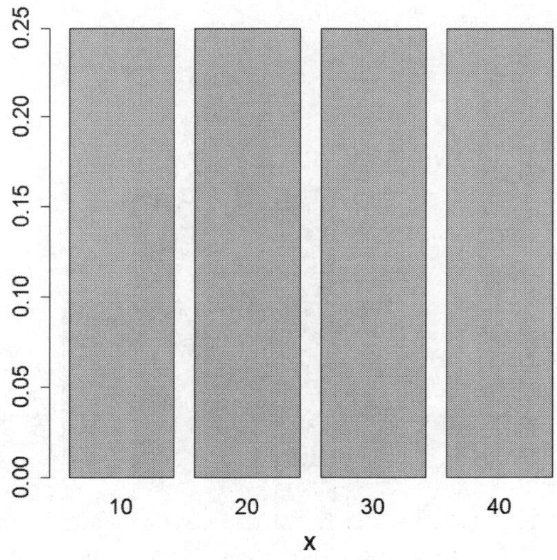

그림 5.2 모집단 X의 분포

모집단으로부터 표본 크기 2인 표본을 복원추출하여 표본평균을 구하면 **표 5.2**와 같이 총 16가지의 표본과 각각에 대응되는 표본평균이 구해진다.

표 5.2 모든 가능한 표본과 이들의 평균

표본	표본평균	표본	표본평균	표본	표본평균	표본	표본평균
(10,10)	10	(20,10)	15	(30,10)	20	(40,10)	25
(10,20)	15	(20,20)	20	(30,20)	25	(40,20)	30
(10,30)	20	(20,30)	25	(30,30)	30	(40,30)	35
(10,40)	25	(20,40)	30	(30,40)	35	(40,40)	40

따라서 **표 5.2**로부터 표본평균의 확률분포는 다음 **표 5.3**과 같고 그림으로 나타내면 **그림 5.3**과 같다.

표 5.3 표본평균 $\overline{X}$ 의 확률분포

$\overline{x}$	10	15	20	25	30	35	40
$P(\overline{X}=\overline{x})$	1/16	2/16	3/16	4/16	3/16	2/16	1/16

표 5.3으로부터 표본평균 $\overline{X}$의 분포를 그림으로 나타내면 **그림 5.3**과 같다.

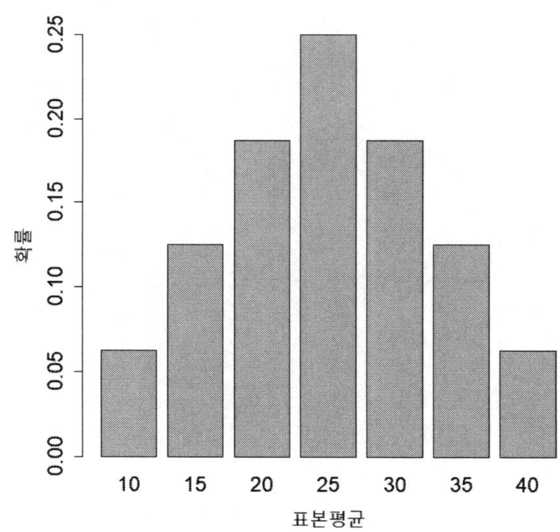

그림 5.3 표본평균 $\overline{X}$ 의 분포 ■

5.2 표본평균의 표본분포

$X_1, X_2, \cdots, X_n$을 모평균 μ, 모분산 σ^2인 모집단으로부터의 확률표본이라 하자. 이 확률표본으로부터의 표본평균

$$\overline{X} = \frac{1}{n}\sum_{i=1}^{n} X_i$$

의 표본분포에 대해 살펴보자. 먼저, $\overline{X}$의 평균과 분산은 다음과 같다.

$$E(\overline{X}) = \mu,\ \ Var(\overline{X}) = \frac{\sigma^2}{n}$$

즉, 표본평균의 평균 $E(\overline{X})$은 모평균 μ와 같으며 표본평균의 분산 $Var(\overline{X})$는 표본의 크기 n이 클수록 작아진다. 결국 $n \rightarrow \infty$ 이면 $Var(\overline{X}) = \frac{\sigma^2}{n} \rightarrow 0$가 되어 $\overline{X}$는 모집단의 평균 μ를 중심으로 밀집하게 분포한다.

예제 5.2 **예제 5.1에서 표본의 크기가 2인 경우의 $\overline{X}$의 평균과 분산을 구해보자.**

풀이 **표 5.1**의 모집단 분포로부터 평균과 분산은 다음과 같다.

$$\begin{aligned}\mu = E(X) &= \sum_{i=1}^{n} x_i P(X = x_i) = 10 \times \frac{1}{4} + 20 \times \frac{1}{4} + 30 \times \frac{1}{4} + 40 \times \frac{1}{4} \\ &= 25 \\ \sigma^2 = Var(X) &= E(X^2) - (E(X))^2 \\ &= \sum_{i=1}^{n} x_i^2 P(X = x_i) - \mu^2 \\ &= 10^2 \times \frac{1}{4} + 20^2 \times \frac{1}{4} + 30^2 \times \frac{1}{4} + 40^2 \times \frac{1}{4} - 25^2 \\ &= 125\end{aligned}$$

따라서, $E(\overline{X}) = \mu = 25$이고 $Var(\overline{X}) = \frac{\sigma^2}{n} = \frac{125}{2} = 62.5$이다.

우리는 위의 사실을 **표 5.3**에 있는 표본평균 $\overline{X}$의 확률분포를 이용하여 확인하고자 한다.

$$E(\overline{X}) = \sum_{i=1}^{n} \overline{x_i} P(\overline{X} = \overline{x_i}) = 10 \times \frac{1}{16} + 15 \times \frac{2}{16} + \dots + 35 \times \frac{2}{16} + 40 \times \frac{1}{16}$$
$$= 25$$

이고,

$$\begin{aligned} Var(\overline{X}) &= E(\overline{X^2}) - (E(\overline{X}))^2 \\ &= \sum_{i=1}^{n} \overline{x_i}^2 P(\overline{X} = \overline{x_i}) - \mu^2 \\ &= 10^2 \times \frac{1}{16} + 15^2 \times \frac{2}{16} + \dots + 35^2 \times \frac{2}{16} + 40^2 \times \frac{1}{16} - 25^2 \\ &= 62.5 \end{aligned}$$

이다. ■

모집단의 분포가 정규분포 $N(\mu, \sigma^2)$일 때 $\overline{X}$의 분포에 대해 살펴보자. 결론부터 말하자면, $\overline{X}$의 분포는 다음과 같다.

$$\overline{X} \sim N(\mu, \frac{\sigma^2}{n})$$

위의 내용은 모집단이 정규분포이면 표본평균의 분포도 정규분포라는 것을 의미한다. 그리고 표본평균의 평균 $E(\overline{X})$는 모평균 μ와 같으며 표본평균의 분산 $Var(\overline{X})$는 $\frac{\sigma^2}{n}$이고 표본의 크기 n이 클수록 작아진다.

그림 5.4는 모집단이 정규분포 $N(0, 5^2)$일 때 표본의 크기 $n = 10, 30, 100$에 따른 $\overline{X}$의 분포를 보여주고 있다.

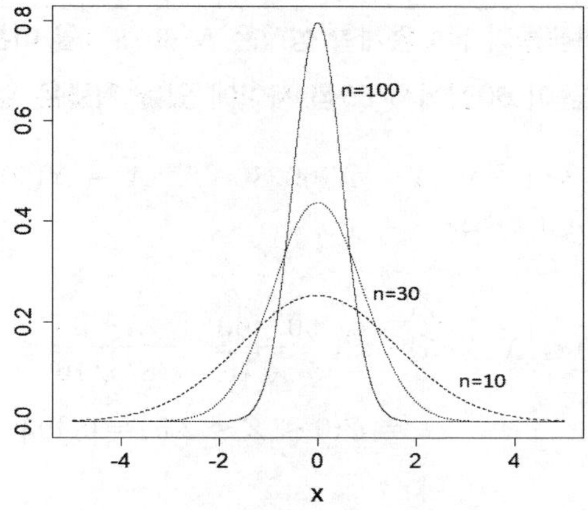

그림 5.4 표본의 크기에 따른 $\overline{X}$의 분포

표본의 크기 n이 증가할수록 $\overline{X}$의 분포에서 퍼짐 정도는 작아지고 있음을 알 수 있다.

모집단 $X \sim N(\mu, \sigma^2)$일 때 정규분포에 대한 확률은 표준화하여 다음과 같이 표준정규분포에 대한 확률로 변환하여 계산하였다.

$$Z = (X - \mu)/\sigma$$

$\overline{X} \sim N(\mu, \sigma^2/n)$인 경우 $\overline{X}$에 대한 확률도 표준화를 통하여 표준정규분포에 대한 확률로 변환하여 다음과 같이 계산할 수 있다.

$$Z = \frac{\overline{X} - \mu}{\sigma / \sqrt{n}}$$

예를 들어, $\overline{X} \sim N(\mu, \sigma^2/n)$일 때 확률 $P(a \le \overline{X} \le b)$은

$$\begin{aligned} P(a \le \overline{X} \le b) &= P\left(\frac{a - \mu}{\sigma/\sqrt{n}} \le \frac{\overline{X} - \mu}{\sigma/\sqrt{n}} \le \frac{b - \mu}{\sigma/\sqrt{n}}\right) \\ &= P\left(\frac{a - \mu}{\sigma/\sqrt{n}} \le Z \le \frac{b - \mu}{\sigma/\sqrt{n}}\right) \end{aligned}$$

이 되어 표준정규분포표를 이용하여 계산하면 된다.

예제 5.3 G 대학교 학생들의 정보통계학 성적은 $N(60, 8^2)$을 따른다고 한다. 16명의 학생을 임의추출할 때 표본평균이 60점에서 65점 사이에 있을 확률은 얼마인가?

풀이 정보통계학 성적을 X라 하자. $X \sim N(60, 8^2)$이면 $\overline{X} \sim N(60, \frac{8^2}{16})$이다. 따라서, $\overline{X}$가 60점에서 65점 사이의 확률은

$$P(60 \le \overline{X} \le 65) = P(\frac{60-60}{8/\sqrt{16}} \le \frac{\overline{X}-60}{8/\sqrt{16}} \le \frac{65-60}{8/\sqrt{16}})$$
$$= P(0 \le Z \le 2.5) = 0.4938$$

이다. ■

5.3 중심극한정리

모집단이 정규분포를 따르는 경우 표본평균 $\overline{X}$의 분포도 정규분포를 따른다고 앞 절에서 설명하였다. 그러면 모집단이 정규분포를 따르지 않는 경우 표본평균 $\overline{X}$의 분포는 어떻게 될까? 한마디로 말하자면, 모집단이 정규분포를 따르지 않는 경우, 표본평균 $\overline{X}$도 정규분포를 따르지 않는다. 그러나 표본의 크기가 클수록 표본평균 $\overline{X}$의 분포는 근사적으로 정규분포를 따른다. 이것이 바로 중심극한정리(central limit theorem)이다.

중심극한정리

평균이 μ이고 분산이 σ^2인 임의의 모집단으로부터 크기 n인 표본을 추출할 때 표본평균 $\overline{X}$의 분포는 n이 크면 근사적으로 정규분포 $N(\mu, \frac{\sigma^2}{n})$을 따른다. 즉, n이 클 때

$$Z = \frac{\overline{X}-\mu}{\sigma/\sqrt{n}} \sim N(0,1)$$

이 성립한다.

표본의 크기는 보통 $n \ge 30$이면 크다고 간주한다.

그림 5.5는 모집단 $\{10, 20, 30, 40\}$에서 표본 크기($n = 5, 10, 30$)의 변화에 따른 표본평균 $\overline{X}$의 표본분포를 나타내고 있다.

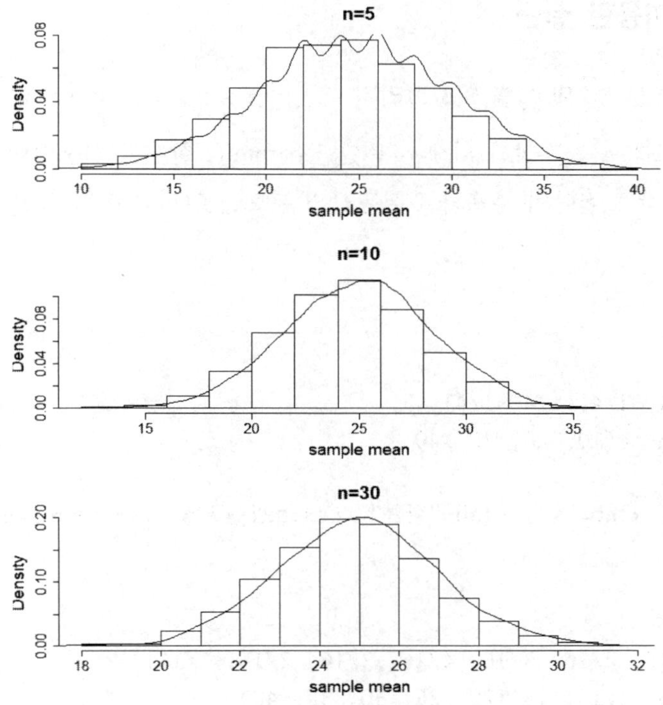

그림 5.5 표본 크기 $n=5, 10, 30$에 따른 $\overline{X}$의 분포

n이 크면 클수록 $\overline{X}$의 분포는 정규분포 모양에 가까운 것을 알 수 있다.

예제 5.4 **G 대학교 학생들의 정보통계학 성적은 평균이 60이고 분산이 9^2이라고 한다. 36명의 학생을 임의추출할 때 표본평균이 63점 이상일 확률은 얼마인가?**

풀이 $\overline{X}$를 36명의 학생들에 대한 정보통계학 성적의 평균이라 하자. $n=36$으로 충분히 크므로 중심극한정리에 의해 $\overline{X} \sim N(60, \frac{9^2}{36})$이다. 따라서, $\overline{X}$가 63점 이상일 확률은

$$\begin{aligned} P(\overline{X} \geq 63) &= P(\frac{\overline{X}-60}{9/\sqrt{36}} \geq \frac{63-60}{9/\sqrt{36}}) \\ &= P(Z \geq 2.0) = 1 - P(Z \leq 2.0) \\ &= 1 - 0.9772 = 0.0228 \end{aligned}$$

이다. ■

5.4 R을 이용한 실습

¤ R을 이용한 **그림 5.2**와 **그림 5.3** 그리기

3장에서 막대그래프를 그리기 위해 사용했던 barplot() 함수를 사용하여 **그림 5.2**와 **그림 5.3**에 있는 각각 모집단의 분포와 표본평균의 분포를 그리고자 한다. R 코드는 다음과 같다.

```
#모집단의 분포
prob <- c(1/4, 1/4, 1/4, 1/4)
names(prob) <- c(10, 20, 30, 40)
#barplot(prob)
barplot(prob, xlab="x", ylab="확률", cex.axis=1.5, cex.names=1.5,
cex.lab=1.8)

#표본평균의 분포
prob <- c(1/16, 2/16, 3/16, 4/16, 3/16, 2/16, 1/16)
names(prob) <- c(10, 15, 20, 25, 30, 35, 40)
#barplot(prob)
barplot(prob, xlab="표본평균", ylab="확률", cex.axis=1.5, cex.names=1.5,
cex.lab=1.8)
```

여기서 names() 함수는 이름을 지정하는 함수인데 여기서는 x축 각 구간의 계급값을 지정하고 있다.

¤ R을 이용한 **그림 5.4** 그리기

plot() 함수를 이용하여 그래프를 그리고 나서 lines() 함수를 이용하여 선을 추가하고자 할 수 있다.

```
n1=10
n2=30
n3=100
```

```
x <- seq(-5, 5, by=0.001)
plot(x, dnorm(x, mean=0, sd=5/sqrt(n3)), ylab="", type="l",
col="red",cex.axis=1.5,cex.lab=1.8)
par(new=T)
lines(x, dnorm(x, mean=0, sd=5/sqrt(n2)), lty="dotted", col="black")
par(new=T)
lines(x, dnorm(x, mean=0, sd=5/sqrt(n1)), lty="dashed",col="blue")
```

¤ R을 이용한 표본평균의 확률계산

예제 5.5 **예제 5.3에서 구하고자 하는 다음의 확률을 R을 이용하여 구하라.**

$$P(60 \le \overline{X} \le 65)$$

풀이 $X \sim N(60, 8^2)$이면 $\overline{X} \sim N(60, \frac{8^2}{16})$이므로 R 코드는 다음과 같다.

```
> pnorm(65, mean=60, sd=8/sqrt(16))-
  pnorm(60, mean=60, sd=8/sqrt(16))
[1] 0.4937903
```

■

¤ R을 이용한 그림 5.5 그리기

모집단 {10, 20, 30, 40}으로부터 각각 표본의 크기 $n = 5, 10, 30$개를 복원추출하여 평균을 계산한다. 위의 과정을 3,000번 반복한 3,000개의 자료에 대한 히스토그램과 밀도함수를 다음과 같이 구할 수 있다.

```
population=c(10,20,30,40)
par(mfrow = c(3, 1))
sample_mean=c()
set.seed(1)
for(i in 1:3000){
 sample_mean[i]=mean(sample(population,5,replace=TRUE))
}
hist(sample_mean,freq=FALSE,main="n=5",xlab="sample
mean",cex.axis=1.5,cex.lab=1.8)
```

```
lines(density(sample_mean))

for(i in 1:3000){
 sample_mean[i]=mean(sample(population,10,replace=TRUE))
}
hist(sample_mean,freq=FALSE,main="n=10",xlab="sample
mean",cex.axis=1.5,cex.lab=1.8)
lines(density(sample_mean))

for(i in 1:3000){
 sample_mean[i]=mean(sample(population,30,replace=TRUE))
}
hist(sample_mean,freq=FALSE,main="n=30",xlab="sample
mean",cex.axis=1.5,cex.lab=1.8)
lines(density(sample_mean))
```

여기서 sample() 함수를 이용하여 모집단으로부터 표본을 추출하고 mean() 함수를 이용하여 표본평균을 구하였다. 이런 과정을 3,000번 반복하여 3,000개의 평균값을 얻는다. 얻은 평균값에 대해 hist() 함수를 이용하면 히스토그램을, density() 함수를 이용하면 확률밀도함수를 구한다.

◘ R을 이용한 표본평균의 확률계산

예제 5.6 **예제 5.4에서 구하고자 하는 다음의 확률을 R을 이용하여 구하라.**

$$P(\overline{X} \geq 63)$$

풀이 $\overline{X} \sim N(60, \frac{9^2}{36})$이므로 R 코드는 다음과 같다.

```
> 1-pnorm(63, mean=60, sd=9/sqrt(36))
[1] 0.02275013
```

■

이론적 배경

01 $X_1, X_2, \cdots X_n$을 모평균 μ, 모분산 σ^2인 모집단으로부터의 확률표본이라 하자. 이 확률표본으로부터의 표본평균 $\overline{X}$의 평균과 분산은 다음과 같다.

$$E(\overline{X}) = \mu,\ Var(\overline{X}) = \frac{\sigma^2}{n}$$

풀이 $\overline{X}$의 평균에 대한 증명: 확률표본 $X_1, X_2, \cdots, X_n$의 평균, 즉 $E(X_i) = \mu$이므로

$$\begin{aligned} E(\overline{X}) &= E\left(\frac{1}{n}(X_1 + X_2 + \dots + X_n)\right) \\ &= \frac{1}{n}(E(X_1) + E(X_2) + \dots + E(X_n)) \\ &= \frac{1}{n}(\mu + \mu + \dots + \mu) \\ &= \frac{1}{n}n\mu \\ &= \mu \end{aligned}$$

이다.

$\overline{X}$의 분산에 대한 증명: $X_1, X_2, \cdots, X_n$들은 서로 독립이고 $Var(X_i) = \sigma^2$이므로

$$\begin{aligned} Var(\overline{X}) &= Var\left(\frac{1}{n}(X_1 + X_2 + \dots + X_n)\right) \\ &= \frac{1}{n^2}(Var(X_1) + Var(X_2) + \dots + Var(X_n)) \\ &= \frac{1}{n^2}(\sigma^2 + \sigma^2 + \dots + \sigma^2) \\ &= \frac{1}{n^2}n\sigma^2 \\ &= \frac{\sigma^2}{n} \end{aligned}$$

이다.

연습문제

01 10원짜리 동전, 50원짜리 동전, 100원짜리 동전, 500원짜리 동전의 총 4개의 동전이 들어있는 모집단에서 임의로 2개의 동전을 복원추출로 뽑을 때 다음을 구하라.

① 모평균과 모분산을 구하라.
② 가능한 모든 표본을 구하고 각각의 표본평균을 구하라.
③ 위의 ②에서 구한 표본평균의 확률분포를 작성하고 기댓값과 분산을 구하라.

02 모집단이 $\{1, 3, 5\}$일 때, 크기가 2인 표본을 복원추출로 뽑는 경우 다음을 구하라.
① 모평균과 모분산을 구하라.
② 가능한 모든 표본을 구하고 각각의 표본평균을 구하라.
③ 위의 ②에서 구한 표본평균의 확률분포를 작성하고 기댓값과 분산을 구하라.

03 세계핸드볼연맹에서 공인한 여자일반부용 핸드볼 공을 생산하는 회사가 있다. 이 회사에서 생산된 핸드볼 공의 무게는 평균 350g, 표준편차 16g인 정규분포를 따른다고 한다. 이 회사는 일정한 기간에 생산된 핸드볼 공 중에서 임의로 추출된 핸드볼 공 64개의 평균 무게가 346g 이하이거나 355g 이상이면 생산공정에 문제가 있다고 판단한다. 이 회사에서 생산공정에 문제가 있다고 판단할 확률을 구하라.

04 양계장에서 키우는 닭의 무게는 평균이 3.5kg이고 표준편차가 0.8kg인 정규분포를 따른다고 한다. 이 양계장에서 20마리의 닭을 임의로 추출했을 때 평균 무게가 3.8kg 이상일 확률을 구하라.

05 어떤 연못에 있는 송어의 크기는 평균이 8cm이고 표준편차가 4cm라고 알려져 있다. 임의로 송어 40마리를 잡아서 조사하였을 때 평균 크기가 7cm보다 작을 확률을 구하라.

06 런던에서 김포공항에 도착한 K 항공사의 항공기에 실려있는 전체 수하물 가방 425개의 평균 무게는 43kg이고 표준편차는 12kg이었다. 임의로 36개의 가방을 추출했을 때 평균 무게가 40kg에서 45kg 사이일 확률을 구하라.

6장

추정

6.1 서론
6.2 점추정
6.3 구간추정
6.4 R을 이용한 실습

6.1 서론

모집단으로부터 추출된 표본을 이용하여 모집단의 특성을 유추하는 과정을 통계적 추론(statistical inference)이라고 한다. 통계적 추론에는 두 가지 형태가 있다. 추정(estimation)과 가설검정(hypothesis testing)이다. 이 장에서는 추정에 대해서 다루고 가설검정은 다음 장에서 다룰 것이다.

추정(estimation)은 표본을 이용하여 모집단의 특성을 추측하는 과정이다. 모집단의 특성을 나타내는 값을 모수(parameter, 파라미터)라고 하고, 모수를 추론하는 데 사용되는 표본의 특성값을 통계량이라고 한다. 즉, 모수는 일반적으로 미지의 값(unknown value)이므로 표본을 이용하여 얻은 통계량(statistic)을 가지고 추정한다. **그림 6.1**은 모수와 통계량과의 관계를 설명하고 있다. 여기서 모평균 μ는 모수이고 표본평균 $\overline{X}$는 통계량에 해당된다.

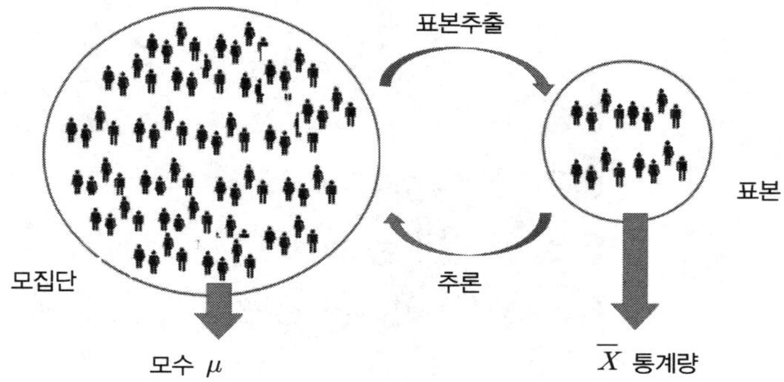

그림 6.1 모수와 통계량 관계

모수에는 모평균(population mean) 외에 모분산(population variance), 모표준편차(population standard deviation), 모비율(population proportion) 등이 있다. 모수를 추정하는 데 사용되는 통계량(statistic)을 추정량(estimator)이라 한다. **표 6.1**은 모수에 대한 대표적인 추정량을 보여주고 있다.

표 6.1 모수에 대한 대표적인 추정량

모수	추정량
모평균 μ	표본평균 $\overline{X}=\frac{1}{n}\sum_{i=1}^{n}X_i$
모분산 σ^2	표본분산 $S^2=\frac{1}{n-1}\sum_{i=1}^{n}(X_i-\overline{X})^2$
모표준편차 σ	표본표준편차 $S=\sqrt{\frac{1}{n-1}\sum_{i=1}^{n}(X_i-\overline{X})^2}$
모비율 p	표본비율 $\hat{p}=\frac{X}{n}$

모평균 μ, 모분산 σ^2과 모표준편차 σ, 모비율 p을 추정하는 데 사용되는 대표적인 추정량은 각각 표본평균 $\overline{X}$, 표본분산 S^2과 표본표준편차 S 그리고 표본비율 $\hat{p}$이다. 일반적으로는 대문자를 가지고 나타낸다.

모수의 추정에는 점추정(point estimation)과 구간추정(interval estimation)이 있다. 점추정은 모수를 하나의 값으로 추정하는 것이고 구간추정은 모수를 구간으로 추정하는 것을 말한다. 다음의 예들을 이용하여 추정에 대해 자세히 알아보자.

예 6.1 **우리나라 대학생 중 남자들의 키를 조사하기 위해 30명을 임의추출하여 다음의 자료를 얻었다(단위: cm).**

170	177	165	180	174	169	182	175	174	176
177	175	178	170	170	175	177	167	180	174
169	180	174	175	178	177	175	178	172	172

우리나라 남자 대학생들의 평균 키는 얼마라고 추정할 수 있을까? 그리고 우리나라 남자 대학생들의 키에 대한 분산과 표준편차는 얼마라고 추정할 수 있을까?

예 6.2 **G 대학교에 다니는 학생 300명을 임의추출하여 음식 선호도를 조사하였더니 180명이 한식을 선호하였다. 이 학교의 전체 학생 중에서 한식을 선호하는 비율을 어느 정도로 추정할 수 있을까?**

예 6.1의 우리나라 남자 대학생들의 키에 대한 조사에서 키의 평균, 분산과 표준편차의 점추정은 표본 30명을 조사하여 얻은 각각의 평균(174.5), 분산(17.02), 표준편차(4.13)처럼 하나의 값으로 추정하는 것이다. 키의 평균에 대한 구간추정은 '170에서 180 사이'처럼 구간으로 추정하는 것을 말한다.

예 6.2의 GNU 대학교의 한식 선호도 조사에서도 한식 선호 비율의 점추정은 표본 300명을 조사하여 얻은 '60% 정도'라고 하나의 값으로 추정하는 것이고, 한식 선호 비율의 구간추정은 '54%에서 66% 사이'처럼 구간으로 추정하는 것을 말한다.

표본으로부터 계산한 추정량의 값을 추정값(estimate, 추정치)이라고 한다. 보통 소문자로 나타낸다. 예 6.1에서 표본으로부터 구한 $\overline{x} = 174.5$, $s^2 = 17.02$, $s = 4.13$ 그리고 예 6.2에서의 $\hat{p} = 60\%$ 등이 추정값에 해당된다.

6.2 점추정

(1) 모평균의 추정

모평균을 추정하는 데 표본평균 외에도 중앙값, 최빈값 등 여러 가지 추정량을 사용할 수 있다. 그중 좋은(혹은 바람직한) 성질을 갖는 추정량을 사용하는 것이 바람직하다. 좋은(혹은 바람직한) 추정량이 갖는 여러 가지 성질 중에는 불편성(unbiasedness)과 일치성(consistency)이 있다. 즉, 불편성과 일치성을 갖는 추정량은 좋은(혹은 바람직한) 추정량이라고 할 수 있다.

① 불편성

불편성은 추정량의 기댓값이 추정하고자 하는 모수가 되는 성질로서 추정량이 불편성을 갖는 경우 그 추정량을 불편추정량(不偏推定量, unbiased estimator)이라고 한다.

모수 θ에 대하여

$$E(\hat{\theta}) = \theta$$

이면 추정량 $\hat{\theta}$은 θ의 불편추정량이라고 한다.

만약, 추정량 $\hat{\theta}$가 불편추정량이 아니면 편의추정량(偏倚推定量, biased estimator)이라고 한다. **그림 6.2**는 불편추정량과 편의추정량의 관계를 나타내고 있다.

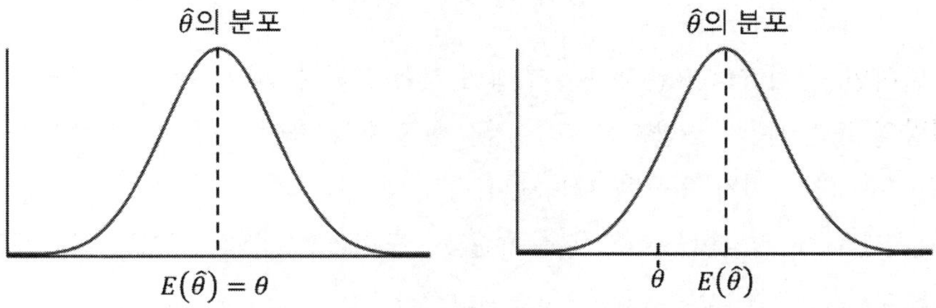

(a) 불편추정량 (b) 편의추정량

그림 6.2 불편추정량과 편의추정량의 관계

그림 6.2 (a)는 $\hat{\theta}$의 분포에서 그 기댓값이 모수 θ가 되므로 $\hat{\theta}$는 불편추정량이다. **그림 6.2** (b)는 $\hat{\theta}$가 편의추정량임을 보여주는 그림으로, $\hat{\theta}$의 분포에서 그 기댓값이 모수 θ와는 차이가 있음을 알 수 있다. 여기서 그 차이 $E(\hat{\theta})-\theta$를 편의(bias)라고 한다. 따라서, 불편추정량의 편의는 0이다. 편의가 없다는 뜻은 추정량이 모수에 대하여 큰 차이를 보이지 않고 어느 한쪽으로 치우침이 없다는 의미이다. 그러므로 불편추정량은 모수에 대하여 올바른 추정량이라는 의미이다.

② 일치성

일치성은 표본의 크기가 커질수록 추정량은 모수에 가까워지는 성질을 의미하는데 일치성을 갖는 추정량을 일치추정량(consistent estimator)이라고 한다.

모수 θ에 대하여

$$\lim_{n\to\infty} P\{|\hat{\theta}_n-\theta|<\epsilon\}=1 \quad (\epsilon\text{는 임의의 양수})$$

이면 추정량 $\hat{\theta}_n$은 θ의 일치추정량이라고 한다.

추정량은 확률변수이므로 추출된 표본의 값에 따라 그 값이 달라진다. 예 6.1에서 30명의 학생을 다시 추출하여 평균 키를 구한다면 174.5가 아닌 다른 값을 얻을 것이다. 이처럼 추정량을 사용하여 모수를 추정할 때 추정값들이 얼마나 넓게 모수 주위에 산포되어 있는지를 나타내는 척도로서 표준오차(standard error, S.E)를 사용한다. 추정량 $\hat{\theta}$의 표준오차는 다음과 같이 추정량에 대한 표본분포의 표준편차로 정의된다.

$$S.E(\hat{\theta}) = \sqrt{Var(\hat{\theta})}$$

다시 말하면, 추정량의 표준오차는 추정의 정확도를 나타내는 측도로, 표본으로부터 구한 추정량의 표준오차가 작을수록 그 추정값은 모수와 가깝고 반대로 표준오차가 클수록 추정값은 모수와 차이가 있음을 나타낸다.

$X_1, X_2, \cdots, X_n$이 평균이 μ이고 분산이 σ^2인 모집단으로부터 얻어진 확률표본이라 할 때 표본평균 $\overline{X} = \frac{1}{n}\sum_{i=1}^{n} X_i$은 μ의 불편추정량이다. 즉, $E(\overline{X}) = \mu$이다. 또한, $\overline{X}$는 μ의 일치추정량이다.

$\overline{X}$의 표준오차는 다음과 같다.

$$S.E(\overline{X}) = \sqrt{Var(\overline{X})} = \frac{\sigma}{\sqrt{n}}$$

따라서 $\overline{X}$로 μ을 추정하는 경우에 n이 클수록 표준오차가 작아져서 보다 정확하게 추정할 수 있다. σ을 모르는 경우 다음과 같은 표본표준편차를 사용한다.

$$S = \sqrt{\frac{1}{n-1}\sum_{i=1}^{n}(X_i - \overline{X})^2}$$

따라서 자료가 주어졌을 때 $\overline{X}$의 표준오차는 다음과 같이 된다.

$$\widehat{S.E}(\overline{X}) = \frac{S}{\sqrt{n}}$$

예제 6.1 **예 6.1에서 주어진 자료로부터 표본평균의 추정값과 표본평균의 표준오차를 구하라.**

풀이 예 6.1의 자료로부터 표본평균과 표본 표준편차를 구하면 다음과 같다.

$$\overline{x} = \frac{1}{n}\sum_{i=1}^{n} x_i = \frac{1}{30}(170 + 177 + \ldots + 172) = 174.5$$

$$s = \sqrt{\frac{1}{n-1}\sum_{i=1}^{n}(x_i - \overline{x})^2} = \sqrt{\frac{1}{30-1}((170-174.5)^2 + \ldots + (172-174.5)^2)} = 4.13$$

따라서, 모평균의 추정값은 $\hat{\mu} = 174.5$이고 표준오차의 추정값은

$$\widehat{S.E}(\overline{X}) = \frac{s}{\sqrt{n}} = \frac{4.13}{\sqrt{30}} = 0.75$$

이다. ■

(2) 모비율의 추정

분석의 대상이 되는 모집단에서 특정한 속성을 나타내는 모비율 p에 관심을 두는 경우가 있다. 예를 들어, 정부 정책에 대한 국민의 지지율, 생산 공장에서 생산되는 제품의 불량률, 청소년 흡연율 등과 같이 모집단에서 특정한 속성을 갖는 비율을 알고자 하는 경우 등이 있다. 이런 경우에는 n개의 표본을 추출한 뒤 특정한 속성을 갖는 것의 개수를 X라 하여 표본비율 $\hat{p} = \frac{X}{n}$을 가지고 p을 추정한다. 한편, X는 이항분포 $B(n, p)$을 따르므로

$$E(X) = np, \ Var(X) = np(1-p)$$

이 성립한다. 그리고 $\hat{p}$은 p의 불편추정량이다. 즉,

$$E(\hat{p}) = p$$

이다. 표본비율 $\hat{p}$의 표준오차는 다음과 같다.

$$S.E(\hat{p}) = \sqrt{Var(\hat{p})} = \sqrt{\frac{p(1-p)}{n}}$$

따라서 $\hat{p}$을 사용하여 p을 추정하는 경우 n이 클수록 표준오차가 작아짐으로써 $\hat{p}$의 정확도는 더욱 높아진다. p을 모르는 경우 $\hat{p}$을 사용하며 표본비율 $\hat{p}$의 표준오차는 다음과 같다.

$$\widehat{S.E}(\hat{p}) = \sqrt{\frac{\hat{p}(1-\hat{p})}{n}}$$

예제 6.2 예 6.2에서 주어진 자료로부터 한식을 선호하는 비율의 추정값과 표준오차를 구하라.

풀이 예 6.2에서 X를 300명 중 한식을 선호하는 사람 수라 할 때 표본비율은

$$\hat{p} = \frac{X}{n} = \frac{180}{300} = 0.6$$

이고 표준오차의 추정값은

$$\widehat{S.E}(\hat{p}) = \sqrt{\frac{\hat{p}(1-\hat{p})}{n}} = \sqrt{\frac{0.6 \times (1-0.6)}{300}} = 0.028$$

이다. ■

(3) 모분산의 추정

모분산 σ^2의 추정량으로 다음 식과 같은 표본분산을 이용한다.

$$S^2 = \frac{1}{n-1}\sum_{i=1}^{n}(X_i - \overline{X})^2 \tag{6.1}$$

S^2는 σ^2의 불편추정량이다. 즉,

$$E(S^2) = \sigma^2$$

이 성립한다.

모표준편차 σ의 추정량은 표본표준편차인

$$S = \sqrt{\frac{1}{n-1}\sum_{i=1}^{n}(X_i - \overline{X})^2}$$

을 이용한다. S는 σ의 불편추정량은 아니지만 일치추정량이다. 표본의 크기 n이 크면 $E(S) \approx \sigma$이 된다.

참고로, σ^2의 추정량으로 다음의 표본분산을 사용하기도 한다.

$$S_1^2 = \frac{1}{n}\sum_{i=1}^{n}(X_i - \overline{X})^2 \tag{6.2}$$

이 경우 S_1^2는 σ^2의 불편추정량이 아니다. 즉,

$$E(S_1^2) \neq \sigma^2$$

이 성립한다. 따라서, σ^2의 추정량으로 식 (6.1)의 S^2을 식 (6.2)의 S_1^2보다 더 선호한다.

6.3 구간추정

구간추정은 모수를 하나의 값으로 추정하는 것이 아니라 모수가 속할 것으로 기대되는 범위로 추정하는 것을 말한다. 모수 θ의 구간추정에서 표본으로부터 계산한 통계량 $\hat{\theta}_L$와 $\hat{\theta}_U$에 대해

$$P(\hat{\theta}_L < \theta < \hat{\theta}_U) = 1 - \alpha$$

을 만족할 때 구간 $(\hat{\theta}_L, \hat{\theta}_U)$를 θ의 $100(1-\alpha)\%$ 신뢰구간(confidence interval)이라고 한다. 여기서 $(1-\alpha)$를 신뢰수준(confidence level) 혹은 신뢰도(degree of confidence)라고 한다. 신뢰구간에서 $\hat{\theta}_L$을 신뢰하한(confidence lower limit), $\hat{\theta}_U$을 신뢰상한(confidence upper limit)이라고 한다. 신뢰수준이란 신뢰구간이 모수를 포함할 비율을 말하는데 흔히 90%, 95%, 99% 신뢰수준을 많이 사용한다. 예를 들어 95% 신뢰수준이란, 100번 표본을 추출하여 신뢰구간을 구하는 경우 100개의 구간 중에 95개 구간이 모수를 포함한다는 뜻이다. 따라서 신뢰구간은 신뢰수준이 높을수록 좋고, 구간의 크기는 작을수록 좋다. 그러나 신뢰구간을 구성하는 신뢰수준과 구간의 크기는 서로 상충되는 것이 문제이다. 신뢰수준을 높이면 구간의 크기가 커지게 되어 모수에 대한 자세한 정보를 얻기가 어렵고 반대로 정교한 구간추정을 위하여 구간의 크기를 작게 하면 신뢰수준이 떨어지는 문제가 발생한다. 따라서 구간추정에서는 신뢰수준과 구간의 크기를 적절하게 절충할 필요가 있다.

그림 6.3은 모수 θ의 95% 신뢰수준의 의미를 보여주는 그림으로 100번 반복적으로 표본을 추출하여 구간추정을 하는 경우 표본의 번호 4번과 6번과 같이 대략 5개 구간에서 모수 θ을 포함하지 않을 수 있다는 것을 보여주고 있다.

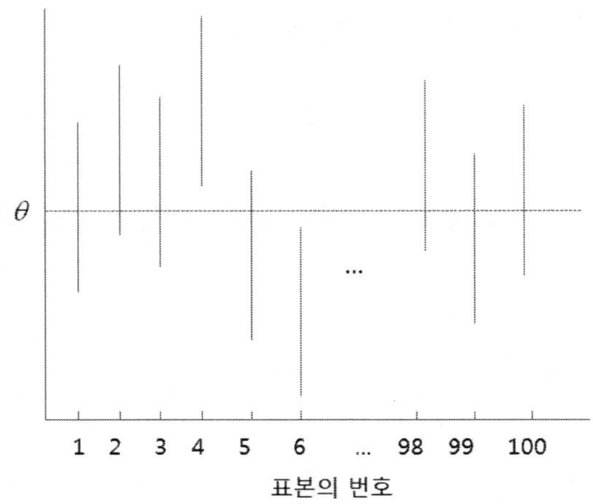

그림 6.3 신뢰수준의 의미

(1) 모평균의 구간추정

모집단이 정규분포 $N(\mu, \sigma^2)$을 갖는 경우 모평균 μ에 대해 구간추정을 해보자. μ에 대해 구간추정을 하기 위해서는 μ의 추정량 $\overline{X}$의 분포에 대해 알 필요가 있다. 표본의 크기가 n인 확률표본의 평균 $\overline{X}$의 분포는 다음과 같다.

$$\overline{X} \sim N(\mu, \frac{\sigma^2}{n}), \text{ 즉 } Z = \frac{\overline{X} - \mu}{\sigma / \sqrt{n}} \sim N(0, 1)$$

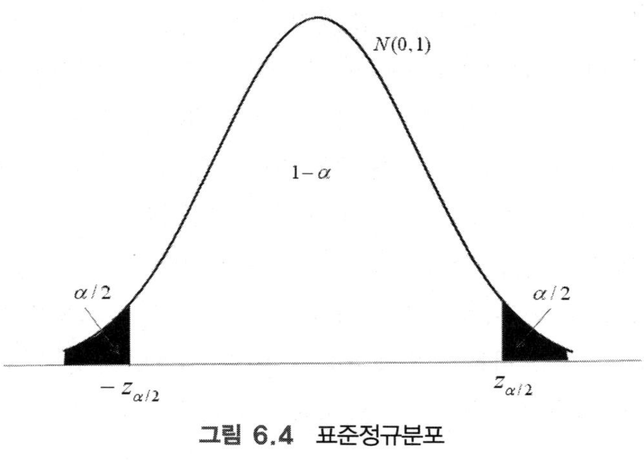

그림 6.4 표준정규분포

그림 6.4와 같이 표준정규분포로부터 면적이 $1-\alpha$가 되도록 다음과 같이 구간을 설정한다.

$$P(-z_{\alpha/2} < Z < z_{\alpha/2}) = 1-\alpha \tag{6.3}$$

여기서 $z_{\alpha/2}$는 표준정규분포에서 오른쪽 꼬리의 면적이 $\alpha/2$가 되는 점이고 $-z_{\alpha/2}$는 왼쪽 꼬리의 면적이 $\alpha/2$가 되는 점을 나타낸다.

식 (6.3)에서 표준정규변수 Z 대신에 $\dfrac{\overline{X}-\mu}{\sigma/\sqrt{n}}$을 대입하면 다음과 같다.

$$P(-z_{\alpha/2} < \frac{\overline{X}-\mu}{\sigma/\sqrt{n}} < z_{\alpha/2}) = 1-\alpha \tag{6.4}$$

식 (6.4)의 부등식을 μ에 대해 풀어 정리하면 다음과 같다.

$$P(\overline{X}-z_{\alpha/2}\frac{\sigma}{\sqrt{n}} < \mu < \overline{X}+z_{\alpha/2}\frac{\sigma}{\sqrt{n}}) = 1-\alpha$$

따라서 모평균 μ의 $100(1-\alpha)\%$ 신뢰구간은 다음과 같다.

$$(\overline{X}-z_{\alpha/2}\frac{\sigma}{\sqrt{n}},\ \overline{X}+z_{\alpha/2}\frac{\sigma}{\sqrt{n}}) \tag{6.5}$$

식 (6.5)는 모집단의 분포가 정규분포이고, 모분산 σ^2이 알려진 경우의 모평균 μ에 대한 신뢰구간이다.

모집단의 분포가 정규분포가 아닌 임의의 모집단에서 모평균 μ에 대한 구간추정을 생각해보자. σ^2을 알고 있는 경우 표본의 크기 n이 충분히 크면 중심극한정리에 의해 $\overline{X}$의 분포는 근사적으로 정규분포를 따른다. 즉,

$$\overline{X} \sim N(\mu, \frac{\sigma^2}{n})$$

이다. 따라서 식 (6.5)를 그대로 사용하여 모평균 μ에 대한 신뢰구간을 구한다. 그러나 일반적으로 σ^2은 알려지지 않는다. 이 경우 n이 충분히 크면 S^2은 σ^2에 대한 근사한 값을 가진다고 가정하여 식 (6.5)에서 σ 대신 S을 대입하여 얻어지는 다음 식 (6.6)에 의해 구한다.

$$(\overline{X}-z_{\alpha/2}\frac{S}{\sqrt{n}},\ \overline{X}+z_{\alpha/2}\frac{S}{\sqrt{n}}) \tag{6.6}$$

예제 6.3 **예 6.1에서 주어진 자료로부터 평균 키에 대한 95% 신뢰구간을 구하라.**

풀이 $\alpha = 0.05$에서 $z_{\alpha/2} = z_{0.025} = 1.96$이고 $s = 4.13$, $n = 30$ 그리고 $\overline{x} = 174.5$이다. 모평균 μ의 95% 신뢰구간을 식 (6.6)에 의해 구하면 다음과 같다.

$$(174.5 - 1.96\frac{4.13}{\sqrt{30}},\ 174.5 + 1.96\frac{4.13}{\sqrt{30}}) = (173.022, 175.978)$$ ■

만약 σ^2이 알려지지 않고 n이 충분히 크지 않는 경우, 즉 소표본에서는 모평균 μ에 대한 구간추정을 어떻게 할 것인가? 모집단이 정규분포를 갖는 경우 σ^2 대신 S^2을 사용하여 $\overline{X}$에 의해 얻어진 분포는 다음과 같다.

$$T = \frac{\overline{X} - \mu}{S/\sqrt{n}} \sim t(n-1) \tag{6.7}$$

식 (6.7)에서 T은 자유도가 $n-1$인, t-분포를 갖는 확률변수이다. 식 (6.7)의 확률변수 T는 표준정규변수 $Z = \dfrac{\overline{X} - \mu}{\sigma/\sqrt{n}}$에서 σ 대신 표본에서 구한 표본표준편차 S에 대입하여 얻은 식이다.

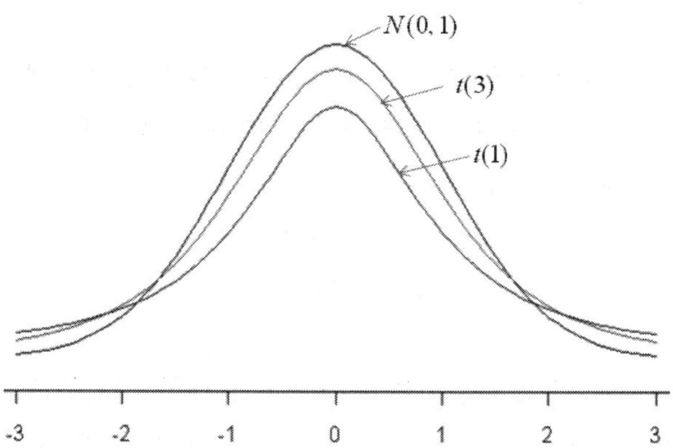

그림 6.5 표준정규분포와 t–분포

그림 6.5는 표준정규분포와 t-분포의 모양을 비교한 것으로 t-분포는 표준정규분포와 마찬가지로 0을 중심으로 좌우대칭이지만 표준정규분포에 비해 분포의 꼬리 모양이 두텁다. t-분포의 자유도가 크면 클수록 꼬리가 얇고 어느 정도 큰 경우($n \geq 30$)에는 표준정규분포와 모양이 비슷해진다.

이제 이 T를 이용하여 소표본에서 σ^2을 모르는 경우, 모평균 μ에 대한 신뢰구간을 구해보자.

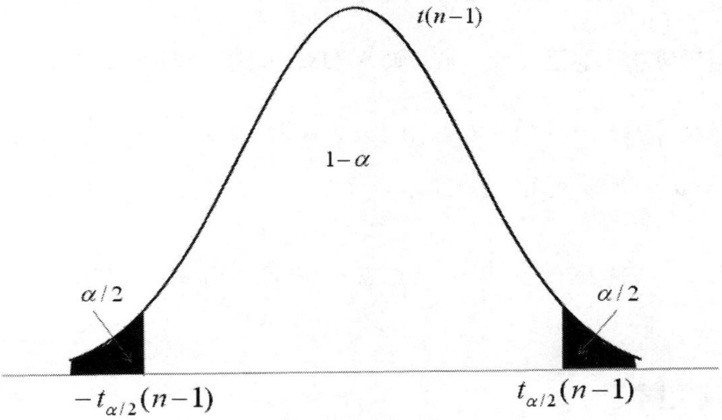

그림 6.6 t-분포

그림 6.6과 같이 t-분포로부터 면적이 $1-\alpha$가 되도록 다음과 같이 구간을 설정한다.

$$P(-t_{\alpha/2}(n-1) < T < t_{\alpha/2}(n-1)) = 1-\alpha \tag{6.8}$$

여기서 $t_{\alpha/2}(n-1)$는 t-분포에서 오른쪽 꼬리의 면적이 $\alpha/2$이 되는 점이고 $-t_{\alpha/2}(n-1)$는 왼쪽 꼬리의 면적이 $\alpha/2$되는 점을 나타낸다.

식 (6.8)에 T 대신 $\dfrac{\overline{X}-\mu}{S/\sqrt{n}}$을 대입하면 다음과 같다.

$$P\left(-t_{\alpha/2}(n-1) < \frac{\overline{X}-\mu}{S/\sqrt{n}} < t_{\alpha/2}(n-1)\right) = 1-\alpha \tag{6.9}$$

식 (6.9)의 부등식을 μ에 대해 풀어 정리하면 다음과 같다.

$$P\left(\overline{X}-t_{\alpha/2}(n-1)\frac{S}{\sqrt{n}} < \mu < \overline{X}+t_{\alpha/2}(n-1)\frac{S}{\sqrt{n}}\right) = 1-\alpha$$

따라서, 모평균 μ의 $100(1-\alpha)\%$ 신뢰구간은 다음과 같다.

$$\left(\overline{X}-t_{\alpha/2}(n-1)\frac{S}{\sqrt{n}},\ \overline{X}+t_{\alpha/2}(n-1)\frac{S}{\sqrt{n}}\right)$$

예제 6.4 정보통계학과 남학생들의 키를 조사하기 위해 10명을 임의추출하여 다음의 자료를 얻었다. 단, 모집단은 정규분포를 따른다고 가정한다.

170 177 165 180 174 169 182 175 174 176

정보통계학과 남학생들의 평균 키에 대한 95% 신뢰구간을 구하라.

풀이 $\alpha = 0.05$에서 $t_{\alpha/2}(n-1) = t_{0.025}(9) = 2.262$이고 $n = 10$, $\overline{x} = 174.2$, $s = 5.116$이다. 모평균 μ의 95% 신뢰구간은 다음과 같다.

$$(174.2 - 2.262\frac{5.116}{\sqrt{10}},\ 174.2 + 2.262\frac{5.116}{\sqrt{10}}) = (170.54, 177.86)$$

■

(2) 모비율의 구간추정

모비율 p에 대해 구간추정을 하기 위해서는 p의 추정량 $\hat{p}$의 분포가 필요하다. n개의 표본을 추출하여 특정한 속성을 갖는 것의 개수를 X라 할 때 표본의 크기 n이 큰 경우, 즉 대표본에서 표본비율 $\hat{p} = \frac{X}{n}$의 분포는 다음과 같다.

$$\hat{p} \ \dot{\sim}\ N(p, \frac{p(1-p)}{n}),$$

$$\text{즉 } Z = \frac{\hat{p} - p}{\sqrt{p(1-p)/n}} \ \dot{\sim}\ N(0, 1)$$

여기서 대표본의 판정기준은 $np \geq 5,\ n(1-p) \geq 5$이다.

한편, $Var(\hat{p}) = p(1-p)/n$에서 p을 모르는 경우 $\hat{p}$을 사용하여 얻은 $Var(\hat{p})$의 추정량 $\widehat{Var}(\hat{p})$은 다음과 같다.

$$\widehat{Var}(\hat{p}) = \frac{\hat{p}(1-\hat{p})}{n}$$

따라서, $Z = \frac{\hat{p} - p}{\sqrt{\widehat{Var}(\hat{p})}} = \frac{\hat{p} - p}{\sqrt{\hat{p}(1-\hat{p})/n}} \ \dot{\sim}\ N(0, 1)$이다.

표준정규분포로부터 면적이 $1-\alpha$가 되도록 다음과 같이 p에 대한 신뢰구간을 구한다.

$$P(-z_{\alpha/2} < Z < z_{\alpha/2}) = 1-\alpha$$

$$P\left(-z_{\alpha/2} < \frac{\hat{p}-p}{\sqrt{\frac{\hat{p}(1-\hat{p})}{n}}} < z_{\alpha/2}\right) = 1-\alpha$$

$$P\left(\hat{p}-z_{\alpha/2}\sqrt{\frac{\hat{p}(1-\hat{p})}{n}} < p < \hat{p}+z_{\alpha/2}\sqrt{\frac{\hat{p}(1-\hat{p})}{n}}\right) = 1-\alpha$$

따라서 모비율 p의 $100(1-\alpha)\%$ 신뢰구간은 다음과 같다.

$$\left(\hat{p}-z_{\alpha/2}\sqrt{\frac{\hat{p}(1-\hat{p})}{n}},\ \hat{p}+z_{\alpha/2}\sqrt{\frac{\hat{p}(1-\hat{p})}{n}}\right)$$

예제 6.5 **예 6.2에서 주어진 자료로부터 한식을 선호하는 비율에 대한 95% 신뢰구간을 구하라.**

풀이 $\alpha = 0.05$에서 $z_{\alpha/2} = z_{0.025} = 1.96$이고 $n = 300$, $\hat{p} = 0.6$이다. 모비율 p의 95% 신뢰구간은 다음과 같다.

$$\left(0.6-1.96\sqrt{\frac{0.6\times(1-0.6)}{300}},\ 0.6+1.96\sqrt{\frac{0.6\times(1-0.6)}{300}}\right) = (0.545, 0.655)$$

■

6.4 R을 이용한 실습

R을 이용한 점추정값과 표준오차 계산

예제 6.6 **예제 6.1에서 주어진 자료로부터 R을 이용하여 평균 키의 추정값과 표본평균의 표준오차를 구하라.**

```
> x <- c(170, 177, 165, 180, 174, 169, 182, 175, 174, 176, 177, 175, 178, 170,
170,
+ 175, 177, 167, 180, 174, 169, 180, 174, 175, 178, 177, 175, 178, 172, 172)
# 표본평균
> xbar <- mean(x)
```

```
# 표본평균의 표준오차
> SE <- sd(x)/sqrt(length(x))
> xbar
[1] 174.5
> SE
[1] 0.7531543
```

예제 6.7 예 6.2에서 주어진 자료로부터 R을 이용하여 한식을 선호하는 비율의 추정값과 표준오차를 구하라.

```
> n <- 300
> # 표본비율
> phat <- 0.6
> # 표준편차
> sd <-sqrt(phat*(1-phat)/n)
> alpha=0.05
> LCL <- phat-qnorm(1-alpha/2)*sd
> UCL <- phat+qnorm(1-alpha/2)*sd
> LCL
[1] 0.5445638
> UCL
[1] 0.6554362
```

R을 이용한 신뢰구간 계산

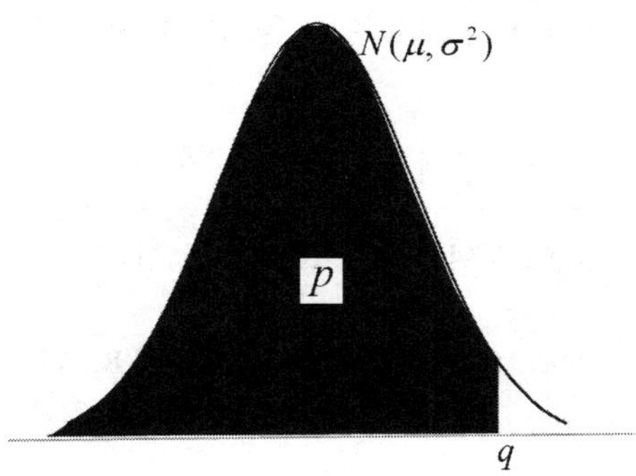

그림 6.7 정규분포에서 백분위수 q 계산

qnorm() 함수는 $X \sim N(\mu, \sigma^2)$에서 백분위수를 구하는 데 사용하는 함수이다. 다음은 qnorm() 함수의 사용형식이다.

```
qnorm(p, mean, sd)
```

qnorm() 함수는 **그림 6.7**의 정규분포에서 $\int_{-\infty}^{q} f(x)dx = p$을 만족하는 q값을 찾는 함수이다. 표준정규분포인 경우 mean과 sd를 생략할 수 있다.

qnorm() 함수를 이용하여 구간추정하는 데 사용되는 정규분포에서 상위 $100 \cdot (\alpha/2)$ 백분위수 $z_{\alpha/2}$값을 구할 수 있다. 이것은 정규분포에서 $100 \cdot (1-\alpha/2)$백분위수를 구하는 것과 같다.

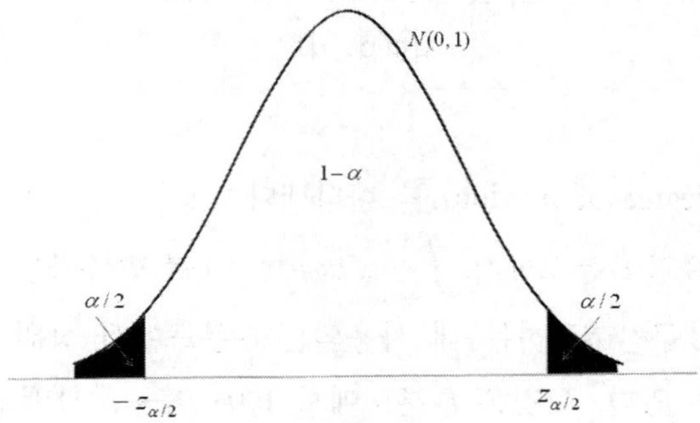

그림 6.8 표준정규분포 $z_{\alpha/2}$ 계산

그림 6.8의 표준정규분포에서 많이 사용하는 $\alpha = 0.1, 0.05, 0.01$인 경우 상위 $100 \cdot (\alpha/2)$ 백분위수를 구해보면 다음과 같다.

```
> #alpha=0.1, alpha/2=0.05
> qnorm(0.95)
[1] 1.644854
> #alpha=0.05, alpha/2=0.025
> qnorm(0.975)
[1] 1.959964
> #alpha=0.01, alpha/2=0.005
> qnorm(0.995)
[1] 2.575829
```

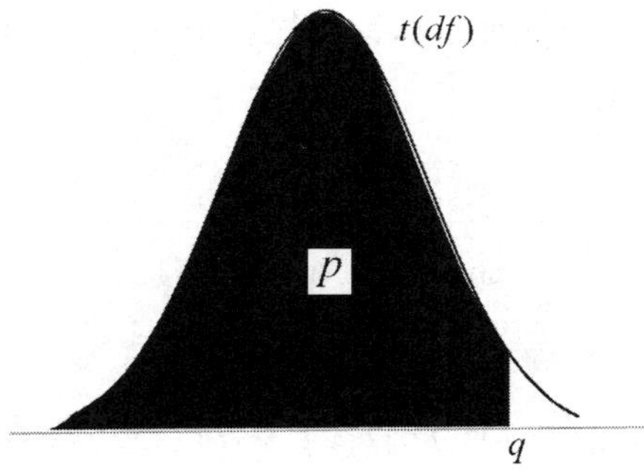

그림 6.9 t-분포에서 백분위수 q 계산

qt() 함수는 t-분포에서 백분위수를 구하는 데 사용하는 함수이다. 다음은 qt() 함수의 사용형식이다.

```
qt(p, df)
```

여기서 df는 자유도(degree of freedom)를 나타낸다.

qt() 함수는 **그림 6.9**의 t-분포에서 $\int_{-\infty}^{q} f(x)dx = p$를 만족하는 q값을 찾는 함수이다. qt() 함수를 이용하여 구간추정하는 데 사용되는 t-분포에서 상위 $100 \cdot (\alpha/2)$ 백분위수 $t_{\alpha/2}(df)$값을 구할 수 있다. 이것은 t-분포에서 $100 \cdot (1-\alpha/2)$백분위수를 구하는 것과 같다.

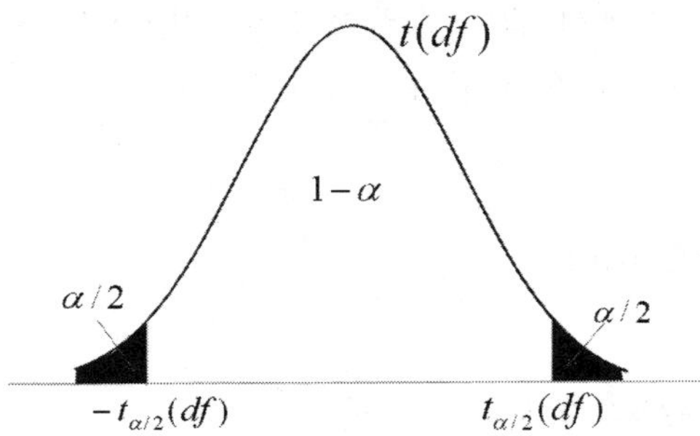

그림 6.10 t-분포 $t_{\alpha/2}(df)$ 계산

그림 6.10의 t-분포에서 많이 사용하는 $\alpha = 0.1, 0.05, 0.01$인 경우 상위 $100 \cdot (\alpha/2)$ 백분위수를 구해보면 다음과 같다. 여기서는 자유도가 9인 경우이다.

```
> # 자유도 = 9
> df <- 9
> #alpha=0.1, alpha/2=0.05
>  qt(0.95, df)
[1] 1.833113
> #alpha=0.05, alpha/2=0.025
> qt(0.975, df)
[1] 2.262157
> #alpha=0.01, alpha/2=0.005
> qt(0.995, df)
[1] 3.249836
```

예제 6.8 예제 6.3에서 R을 이용하여 평균 키에 대한 95% 신뢰구간을 구하라.

```
> x<-c(170, 177, 165, 180, 174, 169, 182, 175, 174, 176, 177, 175, 178, 170, 
170,
+ 175, 177, 167, 180, 174, 169, 180, 174, 175, 178, 177, 175, 178, 172, 172)
> # 표본평균
> xbar <- mean(x)
> # 표본표준편차
> s <- sd(x)
> alpha=0.05
> LCL <- xbar-qnorm(1-alpha/2)*s/sqrt(length(x))
> UCL <- xbar+qnorm(1-alpha/2)*s/sqrt(length(x))
> LCL
[1] 173.0238
> UCL
[1] 175.9762
```

예제 6.9 예제 6.4에서 R을 이용하여 정보통계학과 남학생들의 평균 키에 대한 95% 신뢰구간을 구하라.

```
> x<-c( 170,  177,  165,  180,  174,  169, 182,  175,  174,  176 )
>  # 표본평균
>  xbar <- mean(x)
>  # 표준편차
>  sd <-sd(x)
>  alpha=0.05
>  LCL <- xbar-qt(1-alpha/2, length(x)-1)*sd/sqrt(length(x))
>  UCL <- xbar+qt(1-alpha/2, length(x)-1)*sd/sqrt(length(x))
>  LCL
[1] 170.5399
>  UCL
[1] 177.8601
```

예제 6.10 예제 6.5에서 R을 이용하여 한식을 선호하는 비율에 대한 95% 신뢰구간을 구하라.

```
>  n <- 100
>  # 표본비율
>  phat <- 0.1
>  # 표준편차
>  sd <-sqrt(phat*(1-phat)/n)
>  alpha=0.05
>  LCL <- phat-qnorm(1-alpha/2)*sd
>  UCL <- phat+qnorm(1-alpha/2)*sd
>  LCL
[1] 0.04120108
>  UCL
[1] 0.1587989
```

이론적 배경

01 $\overline{X}$는 μ의 일치추정량이다.

풀이 체비셰프(Chebyshev) 부등식을 이용하면

$$P\{|\overline{X}-\mu| \geq \epsilon\} \leq \frac{Var(\overline{X})}{\epsilon^2} = \frac{\sigma^2}{n\,\epsilon^2}$$

이 성립하므로

$$\lim_{n\to\infty} P\{|\overline{X}-\mu| \geq \epsilon\} = 0$$

이다.

02 $\hat{p}$은 p의 불편추정량이다. 즉, $E(\hat{p}) = p$ 이다.

풀이

$$E(\hat{p}) = E(\frac{X}{n}) = \frac{1}{n}E(X) = \frac{np}{n} = p$$

03 S^2는 σ^2의 불편추정량이다. 즉, $E(S^2) = \sigma^2$이다.

풀이

$$E(S^2) = \frac{1}{n-1}E[\sum_{i=1}^{n}(X_i - \overline{X})^2]$$

$$E[\sum_{i=1}^{n}(X_i - \overline{X})^2] = E(\sum_{i=1}^{n}X_i^2 - n\overline{X^2}) = \sum_{i=1}^{n}E(X_i^2) - nE(\overline{X^2})$$

먼저, 위에서 우측의 첫 번째 항인 $E(X_i^2)$을 계산하자.

$$Var(X_i) = E[X_i - E(X_i)]^2 = E(X_i^2) - \mu^2$$

이므로

$$E(X_i^2) = Var(X_i) + \mu^2 = \sigma^2 + \mu^2$$

이다. 다음으로 우측의 두 번째 항인 $E(\overline{X^2})$을 계산하자.

$$Var(\overline{X}) = E[\overline{X} - E(\overline{X})]^2 = E(\overline{X^2}) - \mu^2$$

이므로

$$E(\overline{X^2}) = Var(\overline{X}) + \mu^2 = \frac{\sigma^2}{n} + \mu^2$$

이다. 따라서,

$$E[\sum_{i=1}^{n}(X_i - \overline{X})^2] = \sum_{i=1}^{n} E(X_i^2) - nE(\overline{X^2}) = n(\sigma^2 + u^2) - n(\frac{\sigma^2}{n} + \mu^2) = (n-1)\sigma^2$$

가 되며, 결과적으로 $E(S^2) = \frac{1}{n-1}(n-1)\sigma^2 = \sigma^2$ 이다.

연습문제

01 다음은 우리나라 걸그룹 멤버 중에서 임의로 36명을 뽑아 체중을 조사한 자료이다(단위: kg).

45, 45, 46, 45, 44, 46, 45, 45, 45, 46, 43, 47, 46, 44,
45, 50, 46, 44, 50, 50, 43, 43, 47, 45, 45, 45, 45, 47,
47, 49, 43, 46, 45, 46, 48, 48

① 평균 체중의 추정값과 표준오차를 구하라.
② 평균 체중에 대한 90% 신뢰구간을 구하라.

02 어느 과일 농장에서 수확한 과일 중에서 임의로 32개의 과일을 추출하여 무게를 측정하였다. 단, 과일 농장에서 수확한 과일의 무게에 대한 표준편차는 4(g)라고 알려져 있다.

36, 29, 28, 26, 34, 32, 22, 26, 26, 24, 24, 26, 34, 24, 21, 26,
30, 24, 27, 24, 26, 29, 29, 20, 27, 22, 28, 27, 18, 25, 30, 32

① 평균 과일 무게의 추정값과 표준오차를 구하라.
② 평균 과일 무게에 대한 95% 신뢰구간을 구하라.

03 우리나라 17세 여성의 평균 몸무게가 어느 정도 되는지 알아보기 위해 20명을 임의로 뽑아 조사한 자료이다(단위: kg). 단, 모집단은 정규분포를 따른다고 가정한다.

55, 56, 72, 54, 53, 58, 52, 55, 50, 60,
51, 62, 65, 46, 48, 64, 55, 49, 68, 57

① 평균 여성 몸무게의 추정값과 표준오차를 구하라.
② 평균 여성 몸무게에 대한 90% 신뢰구간을 구하라.

04 다음은 월 평균 이동전화 요금을 알아보기 위해 20명을 임의로 뽑아 조사한 자료이다(단위: 천원). 단, 모집단은 정규분포를 따른다고 가정한다.

48, 37, 55, 65, 27, 30, 40, 50, 36, 55,
44, 37, 35, 65, 32, 56, 58, 60, 70, 65

① 평균 이동전화 요금의 추정값과 표준오차를 구하라.

② 평균 이동전화 요금에 대한 95% 신뢰구간을 구하라.

05 G 대학교 총학생회장 선거에서의 투표율을 알아보기 위해 60명의 학생을 대상으로 조사한 결과 42명이 투표에 참여하였다고 한다. 이 대학교의 총학생회장 선거의 투표율을 추정하고 그 추정량의 표준오차를 구하라.

06 휴대폰 새 모델에 대한 고객의 반응을 조사하기위해 임의로 250명을 추출하여 조사한 결과 70명이 구입을 희망하였다. 전체 고객 중 새 모델에 대한 구입을 원하는 비율을 추정하고 그 추정량의 표준오차를 구하라.

07 최근 어떤 공장에서 제조된 제품 중에서 100개의 표본을 뽑아 검사한 결과 4개의 불량품이 나왔다. 이 결과로부터 이 공장의 불량률을 95% 신뢰구간에서 구하라.

08 어떤 집단에서 A 정당의 지지도를 조사하기 위해 50명을 뽑은 결과 30명이 지지하는 것으로 나타났다. 이 결과로부터 이 집단이 A 정당을 지지하는 비율에 대해 95% 신뢰구간을 구하라.

7장

가설검정

7.1 서론

모집단에 대한 예상 또는 주장 등의 옳고 그름을 표본을 가지고 판정하는 과정을 통계적 가설검정(statistical hypothesis testing), 간단히 가설검정(hypothesis testing) 또는 줄여서 검정(testing)이라고 한다.

모집단에 대한 예상 또는 주장 등을 모수를 이용해 나타낸 형태를 통계적 가설(statistical hypothesis) 또는 간단히 가설(hypothesis)이라 한다. 가설에는 귀무가설(null hypothesis, 영가설)과 이에 반대되는 대립가설(alternative hypothesis)이 있다. 귀무가설은 보통 H_0으로 표시하고 대립가설은 H_1으로 표시한다. 가설검정에서 현재의 가설을 귀무가설이라고 하고 새로운 가설을 대립가설이라고 한다. 따라서 귀무가설과 대립가설은 모집단에 대한 서로 배타적인 가설이다. 귀무가설은 모집단에 대해 현재까지 참(true)이라고 여겨지는 가설이고 대립가설은 모집단에 대해 예상 또는 주장 등을 나타내는 가설이다. 다시 말하면, 귀무가설은 모집단에 대해 처음부터 버릴 것을 예상하는 가설이고 대립가설은 모집단에 대해 표본에 의해 입증하고자 하는 가설이다. 기본적으로는 귀무가설은 참으로 추정되며 이를 기각하기 위해서는 충분한 근거가 필요하다.

예를 들어, 어떤 사건이 법정에 계류 중에 있다고 하자. 재판관은 피고에 대해 다음의 두 가지 가능한 판결 중의 하나를 내린다고 가정하자.

① 피고는 무죄이다. ② 피고는 유죄이다.

사건 담당 검사는 피고는 범죄를 저지른 것이 확실하다고 주장하고 있다. 위의 법정 문제에 대해 귀무가설 H_0과 대립가설 H_1을 다음과 같이 세울 수 있다.

H_0: 피고는 무죄이다. H_1: 피고는 유죄이다.

위처럼 검사의 주장을 H_1에 의해 나타내고 있고 피고에 대한 검사의 주장 이전의 상태, 즉 무죄에 대해 H_0에 의해 나타내고 있다. 재판관이 판결을 내리기 전까지는 무죄 추정의 원칙에 따라 피고는 무죄로 추정되며 재판에서 검사가 유죄로 인정할 만한 충분한 증거를 제시하는 경우에 한하여 유죄라고 판결을 내린다.

또 하나의 예를 들어보자. 어떤 신약회사는 다이어트에 효과가 좋은 신약을 개발하여 식품 의약품안전청(이하 식약청)에 허가 받기를 원하고 있다고 하자. 위 신약개발에 대한 귀무가설 H_0과 대립가설 H_1을 다음과 같이 세울 수 있다.

H_0: 신약은 효과가 없다.　H_1: 신약은 효과가 있다.

위처럼 신약회사의 주장을 H_1에 의해 나타내고 있고 신약회사의 주장 이전의 상태에 대해 H_0에 의해 나타내고 있다. 식약청은 다이어트 약에 대해 까다로운 효능검사와 독성검사 등 모든 것이 허가조건에 맞는지 확인을 한 후 신약의 효과에 대해 확신이 있는 경우에 한하여 신약은 효과가 있다고 판정하여 허가를 내준다.

이제 가설을 모수를 이용하여 나타내고자 한다. 예를 들어, 아들 자랑을 하고 싶은 어머니가 "우리 아들은 대기업 취직해서 봉급을 400(만원)보다 많이 받는다."고 온 동네사람들에게 자랑하고 다닌다고 하자. 이 경우에 귀무가설 H_0과 대립가설 H_1을 다음과 같이 세울 수 있다.

$$H_0 : u = 400 \qquad H_1 : u > 400 \tag{7.1}$$

참고로, $H_0 : u = 400$을 $H_0 : u \le 400$로 나타내는 것이 $H_1 : u > 400$의 반대되는 가설로서 옳은 표현이지만, 관심 있는 가설이 대립가설이므로 간단하게 $H_0 : u = 400$로 표현하여 검정해도 검정의 결과는 같다.

위의 예에서 우리는 어머니의 주장을 확인하기 위해 어머니로부터 그간 아들이 받은 몇 달간의 봉급 액수를 조사하여 어머니의 주장에 대한 충분한 근거가 있는 경우에 H_0을 기각, 즉 H_1을 채택하여 어머니의 주장을 받아들인다.

두 가지 가설 H_0과 H_1 중 어느 것을 채택할 것인가? H_0과 H_1 중 하나를 채택하는 데 기준이 되는 통계량을 검정통계량(test statistic)이라 하는데 위의 예는 모평균에 대한 검정이므로 검정통계량으로 표본평균 $\overline{X}$을 사용한다. $\overline{X}$의 값이 크면 H_0을 기각하여 어머니의 주장을 받아들인다. 즉, "$\overline{X} \ge c$"이면 H_0을 기각한다. 여기서 "$\overline{X} \ge c$"을 기각역(critical region)이라고 하고 상수 c을 기각값(critical value)이라고 한다. 그러면 c을 어떻게 결정할 것인가? 이를 위해서는 H_0하에서 $\overline{X}$의 분포를 알아야 한다. 모집단이 정규분포 $N(u, \sigma^2)$을 따른다는 가정하에, σ^2가 알려진 경우 $\overline{X}$의 분포는 다음과 같다.

$$\overline{X} \sim N(\mu_0, \frac{\sigma^2}{n})$$

즉,

$$Z = \frac{\overline{X} - u_0}{\sigma / \sqrt{n}} \sim N(0, 1)$$

여기서 μ_0는 H_0하에서 모평균 μ의 값으로, 이 경우는 $\mu_0 = 400$이다.

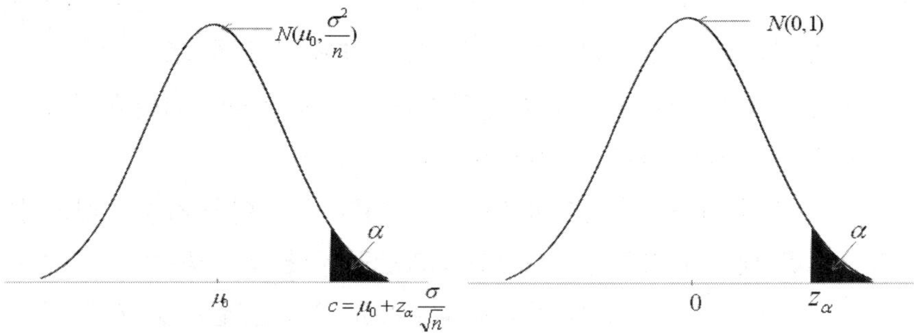

그림 7.1 기각역

그림 7.1의 왼쪽 그림에서 $\overline{X}$을 이용하여 검정하는 경우 "$\overline{X} \geq c$"이면 H_0을 기각하는데 기각값은 $c = \mu_0 + z_\alpha \frac{\sigma}{\sqrt{n}}$이다. 여기서 c는 μ_0, z_α, σ, n에 의해 결정된다. **그림 7.1**의 오른쪽 그림에서 검정통계량 Z을 사용하여 검정하는 경우 "$Z \geq z_\alpha$"이면 H_0을 기각한다. 여기서 "$Z \geq z_\alpha$"은 "$\overline{X} \geq c$"와 마찬가지로 기각역에 해당된다. 기각값 z_α는 표준정규분포에서 $100(1-\alpha)$백분위수(percentile)로서 z_α는 유의수준(significance level) α에 의해 결정된다. 따라서 검정에서 유의수준에 대한 이해가 필요하다. 이를 위해 검정의 오류(testing error)에 대한 이해 역시 요구된다.

검정의 오류에 대한 이해를 위해 법정 판결에 대해 다시 생각해보자. 법원의 판결이 항상 옳은 것만은 아니라는 것을 우리는 알고 있다. 피고가 재판에서 유죄판결을 받았다면 피고는 정말 죄를 지어 정당하게 죄의 대가로 유죄판결을 받을 수도 있고 아니면 허위사실 혹은 잘못된 증거에 의해 누명을 쓰고 유죄판결을 받을 수도 있다.

실제 피고가 죄를 지어 법원이 유죄판결을 내린 것은 옳은 결정이나 죄가 없는데도 유죄 판결한 것은 법원의 오류이다. 가설검정은 어디까지나 확률에 근거한 선택과정이므로 오류를 범할 수 있는 가능성이 존재한다. 통계학에서는 이처럼 실제 죄가 없는데도 유죄판결을 내린 오류를 제1종 오류(type 1 error)라고 한다. 그리고 실제 무죄인데 법원이 무죄라고 판결하는 것은 당연히 옳은 결정이나, 실제 죄를 지었는데 법원이 무죄라고 판결한 것은 오류에 해당된다. 통계학에서 이런 오류를 제2종 오류(type 2 error)라고 한다. **표 7.1**은 실제 현상과 법원의 결정에 대해 가능한 결과를 보여주고 있다.

표 7.1 실제현상과 법원의 결정

실제현상 / 법원의 결정	무죄인 경우	유죄인 경우
무죄 판결	옳은 결정	제2종 오류
유죄 판결	제1종 오류	옳은 결정

위에서 소개한 예를 들어 설명하기로 하자. (7.1)의 가설에서 제1종 오류는 실제로 H_0이 참, 즉 $u = 400$ 인데도 불구하고 H_1이 참, 즉 $u > 400$이라고 결정함으로써 생기는 오류이다. 제2종 오류는 실제로 H_1이 참, 즉 $u > 400$인데도 불구하고 H_0이 참, 즉 $u = 400$ 이라고 결정함으로써 생기는 오류이다. **표 7.2**와 같이 실제 현상에 대해 4가지 가능한 결과로 나타난다.

표 7.2 가설검정에서 4가지 가능한 결과

실제현상 / 의사결정	H_0 참($u = 400$)	H_0 거짓($u > 400$)
H_0 채택($u = 400$)	옳은 결정	제2종 오류
H_0 기각($u > 400$)	제1종 오류	옳은 결정

유의수준이란 제1종 오류를 범할 최대 허용확률(혹은 최대 허용한계)로서, 검정할 때는 미리 유의수준을 정하여 검정한다. 유의수준은 가설의 기각 여부를 판단할 때 기준이 되는 값이다. 유의수준이 α인 검정이란, 제1종 오류를 범할 확률이 α 이하인 검정을 뜻한다. 다시 말하면, 제1종 오류를 범할 확률을 α까지는 허용한다는 뜻이다. 예를 들어, 유의수준 $\alpha = 0.05$에서 검정한다는 말은 100번을 표본을 뽑아 검정하는 경우 최대 5번까지 실제 H_0이 참인데도 H_0을 기각할 수 있다는 의미이다. 유의수준은 보통 α로 나타내며 많이 사용하는 유의수준으로는 $\alpha = 0.01, 0.05, 0.1$(혹은 $\alpha = 1\%,\ 5\%,\ 10\%$) 등이 있다. 유의수준 α가 결정되면 가설 (7.1)의 H_0하에서 $P_0(Z \geq z_\alpha) = \alpha$가 되는 z_α값이 결정된다. 따라서 유의수준 α에서 $Z \geq z_\alpha$이면 H_0을 기각한다. 이처럼 가설검정에서 귀무가설 기각 여부는 먼저 검정에 사용될 검정통계량을 결정하고 난 후 기각역을 정하고, 검정통계량의 값이 기각역에 포함되면 귀무가설을 기각하고 그렇지 않으면 귀무가설을 채택한다.

한편, R과 같은 통계 프로그램을 사용하여 검정하는 경우 유의확률(significance probability)을 가지고 가설의 기각 여부를 결정한다. 여기서 유의확률이란 H_0이 참일 때 검정통계량이 적어도 실제 관측된 검정통계량 값보다 유의한(significant) 값을 가질 확률로써,

p-값(p-value)이라고 하고 보통 p로 나타낸다. 검정에서 "유의하다"라는 말은 관측된 검정통계량의 값이 대립가설에 대한 뚜렷한 증거가 되는 경우 사용한다. 가설 (7.1)을 검정하는 경우 검정통계량 $\overline{X}$의 관측 값이 $\overline{x}$이면 유의확률은 다음과 같이 계산한다.

$$
\begin{aligned}
p = P(\overline{X} \geq \overline{x} \mid u = u_0) &= P\left(\frac{\overline{X} - u_0}{\sigma/\sqrt{n}} \geq \frac{\overline{x} - u_0}{\sigma/\sqrt{n}}\right) \\
&= P\left(Z \geq \frac{\overline{x} - u_0}{\sigma/\sqrt{n}}\right)
\end{aligned}
$$

여기서 $\mu_0 = 400$이다.

유의확률 p-값은 관측된 검정통계량 값에 따라 결정되는데 검정통계량 값이 대립가설이 참이라는 뚜렷한 근거를 제시하는 경우 p-값은 작아지고, 반대로 검정통계량 값이 귀무가설이 참이라는 근거가 되는 경우 p-값은 커진다. 예를 들어, $H_0 : u = 400$, $H_1 : u > 400$을 검정하는 경우 검정통계량의 값이 큰 값일수록 p-값은 작아진다. 따라서 유의확률 p-값과 유의수준 α과 비교해서 $p < \alpha$이면 H_0을 기각하고 그렇지 않으면 H_0을 채택한다.

통계 프로그램을 사용하여 분석하는 경우 유의수준 $\alpha = 0.05$에서 $p < \alpha$이면 검정결과는 "통계적으로 유의하다"고 표현하고 유의수준 $\alpha = 0.01$에서 $p < \alpha$이면 "통계적으로 매우 유의하다"고 표현한다.

7.2 모평균의 검정

모집단이 정규분포 $N(\mu, \sigma^2)$을 따른다는 가정하에, 분산 σ^2을 알고 있는 경우의 모평균 μ에 대한 가설검정을 생각해보자. 모평균 μ에 대해 다음과 같이 세 가지 경우의 가설을 세울 수 있다.

(i) $H_0 : \mu = \mu_0 \quad H_1 : \mu > \mu_0$

(ii) $H_0 : \mu = \mu_0 \quad H_1 : \mu < \mu_0$

(iii) $H_0 : \mu = \mu_0 \quad H_1 : \mu \neq \mu_0$

가설 (i)과 (ii)의 $H_0 : \mu = \mu_0$를 (i)에서 $H_0 : \mu \leq \mu_0$나 (ii)에서 $H_0 : \mu \geq \mu_0$와 같이 설정해도 검정결과는 같다.

참고로, (i)과 (ii)에서의 대립가설을 단측가설(one-sided hypothesis, 한쪽가설)이라고 하고 (iii)에서의 대립가설을 양측가설(two-sided hypothesis, 양쪽가설)이라고 한다. 그리고 (i), (ii)와 같은 단측 대립가설을 설정하여 검정하는 것을 단측검정(one-sided testing)이라고 하고 (iii)와 같이 양측 대립가설을 설정하여 검정하는 것을 양측검정(two-sided testing)이라고 한다.

가설을 설정한 후 귀무가설과 대립가설 중 어느 가설을 채택할 것인가는 검정통계량에 의해 결정된다. 검정통계량은 검정하고자 하는 모수, 여기서는 모평균 μ의 추정량과 H_0하에서 그의 분포에 의해 결정된다. 따라서, μ의 추정량인 $\overline{X}$와 H_0하에서의 그 분포는 다음과 같다.

$$\overline{X} \sim N(\mu_0, \frac{\sigma^2}{n})$$

$\overline{X}$를 표준화함으로써 얻어진 검정통계량 Z와 그 분포는 다음과 같다.

$$Z = \frac{\overline{X} - u_0}{\sigma / \sqrt{n}} \sim N(0, 1) \tag{7.2}$$

여기서 μ_0은 H_0하에서 μ의 값이다. 이처럼 정규분포를 갖는 검정통계량을 사용하여 검정하는 것을 정규검정(normal test) 혹은 $z-$검정(z-test)이라고 한다.

검정통계량이 결정되었으면 유의수준에 따라 기각역을 구한다. (i)의 가설을 검정하는데 유의수준 α에서 기각역은 $Z \geq z_\alpha$이다. **그림 7.2**에서처럼 검정통계량 Z의 값이 z_α보다 크면 H_0을 기각한다.

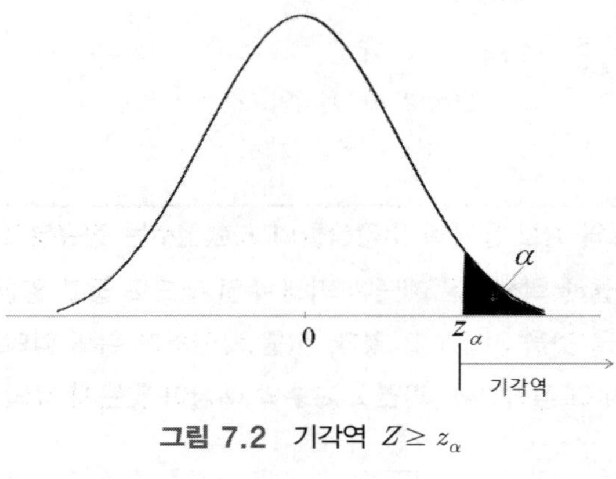

그림 7.2 기각역 $Z \geq z_\alpha$

(ii)의 가설을 검정하는데 유의수준 α에서 기각역은 $Z \leq -z_{\alpha}$이다. 기각역은 **그림 7.3** 에서처럼 검정통계량 Z의 값이 $-z_{\alpha}$보다 작으면 H_0을 기각한다.

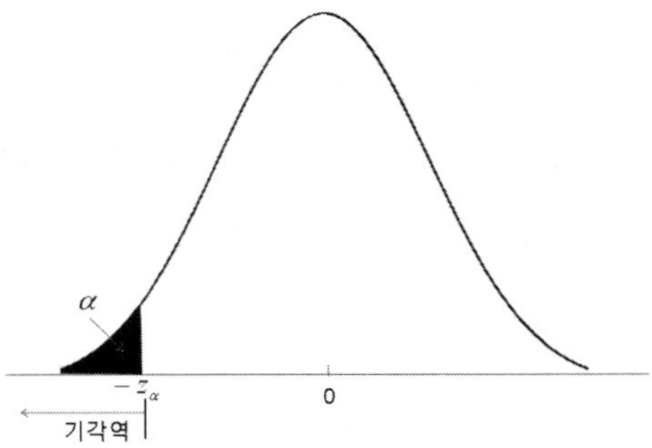

그림 7.3 기각역 $Z \leq -z_{\alpha}$

(iii)의 가설을 검정하는데 유의수준 α에서 기각역은 $|Z| \geq z_{\alpha/2}$이다. 기각역은 **그림 7.4** 에서처럼 검정통계량 Z의 값이 $z_{\alpha/2}$보다 크거나 혹은 Z의 값이 $-z_{\alpha/2}$보다 작으면 H_0을 기각한다.

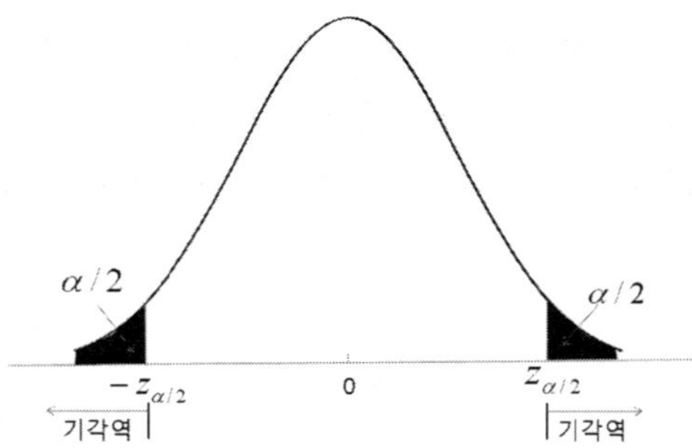

그림 7.4 기각역 $|Z| \geq z_{\alpha/2}$

예제 7.1 **G 대학교의 정보 통계학 수강생들의 시험점수는 정규분포 $N(60, 15^2)$을 따른다고 한다. 담당교수 L은 올해 학생들은 예년에 비해 수업 태도도 좋고 열심히 하는 분위기라 시험 성적이 예년에 비해 좋을 것을 기대하고 있다. 이를 확인하기 위해 임의로 25명의 표본을 뽑아 조사한 결과 표본평균이 66점이었다. 과연 L 교수의 예상이 맞는지 유의수준 5%에서 검정하라.**

풀이 시험점수의 평균을 μ라 하면, 귀무가설과 대립가설을 각각 다음과 같이 세울 수 있다.

$$H_0 : \mu = 60 \quad H_1 : \mu > 60$$

표본 $n=25$으로부터 구한 $\overline{x}=66$이다. 따라서, 검정통계량의 값은

$$Z=\frac{\overline{x}-60}{\sigma/\sqrt{n}}=\frac{66-60}{15/\sqrt{25}}=2.0$$

부록 B, **표 2**에 있는 표준정규분포표에서 $\alpha=0.05$에서의 $z_{0.05}=1.645$이므로 $Z\geq z_{0.05}$이다. 따라서, $\alpha=0.05$에서 H_0을 기각한다. 즉, L 교수의 예상이 맞다고 할 수 있다. ■

모집단이 정규분포가 아닌 임의의 분포를 따르는 경우 모평균 μ의 검정에 대해 생각해 보자. 모분산 σ^2을 알고 있는 경우 표본의 크기 n이 충분히 크면 중심극한정리에 의해 $\overline{X}$의 분포는 근사적으로 정규분포를 따른다. 즉, $\overline{X}\ \dot{\sim}\ N(\mu,\frac{\sigma^2}{n})$이다. $\overline{X}$을 표준화함으로써 얻어진 검정통계량 Z와 H_0하에서의 그 분포는 다음과 같다.

$$Z=\frac{\overline{X}-u_0}{\sigma/\sqrt{n}}\ \dot{\sim}\ N(0,1) \tag{7.3}$$

따라서, 기각역은 (i) 가설을 검정하는 경우 $Z\geq z_\alpha$이고 (ii) 가설을 검정하는 경우 $Z\leq -z_\alpha$, 그리고 (iii) 가설을 검정하는 경우 $|Z|\geq z_{\alpha/2}$이다.

일반적으로 σ^2은 알려지지 않는다. 이 경우 n이 충분히 크면 σ^2 대신 S^2을 사용할 수 있다. 이때 S^2은 σ^2에 대해 근사한 값을 가지므로 식 (7.3)에서 σ 대신 S을 대입하여 얻어진 검정통계량 Z와 H_0하에서 그 분포는 다음과 같다.

$$Z=\frac{\overline{X}-u_0}{S/\sqrt{n}}\ \dot{\sim}\ N(0,1)$$

따라서, 기각역은 (i) 가설을 검정하는 경우 $Z\geq z_\alpha$이고 (ii) 가설을 검정하는 경우 $Z\leq -z_\alpha$, 그리고 (iii) 가설을 검정하는 경우 $|Z|\geq z_{\alpha/2}$이다.

예제 7.2 **어떤 중국집의 자장면을 주문하고 배달하는 데 평균 20분이 걸린다고 한다. 그런데 중국집에서는 20분 이내 신속 배달해준다고 홍보하고 있다. 이를 확인하기 위해 자장면을 36번 시켰을 때 배달시간이 평균 19분, 표준편차 3.4분의 자료를 얻었다고 하자. 유의수준 5%에서 검정하라.**

풀이 자장면 평균배달시간을 μ라 하면, 귀무가설과 대립가설을 각각 다음과 같이 세울 수 있다.

$$H_0 : \mu = 20 \quad H_1 : \mu < 20$$

표본 $n = 36$으로부터 구한 $\bar{x} = 19$, $s = 3.4$이다. 따라서, 검정통계량의 값은 다음과 같다.

$$Z = \frac{\bar{x} - 20}{s/\sqrt{n}} = \frac{19 - 20}{3.4/\sqrt{36}} = -1.76$$

부록 B의 **표 2**에 있는 표준정규분포표에서 $\alpha = 0.05$에서의 $-z_{0.05} = -1.645$이므로 $Z \le -z_{0.05}$이다. 따라서, $\alpha = 0.05$에서 H_0을 기각한다. 즉, 20분 이내 자장면 배달한다는 중국집 홍보는 사실이라 할 수 있다. ■

모집단이 정규분포를 따른다는 가정하에 σ^2이 알려지지 않고 n이 충분히 크지 않은 경우, 즉 소표본에서 모평균 μ에 대한 검정을 어떻게 할 것인가? 모집단이 정규분포를 갖는 경우 σ^2 대신 S^2을 사용하여 $\overline{X}$에 의해 얻어진 검정통계량 T와 H_0하에서 그 분포는 다음과 같다.

$$T = \frac{\overline{X} - \mu_0}{S/\sqrt{n}} \sim t(n-1)$$

즉, T는 자유도 $n-1$인 t-분포를 갖는다. 여기서 μ_0은 H_0하에서 μ의 값이다. 이처럼 t-분포를 갖는 검정통계량을 사용하여 검정하는 것을 t-검정(t-test)이라고 한다.

검정통계량 T가 결정되었으면 유의수준에 따라 기각역을 구한다. (i)의 가설을 검정하는데 유의수준 α에서 기각역은 $T \ge t_\alpha(n-1)$이다. **그림 7.5**에서처럼 검정통계량 T의 값이 $t_\alpha(n-1)$보다 크면 H_0을 기각한다.

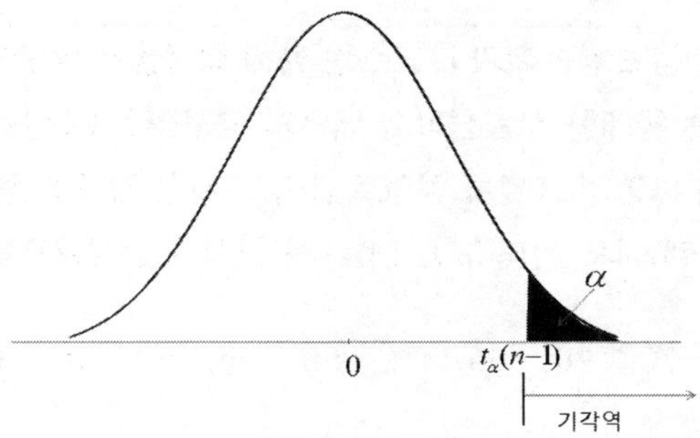

그림 7.5 기각역 $T \geq t_\alpha(n-1)$

(ii)의 가설을 검정하는데 유의수준 α에서 기각역은 $T \leq -t_\alpha(n-1)$이다. 기각역은 **그림 7.6**에서처럼 검정통계량 T의 값이 $-t_\alpha(n-1)$보다 작으면 H_0을 기각한다.

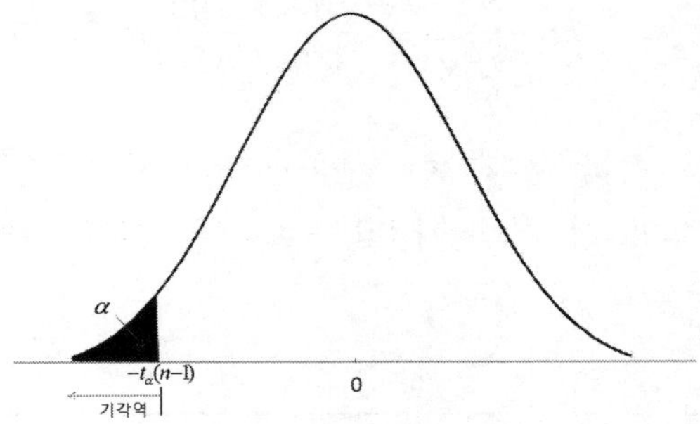

그림 7.6 기각역 $T \leq -t_\alpha(n-1)$

(iii)의 가설을 검정하는데 유의수준 α에서 기각역은 $|T| \geq t_{\alpha/2}(n-1)$이다. 기각역은 **그림 7.7**에서처럼 검정통계량 T의 값이 $t_{\alpha/2}(n-1)$보다 크거나 T의 값이 $-t_{\alpha/2}(n-1)$보다 작으면 H_0을 기각한다.

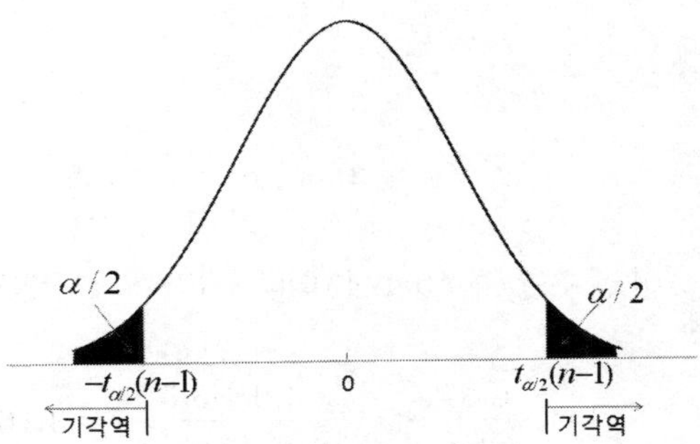

그림 7.7 기각역 $|T| \geq t_{\alpha/2}(n-1)$

예제 7.3 G 대학교의 정보 통계학과 L 교수는 올해 학생들은 예년에 비해 수업태도가 좋고 열심히 하는 분위기라 정보통계학 시험성적이 예년의 평균점수 60점보다 높을 것을 기대하고 있다. 이를 확인하기 위해 10명의 표본을 임의로 뽑아 조사한 결과 다음과 같다. 과연 L 교수의 예상이 맞는지 유의수준 5%에서 검정하라. 단, 시험성적은 정규분포를 따른다고 가정한다.

65, 70, 60, 55, 75, 65, 55, 60, 70, 60

풀이 다음과 같이 가설을 세운다.

$$H_0 : u = 60 \qquad H_1 : u > 60$$

표본으로부터 $n = 10$이고 $\overline{x} = 63.5$, $s = 6.687$이다. 따라서, 검정통계량 T의 값은

$$T = \frac{\overline{x} - \mu_0}{s/\sqrt{n}} = \frac{63.5 - 60}{6.687/\sqrt{10}} = 1.655$$

부록 B의 **표 3**에 있는 t-분포표에서 $\alpha = 0.05$에서의 $t_{0.05}(9) = 1.833$이므로 $T \le t_{0.05}(9)$이다. 따라서, $\alpha = 0.05$에서 H_0을 기각할 수 없다. 즉, 주어진 자료에 의하면 L 교수의 예상이 맞다고 할 수 없다. ■

예제 7.4 G 대학교의 정보 통계학과 L 교수는 신생아의 체중에 관심을 갖고 있다. 신생아들은 출산 후 3~4일간은 체중이 감소하다가 다시 증가하는 경향을 보이는 것으로 나타났다. 따라서 신생아의 평균 체중이 기존에 알려진 3.5kg과는 다르다고 예상하고 있다. 이를 확인하기 위해 임의로 9명의 신생아의 체중을 조사한 자료는 다음과 같다. 과연 L 교수의 예상이 맞는지 유의수준 5%에서 검정하라. 단, 신생아의 체중은 정규분포를 따른다.

3.4 3.3 4.2 4.4 3.7 4.5 4.6 3.8 4.1

풀이 다음과 같이 가설을 세운다.

$$H_0 : u = 3.5 \qquad H_1 : u \neq 3.5$$

표본으로부터 $n = 9$이고 구한 $s = 0.4743$이다. 따라서, 검정통계량의 값은

$$|T| = \left|\frac{\overline{x} - \mu_0}{s/\sqrt{n}}\right| = \left|\frac{4.0 - 3.5}{0.4743/\sqrt{9}}\right| = 3.1626$$

부록 B **표 3**에 있는 t-분포표에서 $\alpha = 0.05$에서의 $t_{0.025}(8) = 2.306$이므로 $|T| \geq t_{0.025}(8)$이다. 따라서, $\alpha = 0.05$에서 H_0을 기각한다. 즉, 주어진 자료에 의하면 L 교수의 예상이 맞다고 할 수 있다. ■

7.3 모비율의 검정

불량률, 찬성률, 지지율과 같이 모집단 내의 특정한 속성을 갖는 비율 p에 대한 검정에 대해 생각해보자. 모비율 p에 대해 다음과 같이 세 가지 경우의 가설을 세울 수 있다.

$$\text{(i)}\ H_0 : p = p_0 \quad H_1 : p > p_0$$
$$\text{(ii)}\ H_0 : p = p_0 \quad H_1 : p < p_0$$
$$\text{(iii)}\ H_0 : p = p_0 \quad H_1 : p \neq p_0$$

가설 (i)과 (ii)에서 $H_0 : p = p_0$을 (i)에서 $H_0 : p \leq p_0$, (ii)에서 $H_0 : p \geq p_0$와 같이 설정해도 검정결과는 같다.

모비율 p에 대해 검정을 하기 위해서는 p의 추정량 $\hat{p}$의 분포가 필요하다. n개의 표본을 추출하여 특정한 속성을 갖는 것의 개수를 X라 할 때 표본의 크기 n이 큰 경우, 즉 대표본에서 H_0하의 표본비율 $\hat{p} = \dfrac{X}{n}$의 분포는 다음과 같다.

$$\hat{p} \sim N\left(p_0, \frac{p_0(1-p_0)}{n}\right)$$

6장의 p의 구간추정에서와 마찬가지로 대표본의 판정기준은 $np_0 \geq 5,\ n(1-p_0) \geq 5$이다. 따라서, $\hat{p}$을 표준화함으로써 얻어진 검정통계량 Z와 그의 분포는 다음과 같다.

$$Z = \frac{\hat{p} - p_0}{\sqrt{p_0(1-p_0)/n}} \sim N(0,1)$$

따라서, 기각역은 (i) 가설을 검정하는 경우 $Z \geq z_\alpha$이고 (ii) 가설을 검정하는 경우 $Z \leq -z_\alpha$, 그리고 (iii) 가설을 검정하는 경우 $|Z| \geq z_{\alpha/2}$이다.

예제 7.5 우리나라 통계청이 발표한 "2020년 6월 고용동향"에 따르면 청년층(15~29세) 실업률은 10.7%이다. L 교수는 청년층 실업률은 코로나 여파로 계속 상승할 것이라고 주장하고 있다. 정보통계학과에서는 L 교수의 주장을 확인하기 위해 진주지역 200명을 임의추출하여 조사한 결과 30명이 실업자였다. 유의수준 10%에서 검정하라.**

풀이 실업률을 p라 하면 다음과 같이 가설을 세울 수 있다.

$$H_0 : p = 0.107 \quad H_1 : p > 0.107$$

자료로부터 $n = 200, \hat{p} = 30/200 = 0.15$이다. 따라서, 검정통계량의 값은 다음과 같다.

$$Z = \frac{\hat{p} - p_0}{\sqrt{p_0(1-p_0)/n}} = \frac{0.15 - 0.107}{\sqrt{0.107(1-0.107)/200}} = 1.967$$

부록 B, **표 2**에 있는 표준정규분포표에서 $\alpha = 0.10$에서의 $z_{0.10} = 1.285$이므로 $Z \geq z_{0.10}$이다. 따라서, $\alpha = 0.10$에서 H_0을 기각한다. 즉, 청년층 실업률에 대한 L 교수의 주장이 맞다고 할 수 있다. ■

예제 7.6 품질학자들은 어떤 제품을 생산하는 공장에서 제품의 불량률이 5.0%가 아니라고 주장하고 있다. 이 공장에서 생산되는 제품 100개를 임의로 추출하여 검사한 결과 불량품이 8개가 나왔다. 품질학자들의 주장이 맞는지 유의수준 5%에서 검정하라.**

풀이 불량률을 p라 하면 다음과 같이 가설을 세울 수 있다.

$$H_0 : p = 0.05 \quad H_1 : p \neq 0.05$$

자료로부터 $n = 100, \hat{p} = 8/100 = 0.08$이다. 따라서, 검정통계량의 값은 다음과 같다.

$$|Z| = \left|\frac{\hat{p} - p_0}{\sqrt{p_0(1-p_0)/n}}\right| = \left|\frac{0.08 - 0.05}{\sqrt{0.05(1-0.05)/100}}\right| = 1.376$$

부록 B, **표 2**에 있는 표준정규분포표에서 $\alpha = 0.05$에서의 $z_{0.05/2} = z_{0.025} = 1.96$이므로 $|Z| < z_{0.025}$이다. 따라서, $\alpha = 0.05$에서 H_0을 기각할 수 없다. 즉, 품질학자들의 주장이 맞다고 할 수 없다.

7.4 R을 이용한 실습

R을 이용한 모평균 검정

예제 7.7 예제 7.1에서 R을 이용하여 유의수준 5%에서 검정하라.

```
> # Set sample mean and sample size
> xbar <- 66
> n <- 25
> # Set mean value under the nullhypothesis
> mu0 <- 60
> # Set known sigma
> sigma<-15
>
> # Calculate test statistic and p-value
> z <- (xbar-mu0)/(sigma/sqrt(n))
> z
[1] 2
> p.value <- 1-pnorm(z)
> p.value
[1] 0.02275013
```

위에서 검정통계량 값은 Z=2이고 유의확률은 $p = 0.02275013$이다. 따라서 $\alpha = 0.05$에서 $p < \alpha$이므로 H_0을 기각한다.

예제 7.8 예제 7.2에서 R을 이용하여 유의수준 5%에서 검정하라.

```
> # Set sample mean and sample size
> xbar <- 19
> n <- 36
> # Set mean value under the nullhypothesis
> mu0 <- 20
> # Set known sigma
> sigma<-3.4
```

```
>
> # Calculate test statistic and p-value
> z <- (xbar-mu0)/(sigma/sqrt(n))
> z
[1] -1.764706
> p.value <- pnorm(z)
> p.value
[1] 0.0388066
```

위에서 검정통계량 값은 Z=-1.764706이고 유의확률은 $p=0.0388066$이다. 따라서 $\alpha=0.05$에서 $p<\alpha$이므로 H_0을 기각한다.

R에서 모평균에 대한 t-검정을 위한 함수로써 t.test() 함수가 있다. 다음은 t.test() 함수의 사용형식이다.

```
t.test(x, y = NULL, alternative = c("two.sided", "less", "greater"),
mu = 0)
```

여기서 x, y는 표본이고 하나의 모집단인 경우 y는 생략한다. alternative는 대립가설의 형태를 나타내는 인수이다. 여기서 "two.sided"는 $H_1: \mu \neq \mu_0$을 나타내고 "less"는 $H_1: \mu < \mu_0$, "greater"는 $H_1: \mu > \mu_0$을 나타내는데 alternative를 생략하면 alternative= "two.sided"이다. mu는 모평균을 나타내는 인수이고 생략하면 $\mu_0=0$이다.

예제 7.9 **예제 7.3에서 R을 이용하여 유의수준 5%에서 검정하라.**

```
> x <- c(65, 70, 60, 55, 75, 65, 55, 60, 70, 60)
> t.test(x, alternative="greater", mu=60)

        One Sample t-test

data:  x
```

```
t = 1.655, df = 9, p-value = 0.06615
alternative hypothesis: true mean is greater than 60
95 percent confidence interval:
 59.6234     Inf
sample estimates:
mean of x
    63.5
```

위 결과에서 t = 1.655, df = 9, p-value = 0.06615이다. 따라서 검정통계량 값은 $T=1.655$ 이고 유의확률은 $p=0.06615$ 이다. 고로 $\alpha=0.05$ 에서 $p>\alpha$ 이므로 H_0을 기각할 수 없다.

t-검정을 위한 t.test() 함수를 사용하지 않고 t-분포의 유의확률을 계산하기 위한 함수 pt() 함수를 이용하여 다음과 같이 검정할 수도 있다.

```
> x <- c(65,  70,  60,  55,  75,  65,  55,  60,  70,  60)
> n <- length(x)
> t <- (mean(x)-60)/(sd(x)/sqrt(n))
> t
[1] 1.655032
> 1-pt(t, df=n-1)
[1] 0.06615148
```

예제 7.10 예제 7.4에서 R을 이용하여 유의수준 5%에서 검정하라.

```
> x <- c(3.4,   3.3,   4.2,   4.4,   3.7,   4.5,   4.6,   3.8,   4.1)
> t.test(x, alternative="two.sided", mu=3.5)

        One Sample t-test

data:  x
t = 3.1623, df = 8, p-value = 0.01335
alternative hypothesis: true mean is not equal to 3.5
95 percent confidence interval:
 3.635389 4.364611
sample estimates:
```

```
mean of x
     4
```

위 결과에서 t = 3.1623, df = 8, p-value = 0.01335이다. 따라서 검정통계량 값은 $T = 3.1623$이고 유의확률은 $p = 0.01335$이다. 고로 $\alpha = 0.05$에서 $p < \alpha$이므로 H_0을 기각한다.

t-검정을 위한 t.test() 함수를 사용하지 않고 t-분포의 유의확률을 계산하기 위한 함수 pt() 함수를 이용하여 검정하면 다음과 같다.

```
> x <- c(3.4,  3.3,  4.2,  4.4,  3.7,  4.5,  4.6,  3.8,  4.1)
> n <- length(x)
> t <- abs((mean(x)-3.5)/(sd(x)/sqrt(n)))
> t
[1] 3.162278
> 2*(1-pt(t, df=n-1))
[1] 0.01334906
```

¤ R을 이용한 모비율 검정

prop.test() 함수는 모비율을 검정하기 위한 함수이다.

```
prop.test(x, n, p = NULL, alternative = c("two.sided", "less", "greater"),correct
= FALSE)
```

여기서 x는 표본 중에서 특정한 속성을 갖는 개수, n은 표본의 수를 나타낸다. p는 모비율을 나타낸다. alternative는 대립가설의 형태를 나타내는 인수이다. 여기서 "two.sided"는 $H_1 : p \neq p_0$을 나타내고 "less"는 $H_1 : p < p_0$, "greater"는 $H_1 : p > p_0$을 나타내는데 alternative를 생략하면 alternative="two.sided"이다. correct 인수는 R의 기본옵션인 연속성 보정(continuous correction)을 사용하지 않는다는 것을 의미한다.

예제 7.11 예제 7.5에서 R을 이용하여 유의수준 10%에서 검정하라.

```
> prop.test(x=30, n=200, p=0.107, alternative="greater",correct = FALSE)

	1-sample proportions test without continuity correction

data:  30 out of 200, null probability 0.107
X-squared = 3.8702, df = 1, p-value = 0.02458
alternative hypothesis: true p is greater than 0.107
95 percent confidence interval:
 0.1131554 1.0000000
sample estimates:
   p
0.15
```

위 결과에서 X-squared = 3.8702, df = 1, p-value = 0.02458이다. 이때 X-squared 값에 제곱근(root)을 씌우면 검정통계량 Z값이 된다. 따라서 $Z = 1.967282$이고 유의확률은 $p = 0.02458$이다. 고로 $\alpha = 0.05$에서 $p < \alpha$이므로 H_0을 기각한다.

모비율 검정을 위한 prop.test() 함수를 사용하지 않고 정규분포의 유의확률을 계산하기 위한 함수 pnorm() 함수를 이용하여 다음과 같이 검정할 수도 있다.

```
> p0 <- 0.107; n <- 200
> phat=0.15
> var=p0*(1-p0)/n
> z<-(phat-p0)/sqrt(var)
> z
[1] 1.967278
> p.value <- 1-pnorm(z)
> p.value
[1] 0.02457556
```

예제 7.12 예제 7.6에서 R을 이용하여 유의수준 5%에서 검정하라.

```
> prop.test(x=8, n=100, p=0.05, alternative="two.sided", correct = FALSE)

	1-sample proportions test without continuity correction

data:  8 out of 100, null probability 0.05
X-squared = 1.8947, df = 1, p-value = 0.1687
alternative hypothesis: true p is not equal to 0.05
95 percent confidence interval:
 0.04109346 0.14998108
sample estimates:
   p
0.08
```

위 결과에서 X-squared = 1.8947, df = 1, p-value = 0.1687이다. 이때 검정통계량 값은 Z=1.376481이고 유의확률은 $p = 0.1687$이다. 따라서 $\alpha = 0.05$에서 $p > \alpha$이므로 H_0을 기각할 수 없다.

모비율 검정을 위한 prop.test() 함수를 사용하지 않고 정규분포의 유의확률을 계산하기 위한 함수 pnorm() 함수를 이용하여 다음과 같이 검정할 수도 있다.

```
> p0 <- 0.05; n <- 100
> phat=0.08
> var=p0*(1-p0)/n
> z<-(phat-p0)/sqrt(var)
> z
[1] 1.376494
> p.value <- 2*(1-pnorm(z))
> p.value
[1] 0.1686686
```

연습문제

01 통계에 의하면 첫 만남에서 결혼까지의 기간은 평균 8개월 정도인 것으로 알려져 있다. G 대학교의 L 교수는 요즘 젊은 세대들은 너무 쉽게 결혼하는 것 같아 연애 기간이 종전보다는 짧아졌다고 주장하고 있다. 이를 확인하기 위해 8명을 뽑아 조사한 자료는 다음과 같다(단위: 개월). L 교수의 주장이 맞는지 유의수준 5%에서 검정하라. 단, 소요시간은 정규분포를 따른다고 가정한다.

10, 7, 7, 5, 5, 6, 6, 10

02 A 은행 본점 신입사원들이 1,000원짜리 지폐 한 묶음(100장)을 세는 데 소요되는 시간은 평균 30초, 표준편차 4초인 정규분포를 따른다고 한다. A 은행 지점의 신입사원과 본점의 신입사원이 돈을 세는 데 걸리는 시간이 다른지 알아보기 위해 지점의 신입사원 9명을 뽑아 조사한 결과가 다음과 같다(단위: 초). 과연 A 은행 지점의 신입사원들이 돈을 세는 데 걸리는 소요시간이 평균 30초인지 유의수준 10%에서 검정하라.

28, 35, 36, 25, 28, 32, 30, 30, 35

03 우리나라 성인 1년 평균 독서량은 11.9권에 불과해 OECD 국가 중 최하위에 속하는 것으로 알려져 있다. 심지어 성인의 25%는 1년에 책 한 권도 읽지 않는 것으로 알려져 있다. 최근 경기 사정이 다소 호전되어 종전보다 여유를 찾는 사람들이 늘어나면서 독서량이 늘어났는지 확인하기 위해 30명을 뽑아 조사한 자료는 다음과 같다(단위: 권). 과연 종전보다 독서량이 늘어났다고 할 수 있는지 유의수준 5%에서 검정하라.

10, 0, 10, 20, 15, 12, 12, 8, 10, 15, 1, 25, 30, 0, 0,
14, 16, 15, 17, 15, 12, 15, 18, 0, 14, 24, 12, 12, 20, 9

04 우리나라 성인 1인당 이동전화 월평균 요금은 40,000원 선으로 알려져 있다. 최근 스마트폰 이용자의 증가로 종전보다 요금을 더 많이 냈을 것으로 예상하고 있다. 이를 확인하기 위해 20명을 뽑아 조사한 자료는 다음과 같다(단위: 천원). 이 자료로부터 최근 성인들이 월평균 요금을 종전보다 많이 내고 있는지 유의수준 5%에서 검정하라. 단, 모집단은 정규분포를 따른다고 가정한다.

48, 37, 55, 65, 27, 30, 40, 50, 36, 55,
44, 37, 35, 65, 32, 56, 58, 60, 70, 65

05 우리나라 여성의 평균 몸무게는 59 kg인 것으로 알려져 있다. L 교수는 많은 여성이 다이어트 실패로 인해 평균 몸무게는 59 kg 이상이라고 주장하고 있다. 이를 확인하기 위해 임의로 10명을 뽑아 조사한 자료이다(단위: kg). L 교수의 주장이 맞는지 유의수준 5%에서 검정하라. 단, 모집단은 정규분포를 따른다고 가정한다.

60, 65, 60, 60, 65, 60, 65, 60, 60, 65

06 우리나라 여성의 평균 몸무게는 59 kg인 것으로 알려져 있다. 최근 다이어트에 대한 관심이 높아지면서 평균 몸무게도 줄어들 것으로 기대하고 있다. 다음은 이를 확인하기 위해 30명을 뽑아 조사한 자료이다 (단위: kg). 이 자료로부터 여성의 평균 몸무게가 줄었다고 할 수 있는지 유의수준 5%에서 검정하라.

55, 56, 54, 59, 59, 45, 58, 59, 58, 52, 52, 55, 45, 65, 59,
46, 62, 55, 59, 56, 68, 58, 59, 64, 47, 55, 59, 58, 57, 64

07 어떤 공장의 제품은 불량률이 2.5%이다. 최근 어떤 공장에서 제조된 제품 중에서 100개의 표본을 뽑아 검사한 결과 2개의 불량품이 나왔다. 이 결과로부터 이 공장의 불량률은 줄어들었다고 볼 수 있는지 유의수준 5%에서 검정하라.

08 지역신문은 이 지역에서 A 정당의 지지도는 40%라는 기사를 실었다. 이 지역의 L 교수는 정당의 지지도는 롤러코스터처럼 하루에도 오르락내리락 반복하기에 이 기사에 대해 불신하고 있다. 이를 확인하기 위해 50명을 뽑아 조사한 결과 25명이 A 정당을 지지하는 것으로 나타났다. 지역신문의 기사에 대한 L 교수의 불신이 타당한지 유의수준 5%에서 검정하라.

8장

두 모집단의 추정

8.1 서론

6장에서는 하나의 모집단에서의 모수에 대한 추정 문제를 다루었다. 이 장에서는 두 모집단에서 모수 간 차이에 대한 추정 문제를 다루고자 한다. 먼저, 두 모집단에서 모평균 차이의 추정에 대해 다룬다. 예를 들면, 도시지역과 농촌지역의 가구당 평균소득 차이, 남자와 여자의 평균혈압 차이, 그리고 남학생과 여학생의 통계학 평균성적의 차이 등을 추정하고자 한다.

두 모집단에서 모평균 차이에 대한 추정은 두 모집단으로부터 추출된 표본이 서로 독립(independent)인 경우와 그렇지 않은 경우에 따라 추정방법이 다르다. 모집단 1과 모집단 2로부터 뽑은 각각의 표본 1과 표본 2가 서로 아무런 관련 없는 경우 표본 1과 표본 2는 독립표본(independent sample)이라 한다. **그림 8.1**은 독립표본을 나타낸다.

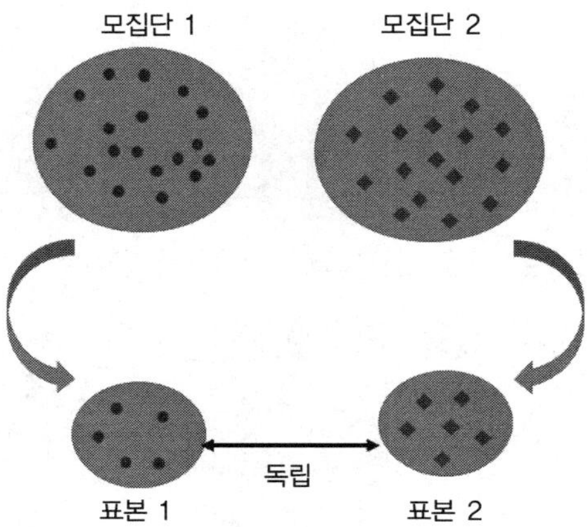

그림 8.1 독립표본

그림 8.1의 표본 1과 표본 2는 독립표본이므로 서로 영향을 끼칠 수 없는 표본이다. 많은 통계분석은 독립표본이라는 가정하에서 진행한다.

두 모집단에서 모평균 차이에 대한 추정 문제에서 독립표본이라는 가정을 만족하지 않는 경우가 종종 있다. 예를 들면, 환자를 대상으로 두 종류의 치료법 A, B에 대해 효과를 알기 위해 각각의 모집단으로부터 환자 10명씩을 임의로 추출하여 치료법 A와 B의 효과를 조사하는 것보다, 각각의 모집단에서 같은 조건의 환자, 예를 들면, 나이와 건강상태가 같은 두 명의 환자를 한 쌍(pair)으로 하여 모두 10쌍에 대하여 치료법 A와 B의 효과를 조사하는 것이 더 효과적일 수 있다. 그 이유는 치료 효과를 제외한 나이와 건강상태와 같은 외생효과(extraneous effect)를 제거할 수 있기 때문이다. 그러나 각 모집단으로부터 동일조건의 표본을 추출하는 것이 현실적으로 어려울 수 있다. 따라서 이 경우 10명의 동일 환자를 대상으로 각각 치료법 A와 B를 적용하여 얻어진 한 쌍(pair)의 표본을 가지고 조사한다. 이렇게 쌍을 이루고 있는 10개의 표본을 대응표본(paired sample)이라 한다. **그림 8.2**는 대응표본을 나타낸다.

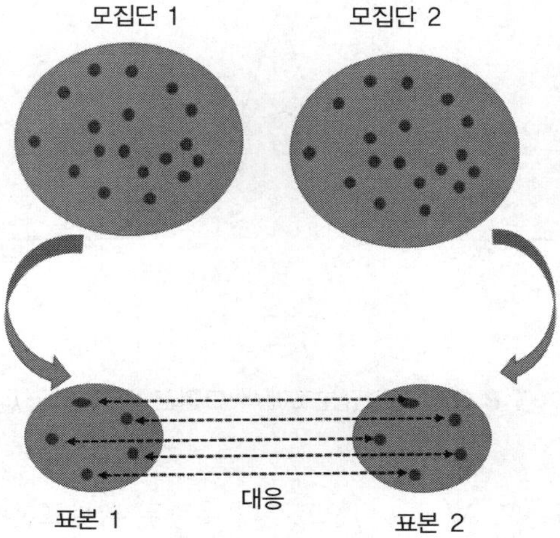

그림 8.2 대응표본

그림 8.2의 5개의 대응표본에서 대응되는 각각의 원소끼리는 일반적으로 서로 독립이 아니다.

우리는 두 모집단에서 모비율 차이의 추정에 대해서도 다룬다. 예를 들면, 흡연자의 폐암 발병비율과 비흡연자의 폐암 발병비율의 차이, 청소년의 흡연율에서 남학생의 흡연율과 여학생의 흡연율의 차이, 두 대의 기계에서 생산되는 제품의 불량률의 차이 등을 추정하고자 한다.

8.2 두 모평균 차이의 추정

(1) 독립표본에 기초한 모평균 차에 대한 추정

① 두 모집단이 정규분포를 따르고 분산이 알려진 경우

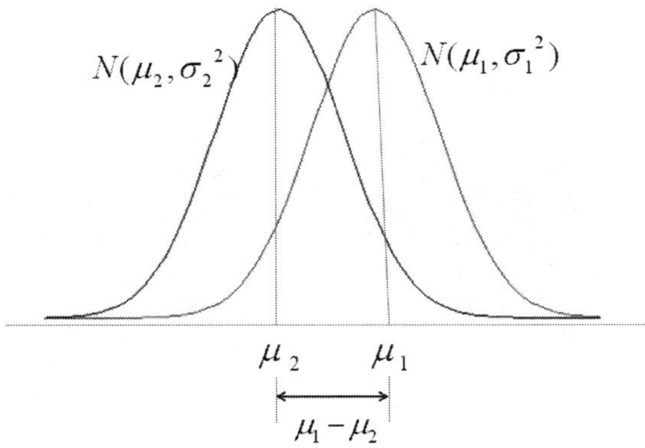

그림 8.3 두 정규분포에서 모평균 차이 $\mu_1-\mu_2$

$X_1, X_2, \cdots, X_m$ 은 정규분포 $N(\mu_1, \sigma_1^2)$ 으로부터 추출된 확률표본이고 $Y_1, Y_2, \cdots, Y_n$ 은 정규분포 $N(\mu_2, \sigma_2^2)$ 으로부터 추출된 확률표본이라 하자. 그리고 $X_1, X_2, \cdots, X_m$ 은 $Y_1, Y_2, \cdots, Y_n$ 과 서로 독립이라 가정한다. **그림 8.3**에서 두 개의 정규분포에서 모평균의 차인 $\mu_1-\mu_2$에 대한 추정문제를 생각해보자. 6장에서 하나의 모평균 μ에 대한 추정에서 점추정량인 표본평균 $\overline{X}$의 분포를 이용하였듯이 두 모평균 차인 $\mu_1-\mu_2$을 추정하는 데 점추정량인 표본평균의 차 $\overline{X}-\overline{Y}$의 분포를 이용하고자 한다. 여기서 $\overline{X}=\frac{1}{m}\sum_{i=1}^{m}X_i$, $\overline{Y}=\frac{1}{n}\sum_{i=1}^{n}Y_i$이다.

두 개의 모집단이 각각 정규분포를 따르는 경우 $\overline{X}-\overline{Y}$의 분포는 다음과 같이 정규분포를 따른다.

$$\overline{X}-\overline{Y}\sim N(\mu_1-\mu_2, \frac{\sigma_1^2}{m}+\frac{\sigma_2^2}{n})$$

이를 표준화하여 얻은 Z-통계량은 다음과 같고 그의 분포는 표준정규분포를 따른다.

$$Z=\frac{(\overline{X}-\overline{Y})-(\mu_1-\mu_2)}{\sqrt{\frac{\sigma_1^2}{m}+\frac{\sigma_2^2}{n}}}\sim N(0,1) \tag{8.1}$$

따라서 $\mu_1 - \mu_2$의 $100(1-\alpha)\%$ 신뢰구간은 Z-통계량의 표준정규분포로부터 면적이 $1-\alpha$가 되도록 다음과 같이 구간을 설정한다.

$$P(-z_{\alpha/2} < Z < z_{\alpha/2}) = 1-\alpha$$

$$P\left(-z_{\alpha/2} < \frac{(\overline{X}-\overline{Y})-(\mu_1-\mu_2)}{\sqrt{\frac{\sigma_1^2}{m}+\frac{\sigma_2^2}{n}}} < z_{\alpha/2}\right) = 1-\alpha$$

$$P\left((\overline{X}-\overline{Y}) - z_{\alpha/2}\sqrt{\frac{\sigma_1^2}{m}+\frac{\sigma_2^2}{n}} < \mu_1-\mu_2 < (\overline{X}-\overline{Y}) + z_{\alpha/2}\sqrt{\frac{\sigma_1^2}{m}+\frac{\sigma_2^2}{n}}\right)$$

고로 $\mu_1 - \mu_2$의 $100(1-\alpha)\%$ 신뢰구간은 다음과 같다.

$$\left((\overline{X}-\overline{Y}) - z_{\alpha/2}\sqrt{\frac{\sigma_1^2}{m}+\frac{\sigma_2^2}{n}},\ (\overline{X}-\overline{Y}) + z_{\alpha/2}\sqrt{\frac{\sigma_1^2}{m}+\frac{\sigma_2^2}{n}}\right)$$

예제 8.1 **정보통계학을 수강하는 정보통계학과 학생과 타 학과 학생들 간의 시험성적을 비교하고자 한다. 두 학과 학생들의 시험성적은 각각 정규분포를 따르며, $\sigma_1^2 = 7.0$이고 $\sigma_2^2 = 9.0$이라고 가정하자. 정보통계학과 학생과 타 학과 학생 각각 10명을 뽑아 시험점수를 조사한 결과 평균성적이 $\overline{x} = 80$이고 $\overline{y} = 75$이었다. 정보통계학과 학생과 타 학과 학생들 간의 평균 시험성적의 차이에 대해 95% 신뢰구간을 구하라.**

풀이 $\alpha = 0.05$에서 $z_{\alpha/2} = z_{0.025} = 1.96$이다. $m = 10$, $\overline{x} = 80$, $\sigma_1^2 = 7.0$이고 $n = 10$, $\overline{y} = 75$, $\sigma_2^2 = 9.0$이다. 따라서, 정보통계학과 학생과 타 학과 학생들 간의 평균 시험성적의 차인 $\mu_1 - \mu_2$의 95% 신뢰구간은 다음과 같다.

$$\left((\overline{x}-\overline{y}) - z_{\alpha/2}\sqrt{\frac{\sigma_1^2}{m}+\frac{\sigma_2^2}{n}},\ (\overline{x}-\overline{y}) + z_{\alpha/2}\sqrt{\frac{\sigma_1^2}{m}+\frac{\sigma_2^2}{n}}\right)$$
$$= \left(80-75-1.96\sqrt{\frac{7.0}{10}+\frac{9.0}{10}},\ 80-75+1.96\sqrt{\frac{7.0}{10}+\frac{9.0}{10}}\right)$$
$$= (2.52, 7.48)$$

■

두 모집단의 분포는 정규분포이고 $\sigma_1^2 = \sigma_2^2 = \sigma^2$, 즉 등분산(equal variance) 가정하에서 $\mu_1 - \mu_2$의 $100(1-\alpha)\%$ 신뢰구간을 구해보자. 이를 위해 $\mu_1 - \mu_2$의 추정량 $\overline{X} - \overline{Y}$의 분포는 다음과 같이 정규분포를 따른다.

$$\overline{X}-\overline{Y} \sim N(\mu_1-\mu_2,\ \sigma^2(\frac{1}{m}+\frac{1}{n}))$$

이를 표준화하여 얻은 Z-통계량은 다음과 같고 그의 분포는 표준정규분포를 따른다.

$$Z=\frac{(\overline{X}-\overline{Y})-(\mu_1-\mu_2)}{\sigma\sqrt{\frac{1}{m}+\frac{1}{n}}} \sim N(0,1) \tag{8.2}$$

식 (8.2)의 표준화확률변수 Z는 식 (8.1)에서 σ_1^2과 σ_2^2 대신 σ^2을 대입하여 얻은 것이다. 따라서 $\mu_1-\mu_2$의 $100(1-\alpha)\%$ 신뢰구간은 Z-통계량의 표준정규분포로부터 면적이 $1-\alpha$가 되도록 다음과 같이 구간을 설정한다.

$$P(-z_{\alpha/2} < Z < z_{\alpha/2}) = 1-\alpha,$$

$$P(-z_{\alpha/2} < \frac{(\overline{X}-\overline{Y})-(\mu_1-\mu_2)}{\sigma\sqrt{\frac{1}{m}+\frac{1}{n}}} < z_{\alpha/2}) = 1-\alpha,$$

$$P((\overline{X}-\overline{Y})-z_{\alpha/2}\times\sigma\sqrt{\frac{1}{m}+\frac{1}{n}} < \mu_1-\mu_2 < (\overline{X}-\overline{Y})+z_{\alpha/2}\times\sigma\sqrt{\frac{1}{m}+\frac{1}{n}}) = 1-\alpha$$

결과로, $\mu_1-\mu_2$의 $100(1-\alpha)\%$ 신뢰구간은 다음과 같다.

$$((\overline{X}-\overline{Y})-z_{\alpha/2}\times\sigma\sqrt{\frac{1}{m}+\frac{1}{n}},\ (\overline{X}-\overline{Y})+z_{\alpha/2}\times\sigma\sqrt{\frac{1}{m}+\frac{1}{n}})$$

예제 8.2 **다음은 통계학을 수강하는 학생들의 시험성적이다. 남학생 성적과 여학생 성적은 정규분포를 따르고 분산은 동일하다고 가정한다. 여기서 $\sigma^2=4$이다.**

남학생	84	80	78	82	80	78	79	82	80
여학생	81	77	80	78	81	80	76		

남학생과 여학생의 평균성적 차이에 대한 점추정값과 99% 신뢰구간을 구하라.

풀이 $\alpha=0.01$에서 $z_{\alpha/2}=z_{0.005}=2.575$이고 $m=9$, $\overline{x}=80.333$이고 $n=7$, $\overline{y}=79$, $\sigma^2=4.0$이다. 따라서, 남학생과 여학생의 평균성적 차 $\mu_1-\mu_2$의 점추정값은 $\overline{x}-\overline{y}=80.333-79=1.333$이고 99% 신뢰구간은 다음과 같다.

$$((\overline{x}-\overline{y})-z_{\alpha/2}\times\sigma\sqrt{\frac{1}{m}+\frac{1}{n}},\ (\overline{x}-\overline{y})+z_{\alpha/2}\times\sigma\sqrt{\frac{1}{m}+\frac{1}{n}})$$

$$=(80.333-79-2.575\times 2\sqrt{\frac{1}{9}+\frac{1}{7}},\ 80.333-79+2.575\times\sqrt{\frac{1}{9}+\frac{1}{7}})$$

$$=(-1.263, 3.929)$$

■

② 두 모집단이 정규분포를 따르고 분산이 알려지지 않는 경우

지금까지는 두 모집단이 정규분포를 따르고 분산이 같다는, 즉 등분산 $\sigma_1^2=\sigma_2^2=\sigma^2$ 가정하에서 σ^2가 알려진 경우 $\mu_1-\mu_2$의 $100(1-\alpha)\%$ 신뢰구간을 구하였다. 두 모평균의 차에 대한 추정 문제에서 일반적으로 모분산 σ^2을 알고 있는 경우보다 모르는 경우가 많다. σ^2을 모르는 경우 σ^2의 추정량으로 다음과 같이 정의된 합동분산(pooled variance) S_p^2을 이용한다.

$$S_p^2=\frac{\sum_{i=1}^{m}(X_i-\overline{X})^2+\sum_{i=1}^{n}(Y_i-\overline{Y})^2}{m+n-2}=\frac{(m-1)S_1^2+(n-1)S_2^2}{m+n-2} \tag{8.3}$$

여기서 S_1^2과 S_2^2는 각각 σ_1^2과 σ_2^2의 추정량으로 다음과 같다.

$$S_1^2=\frac{1}{m-1}\sum_{i=1}^{m}(X_i-\overline{X})^2$$

$$S_2^2=\frac{1}{n-1}\sum_{i=1}^{n}(Y_i-\overline{Y})^2$$

식 (8.3)의 S_p^2을 합동분산이라 한 이유는 두 모집단의 공통분산 σ^2을 추정하는 데 두 모집단의 혼합 표본 즉, 합동자료(pooled data)를 가지고 계산된 표본분산이라는 의미이다. 식 (8.3)의 분자는 첫 번째 표본에서 구한 제곱합(sum of square)과 두 번째 표본에서 구한 제곱합을 더한 것이고 분모는 첫 번째 제곱합의 자유도 $m-1$과 두 번째 제곱합의 자유도 $n-1$을 더한 것이다.

두 모집단이 정규분포를 따르고 분산이 같다는, 즉 $\sigma_1^2=\sigma_2^2=\sigma^2$ 가정하에서 σ^2을 모르는 경우 두 모평균의 차 $\mu_1-\mu_2$의 구간추정을 위한 T-통계량은 식 (8.2)에서 σ 대신 S_p을 대입하여 얻고 그의 분포는 다음과 같다.

$$T = \frac{(\overline{X} - \overline{Y}) - (\mu_1 - \mu_2)}{S_p \sqrt{\frac{1}{m} + \frac{1}{n}}} \sim t(m+n-2) \quad (8.4)$$

여기서 식 (8.4)의 T-통계량은 자유도 $m+n-2$인 t-분포를 갖는다. 따라서, $\mu_1 - \mu_2$의 구간추정은 T-통계량의 t-분포로부터 면적이 $1-\alpha$가 되도록 다음과 같이 구간을 설정한다.

$$P(-t_{\alpha/2}(m+n-2) < T < t_{\alpha/2}(m+n-2)) = 1-\alpha,$$

$$P\left(-t_{\alpha/2}(m+n-2) < \frac{(\overline{X} - \overline{Y}) - (\mu_1 - \mu_2)}{S_p \sqrt{\frac{1}{m} + \frac{1}{n}}} < t_{\alpha/2}(m+n-2)\right) = 1-\alpha,$$

$$P\left((\overline{X} - \overline{Y}) - t_{\alpha/2}(m+n-2) S_p \sqrt{\frac{1}{m} + \frac{1}{n}} < \mu_1 - \mu_2 < (\overline{X} - \overline{Y}) + t_{\alpha/2}(m+n-2) S_p \sqrt{\frac{1}{m} + \frac{1}{n}}\right)$$
$$= 1-\alpha$$

따라서, $\mu_1 - \mu_2$의 $100(1-\alpha)\%$ 신뢰구간은 다음과 같다.

$$\left((\overline{X} - \overline{Y}) - t_{\alpha/2}(m+n-2) S_p \sqrt{\frac{1}{m} + \frac{1}{n}},\ (\overline{X} - \overline{Y}) + t_{\alpha/2}(m+n-2) S_p \sqrt{\frac{1}{m} + \frac{1}{n}}\right)$$

예제 8.3 **다음은 통계학을 수강하는 학생들의 시험성적이다. 남학생 성적과 여학생 성적은 정규분포를 따르고 분산은 동일하다.**

남학생	84	80	78	82	80	78	79	82	80
여학생	81	77	80	78	81	80	76		

남학생과 여학생의 평균성적 차이에 대한 점추청값과 99% 신뢰구간을 구하라.

풀이 $\alpha = 0.01$에서 $t_{\alpha/2}(m+n-2) = t_{0.005}(14) = 2.977$이다. 남학생의 시험점수에 대해 $m = 9$, $\overline{x} = 80.333$, $s_1^2 = 4$이고, 여학생에 대해 $n = 7$, $\overline{y} = 79$, $s_2^2 = 4$이다. $\mu_1 - \mu_2$에 대한 점추정값은 $\overline{x} - \overline{y} = 80.333 - 79 = 1.333$이다. 그리고

$$s_p^2 = \frac{(m-1)s_1^2 + (n-1)s_2^2}{m+n-2} = \frac{(9-1)\times 4 + (7-1)\times 4}{9+7-2} = 4$$

이다.

따라서, $\mu_1 - \mu_2$의 99% 신뢰구간은 다음과 같다.

$$((\overline{x}-\overline{y})-t_{\alpha/2}(m+n-2)s_p\sqrt{\frac{1}{m}+\frac{1}{n}},\ (\overline{x}-\overline{y})+t_{\alpha/2}(m+n-2)s_p\sqrt{\frac{1}{m}+\frac{1}{n}})$$

$$=(80.333-79-2.977\times 2\times\sqrt{\frac{1}{9}+\frac{1}{7}},\ (80.333-79+2.977\times 2\times\sqrt{\frac{1}{9}+\frac{1}{7}})$$

$$=(-1.667, 4.333)$$

■

(2) 대응비교를 이용한 모평균 차의 추정

① 대응표본이 대표본인 경우

지금까지는 두 모집단에서 모평균 차이에 대한 추정에서 두 모집단에서 추출한 표본은 서로 독립이라고 가정하였다. 그러나 두 표본이 독립이 아닌 경우가 흔히 있다. 예를 들어, 일란성 쌍둥이들을 대상으로 실험을 하는 경우 쌍둥이들 간의 연관성 때문에 쌍둥이들로부터 얻어진 표본은 서로 독립이 아니다. 또 다른 예로서, 두 종류의 진통제를 비교하기 위해 동일인에 대해 두 종류의 진통제의 효과를 조사하는 경우에 얻어진 표본들은 서로 독립이 아니다. 이 같은 경우에 적용하는 방법이 바로 대응비교(paired comparison, 쌍체비교)이다. 대응비교는 **표 8.1**과 같이 n개의 쌍이 있는 경우 각 쌍에서 하나의 실험단위를 임의로 선택하여 처리 1을 시행하고 나머지 한 실험단위에는 처리 2를 시행하여 각 쌍에서 얻은 두 반응값의 차이를 가지고 비교하는 방법이다.

표 8.1 대응비교를 위한 자료 구조

쌍	처리 1	처리 2	차이
1	X_1	Y_1	$D_1 = X_1 - Y_1$
2	X_2	Y_2	$D_2 = X_2 - Y_2$
⋮	⋮	⋮	⋮
n	X_n	Y_n	$D_n = X_n - Y_n$

위에서 n개의 쌍 $(X_1, Y_1), (X_2, Y_2), \cdots, (X_n, Y_n)$끼리는 서로 독립이지만 i번째 쌍 X_i와 Y_i는 서로 독립이 아니다. 실제로, X_i와 Y_i는 둘 다 큰 값을 갖든지 아니면 둘 다 작은 값을 가지는 경우가 많다.

$D_i = X_i - Y_i$는 i번째 대응표본의 차이이고, $E(D_i) = \mu_1 - \mu_2$이며 분산 $Var(D_i) = \sigma_D^2$ 일 때의 대응표본의 모평균 차이를 $\delta = \mu_1 - \mu_2$라 하자. δ에 대한 추정은 6장에서 하나의 모집단에서 모평균의 추정과 같이 δ에 대한 점추정량 $\overline{D} = \frac{1}{n}\sum_{i=1}^{n} D_i$와 그의 분포를 이용한다.

대응표본이 대표본인 경우 $\overline{D}$의 분포는 중심극한정리에 의해 다음과 같이 근사적으로 정규분포를 따른다.

$$\overline{D} \quad \dot{\sim} \quad N(\delta, \frac{\sigma_D^2}{n})$$

즉, 표준화하여 얻은 Z-통계량은 다음과 같이 근사적으로 표준정규분포를 따른다.

$$Z = \frac{\overline{D} - \delta}{\sigma_D / \sqrt{n}} \quad \dot{\sim} \quad N(0, 1) \tag{8.5}$$

따라서 하나의 모집단에서의 모평균 추정과 같은 방법을 통해 구한 모평균 δ에 대한 $100(1-\alpha)\%$ 신뢰구간은 식 (8.5)의 Z-통계량의 표준정규분포로부터 다음과 같다.

$$(\overline{D} - z_{\alpha/2}\frac{\sigma_D}{\sqrt{n}},\ \overline{D} + z_{\alpha/2}\frac{\sigma_D}{\sqrt{n}})$$

대응표본의 모분산 σ_D^2이 알려지지 않는 경우 대응표본이 충분히 클 때 표본분산 S_D^2은 모분산 σ_D^2에 근접하기 때문에 모평균 δ에 대한 $100(1-\alpha)\%$ 신뢰구간은 다음과 같다.

$$(\overline{D} - z_{\alpha/2}\frac{S_D}{\sqrt{n}},\ \overline{D} + z_{\alpha/2}\frac{S_D}{\sqrt{n}})$$

여기서 S_D^2은 다음과 같다.

$$S_D^2 = \frac{\sum_{i=1}^{n}(D_i - \overline{D})^2}{n-1}$$

② 대응표본이 소표본인 경우

대응표본이 소표본인 경우를 살펴보자. 대응표본의 차이 D_i의 평균이 $E(D_i) = \delta$이고 분산은 $Var(D_i) = \sigma_D^2$인 정규분포를 따르는 경우 δ에 대한 $100(1-\alpha)\%$ 신뢰구간을 구해보자. 식 (8.5)에서 σ_D대신 S_D을 대입하여 얻은 T-통계량과 그의 분포는 다음과 같다.

$$T = \frac{\overline{D} - \delta}{S_D / \sqrt{n}} \sim t(n-1) \tag{8.6}$$

여기서 T-통계량은 자유도 $n-1$인 $t-$분포를 갖는다.

따라서 모평균 δ에 대한 $100(1-\alpha)\%$ 신뢰구간은 식 (8.6)의 T-통계량의 t-분포로부터 다음과 같다.

$$\left(\overline{D} - t_{\alpha/2}(n-1)\frac{S_D}{\sqrt{n}},\ \overline{D} + t_{\alpha/2}(n-1)\frac{S_D}{\sqrt{n}}\right)$$

예제 8.4 **다이어트 프로그램의 효과를 측정하기 위해 10명을 무작위로 추출하여 프로그램 시작 전과 후의 체중을 조사한 결과가 다음과 같다. 단, 체중은 정규분포를 따른다.**

번호	1	2	3	4	5	6	7	8	9	10
프로그램 전 체중	53	61	52	46	56	58	48	60	58	54
프로그램 후 체중	52	56	50	46	55	55	46	54	57	50

프로그램 시작 전과 후 체중의 차이에 대한 점추정값과 95% 신뢰구간을 구하라.

풀이

번호	1	2	3	4	5	6	7	8	9	10
프로그램 전 체중	53	61	52	46	56	58	48	60	58	54
프로그램 후 체중	52	56	50	46	55	55	46	54	57	50
차이 D_i	1	5	2	0	1	3	2	6	1	4

프로그램 시작 전과 후 체중의 차이 δ에 대한 점추정값은 $\overline{D} = 2.5$이고 $\alpha = 0.05$에서 $t_{\alpha/2}(n-1) = t_{0.025}(9) = 2.262$이고 $s_D = 1.958$이다. 따라서 프로그램 전과 후의 체중 차에 대한 95% 신뢰구간은 다음과 같다.

$$\left(\overline{D} - t_{\alpha/2}(n-1)\frac{s_D}{\sqrt{n}},\ \overline{D} + t_{\alpha/2}(n-1)\frac{s_D}{\sqrt{n}}\right)$$
$$= \left(2.5 - 2.262 \times \frac{1.958}{\sqrt{10}}, 2.5 + 2.262 \times \frac{1.958}{\sqrt{10}}\right)$$
$$= (1.099, 3.901)$$

■

8.3 두 모비율 차이의 추정

모집단 1에서의 비율 p_1과 모집단 2에서의 비율 p_2의 차 $p_1 - p_2$에 대한 추정 문제를 생각하자. 예를 들어, p_1을 정부 정책에 대한 남자의 지지율이라 하고, p_2을 정부 정책에 대한 여자의 지지율이라 할 때 이들 비율의 차 $p_1 - p_2$ 추정에 관심이 있다고 한다. 이를 위해 두 모집단에서 크기가 m과 n인 표본을 선택하고 각 표본에서 정부 정책에 지지하는 사람의 수 X와 Y을 조사한다.

이 경우 정부 정책에 대한 남자의 지지율 p_1은 점추정량인 $\hat{p}_1 = \dfrac{X}{m}$에 의해 추정되고, 정부 정책에 대한 여자의 지지율 p_2는 점추정량인 $\hat{p}_2 = \dfrac{Y}{n}$에 의해 추정된다. 따라서 모비율 p_1과 p_2의 차인 $p_1 - p_2$의 추정은 점추정량 $\hat{p}_1 - \hat{p}_2$에 의해 추정된다. 그리고 $\hat{p}_1 - \hat{p}_2$의 분포가 필요하다. 6장에서, 대표본인 경우 하나의 모집단에서 $\hat{p}_1$과 $\hat{p}_2$는 각각 평균이 $E(\hat{p}_1) = p_1$과 $E(\hat{p}_2) = p_2$이고 분산이 $Var(\hat{p_1}) = p_1(1-p_1)/m$과 $Var(\hat{p}_2) = p_2(1-p_2)/n$인 근사적인 정규분포를 따른다는 것을 알고 있다. 따라서, $\hat{p}_1 - \hat{p}_2$의 분포는 다음과 같이 근사적으로 정규분포를 따른다.

$$\hat{p}_1 - \hat{p}_2 \ \dot{\sim} \ N(p_1 - p_2, \frac{p_1(1-p_1)}{m} + \frac{p_2(1-p_2)}{n}) \tag{8.7}$$

두 모집단으로부터 뽑은 표본이 독립표본이면 $\hat{p}_1$과 $\hat{p}_2$도 독립이기 때문에 $Var(\hat{p}_1 - \hat{p}_2)$은 $Var(\hat{p}_1 - \hat{p}_2) = p_1(1-p_1)/m + p_2(1-p_2)/n$이다.

식 (8.7)을 표준화하여 얻어진 Z-통계량과 그의 분포는 다음과 같다.

$$Z = \frac{(\hat{p}_1 - \hat{p}_2) - (p_1 - p_2)}{\sqrt{\dfrac{p_1(1-p_1)}{m} + \dfrac{p_2(1-p_2)}{n}}} \ \dot{\sim} \ N(0,1)$$

여기서는 대표본 조건을 만족하기 위하여 $m\hat{p}_1 \geq 5$, $m(1-\hat{p}_1) \geq 5$, $n\hat{p}_2 \geq 5$, $n(1-\hat{p}_2) \geq 5$을 만족해야한다.

한편, $Var(\hat{p}_1 - \hat{p}_2) = p_1(1-p_1)/m + p_2(1-p_2)/n$에서 p_1과 p_2을 모르는 경우, $\hat{p}_1$과 $\hat{p}_2$을 사용하여 얻은 $Var(\hat{p}_1 - \hat{p}_2)$의 추정량 $\widehat{Var}(\hat{p}_1 - \hat{p}_2)$은 다음과 같다.

$$\widehat{Var}(\hat{p}_1 - \hat{p}_2) = \frac{\hat{p}_1(1-\hat{p}_1)}{m} + \frac{\hat{p}_2(1-\hat{p}_2)}{n}$$

따라서

$$Z = \frac{(\hat{p}_1 - \hat{p}_2) - (p_1 - p_2)}{\sqrt{\widehat{Var}(\hat{p}_1 - \hat{p}_2)}} = \frac{(\hat{p}_1 - \hat{p}_2) - (p_1 - p_2)}{\sqrt{\frac{\hat{p}_1(1-\hat{p}_1)}{m} + \frac{\hat{p}_2(1-\hat{p}_2)}{n}}} \; \dot{\sim} \; N(0, 1) \qquad (8.8)$$

따라서 모비율 차인 $p_1 - p_2$의 $100(1-\alpha)\%$ 신뢰구간은 식 (8.8)의 Z-통계량의 표준정규분포로부터 면적이 $1-\alpha$가 되도록 다음과 같이 구간을 설정한다.

$$P(-z_{\alpha/2} < Z < z_{\alpha/2}) = 1-\alpha,$$

$$P\left(-z_{\alpha/2} < \frac{(\hat{p}_1 - \hat{p}_2) - (p_1 - p_2)}{\sqrt{\frac{\hat{p}_1(1-\hat{p}_1)}{m} + \frac{\hat{p}_2(1-\hat{p}_2)}{n}}} < z_{\alpha/2}\right) = 1-\alpha,$$

$$P\left((\hat{p}_1 - \hat{p}_2) - z_{\alpha/2}\sqrt{\frac{\hat{p}_1(1-\hat{p}_1)}{m} + \frac{\hat{p}_2(1-\hat{p}_2)}{n}} < p_1 - p_2 < (\hat{p}_1 - \hat{p}_2) + z_{\alpha/2}\sqrt{\frac{\hat{p}_1(1-\hat{p}_1)}{m} + \frac{\hat{p}_2(1-\hat{p}_2)}{n}}\right) = 1-\alpha$$

고로 모비율 차인 $p_1 - p_2$의 $100(1-\alpha)\%$ 신뢰구간은 다음과 같다.

$$\left((\hat{p}_1 - \hat{p}_2) - z_{\alpha/2}\sqrt{\frac{\hat{p}_1(1-\hat{p}_1)}{m} + \frac{\hat{p}_2(1-\hat{p}_2)}{n}},\ (\hat{p}_1 - \hat{p}_2) + z_{\alpha/2}\sqrt{\frac{\hat{p}_1(1-\hat{p}_1)}{m} + \frac{\hat{p}_2(1-\hat{p}_2)}{n}}\right)$$

예제 8.5 **정부 정책에 대해 남자와 여자 각각 100명을 상대로 찬성 여부를 조사한 결과가 다음과 같다.**

	표본의 크기	지지
남자	100	70
여자	100	55

정부 정책에 대한 남자와 여자의 지지율 차이 $p_1 - p_2$에 대한 점추정값과 95% 신뢰구간을 구하라.

풀이 남자의 지지율을 p_1, 여자의 지지율을 p_2라 할 때 $\hat{p}_1 = \frac{70}{100} = 0.70$이고 $\hat{p}_2 = \frac{55}{100} = 0.55$이다. $p_1 - p_2$에 대한 점추정값은 $\hat{p}_1 - \hat{p}_2 = 0.70 - 0.55 = 0.15$이다.

$\alpha = 0.05$에서 $z_{\alpha/2} = z_{0.025} = 1.96$이다. 따라서, $p_1 - p_2$에 대한 95% 신뢰구간은 다음과 같다.

$$
\begin{aligned}
&\left((\hat{p}_1 - \hat{p}_2) - z_{\alpha/2}\sqrt{\frac{\hat{p}_1(1-\hat{p}_1)}{m} + \frac{\hat{p}_2(1-\hat{p}_2)}{n}},\ (\hat{p}_1 - \hat{p}_2) + z_{\alpha/2}\sqrt{\frac{\hat{p}_1(1-\hat{p}_1)}{m} + \frac{\hat{p}_2(1-\hat{p}_2)}{n}}\right) \\
&= \left((0.70 - 0.55) - 1.96 \times \sqrt{\frac{0.70(1-0.70)}{100} + \frac{0.55(1-0.55)}{100}},\right. \\
&\qquad \left.(0.70 - 0.55) + 1.96 \times \sqrt{\frac{0.70(1-0.70)}{100} + \frac{0.55(1-0.55)}{100}}\right) \\
&= (0.0174, 0.2826)
\end{aligned}
$$

■

8.4 R을 이용한 실습

(1) 신뢰구간 공식으로부터 신뢰구간 구하기

예제 8.6 예제 8.1에 대해 R을 이용하여 $\mu_1 - \mu_2$의 95% 신뢰구간을 구하라.

```
> # Set sample mean and sample size
> xbar <- 80; ybar <- 75;
> m <- 10;n <- 10
> # Set known variances
> var1 <- 7.0; var2 <- 9.0
> alpha <- 0.05
> # Calculate confidence interval
> LCL <- (xbar-ybar)-qnorm(1-alpha/2)*sqrt(var1/m +var2/n)
> UCL <- (xbar-ybar)+qnorm(1-alpha/2)*sqrt(var1/m +var2/n)
> LCL
[1] 2.52082
> UCL
[1] 7.47918
```

위 결과로부터 $\mu_1 - \mu_2$의 95% 신뢰구간은 (2.52082, 7.47918)이다.

예제 8.7 **예제 8.2에 대해 R을 이용하여 $\mu_1 - \mu_2$의 99% 신뢰구간을 구하라.**

```
> x <- c(84, 80, 78, 82, 80, 78, 79, 82, 80)
> y <- c(81, 77, 80, 78, 81, 80, 76)
> m <- length(x)
> n <- length(y)
> mean(x)
[1] 80.33333
> mean(y)
[1] 79
> sigma <- 2.0
> alpha <- 0.01
> LCL <-(mean(x)-mean(y)) -qnorm(1-alpha/2)*sigma*sqrt(1/m+1/n)
> UCL <-(mean(x)-mean(y))+ qnorm(1-alpha/2)*sigma*sqrt(1/m+1/n)
> LCL
[1] -1.262859
> UCL
[1] 3.929525
```

위 결과로부터 $\mu_1 - \mu_2$의 99% 신뢰구간은 $(-1.262859, 3.929525)$이다.

예제 8.8 **예제 8.3에 대해 R을 이용하여 $\mu_1 - \mu_2$의 95% 신뢰구간을 구하라.**

```
> x <- c(84, 80, 78, 82, 80, 78, 79, 82, 80)
> y <- c(81, 77, 80, 78, 81, 80, 76)
> m <- length(x)
> n <- length(y)
>
> df <- m+n-2
> pooled_variance <- ((m-1)*var(x)+(n-1)*var(y))/df
> s_p <- sqrt(pooled_variance)
```

```
> alpha <- 0.01
>
> LCL <-(mean(x)-mean(y)) - qt(1-alpha/2, df)*s_p*sqrt(1/m+1/n)
> UCL <-(mean(x)-mean(y)) + qt(1-alpha/2, df)*s_p*sqrt(1/m+1/n)
> LCL
[1] -1.667042
> UCL
[1] 4.333709
```

위 결과로부터 $\mu_1 - \mu_2$의 95% 신뢰구간은 $(-1.667042,\ 4.333709)$이다.

예제 8.9 **예제 8.4에서 R을 이용하여 δ의 95% 신뢰구간을 구하라.**

```
> x <- c( 53,  61,  52,  46,  56,  58,  48,  60,  58,  54)
> y <- c( 52,  56,  50,  46,  55,  55,  46,  54,  57,  50)
> D <- x-y
> n <- length(D)
> alpha <- 0.05
> LCL <- mean(D)-qt(1-alpha/2, n-1)*sd(D)/sqrt(n)
> UCL <- mean(D)+qt(1-alpha/2, n-1)*sd(D)/sqrt(n)
> LCL
[1] 1.099410
> UCL
[1] 3.90059
```

위 결과로부터 δ의 95% 신뢰구간은 (1.099410, 3.90059)이다.

예제 8.10 예제 8.5에서 R을 이용하여 $p_1 - p_2$의 95% 신뢰구간을 구하라.

```
> p1=70/100
> p2=55/100
> alpha <- 0.05
> LCL <-(p1-p2) -qnorm(1-alpha/2)*sqrt(p1*(1-p1)/100 + p2*(1-p2)/100)
> UCL <-(p1-p2)+ qnorm(1-alpha/2)*sqrt(p1*(1-p1)/100 + p2*(1-p2)/100)
> LCL
[1] 0.01743049
> UCL
[1] 0.2825695
```

위 결과로부터 $p_1 - p_2$의 95% 신뢰구간은 (0.01743049, 0.2825695)이다.

(2) R의 함수를 이용 신뢰구간 구하기

◘ z.test() 함수

R에서 두 모평균에 대한 차이 추정을 위한 Z-통계량의 z.test() 함수의 사용형식은 다음과 같다.

```
z.test(x, y, sigma.x, sigma.y, conf.level)
```

- x, y: 데이터
- sigma.x: 모집단 1의 표준편차를 지정한다.
- sigma.y: 모집단 2의 표준편차를 지정한다.
- conf.level: 신뢰수준에 대한 인수이며, 95% 신뢰수준인 경우 $\alpha = 0.05$이고 이 경우 conf.level=0.95로 지정한다.

예제 8.11 예제 8.2에 대해 z.test() 함수를 이용하여 $\mu_1 - \mu_2$의 99% 신뢰구간을 구하라.

```
>install.packages("BSDA")
>library(BSDA)
> x <- c(84, 80, 78, 82, 80, 78, 79, 82, 80)
> y <- c(81, 77, 80, 78, 81, 80, 76)
> z.test(x,sigma.x=2,y, sigma.y=2,conf.level=0.99)

       Two-sample z-Test

data:  x and y
z = 1.3229, p-value = 0.1859
alternative hypothesis: true difference in means is not equal to 0
99 percent confidence interval:
 -1.262859  3.929525
sample estimates:
mean of x mean of y
 80.33333  79.00000
```

위 결과로부터 $\mu_1 - \mu_2$의 99% 신뢰구간은 $(-1.262859,\ 3.929525)$이다.

t.test() 함수

R에서 두 모평균에 대한 차이 추정을 위한 t.test() 함수의 사용형식은 다음과 같다.

```
t.test(x, y, paired, var.equal, conf.level)
```

- x, y: 데이터
- paired: 대응비교에 대한 인수이고 대응비교이면 paired =TRUE를 지정한다.
- var.equal: 두 모집단의 등분산(equal variance)에 대한 인수이고 등분산을 가정하는 경우 var.equal = TRUE을 지정한다.
- conf.level: 신뢰수준에 대한 인수이며, 95% 신뢰수준인 경우 $\alpha = 0.05$이고 이 경우 conf.level=0.95로 지정한다.

예제 8.12 예제 8.3에 대해 t.test() 함수를 이용하여 $\mu_1 - \mu_2$의 99% 신뢰구간을 구하라.

```
> x <- c(84, 80, 78, 82, 80, 78, 79, 82, 80)
> y <- c(81, 77, 80, 78, 81, 80, 76)
> t.test(x,y, paired=FALSE, var.equal=TRUE,conf.level=0.99 )

	Two Sample t-test

data:  x and y
t = 1.3229, df = 14, p-value = 0.2071
alternative hypothesis: true difference in means is not equal to 0
99 percent confidence interval:
 -1.667042  4.333709
sample estimates:
mean of x mean of y
 80.33333  79.00000
```

위 결과로부터 $\mu_1 - \mu_2$의 99% 신뢰구간은 $(-1.667042,\ 4.333709)$이다.

예제 8.13 예제 8.4에 대해 t.test() 함수를 이용하여 $\mu_1 - \mu_2$의 95% 신뢰구간을 구하라.

```
> x <- c( 53,   61,   52,   46,   56,   58,   48,   60,   58,   54)
> y <- c( 52,   56,   50,   46,   55,   55,   46,   54,   57,   50)
> t.test(x,y, paired=TRUE, var.equal=FALSE,conf.level=0.95 )

	Paired t-test

data:  x and y
t = 4.0379, df = 9, p-value = 0.002938
alternative hypothesis: true difference in means is not equal to 0
95 percent confidence interval:
 1.09941 3.90059
sample estimates:
mean of the differences
                    2.5
```

위 결과로부터 $\mu_1 - \mu_2$의 95% 신뢰구간은 (1.09941, 3.90059)이다.

• prop.test() 함수

R에서 모집단에서 모비율 차에 대한 prop.test() 함수의 사용형식은 다음과 같다.

```
prop.test(c(X, Y), c(m,n), correct=TRUE)
```

◦ $c(X, Y)$: 각 모집단에서 성공의 횟수

◦ $c(m, n)$: 각 모집단에서 뽑은 표본의 크기이다.

◦ correct: 연속 수정항(continuity correction) 사용여부를 묻는 인수이고 디폴트는 연속 수정항을 사용하는 경우이고 이 경우 TRUE이다. 만약 연속 수정항을 사용하지 않는 경우 FALSE로 지정한다.

예제 8.14 **예제 8.5에서 prop.test() 함수를 이용하여 $p_1 - p_2$의 95% 신뢰구간을 구하라.**

```
> prop.test(c(70,55), c(100,100), correct=FALSE)

        2-sample test for equality of proportions without continuity
        correction

data:  c(70, 55) out of c(100, 100)
X-squared = 4.8, df = 1, p-value = 0.02846
alternative hypothesis: two.sided
95 percent confidence interval:
 0.01743049 0.28256951
sample estimates:
prop 1 prop 2 
  0.70   0.55 
```

위 결과로부터 $p_1 - p_2$의 95% 신뢰구간은 (0.01743049, 0.28256951)이다.

이론적 배경

01 $X_1, X_2, \cdots, X_m \sim N(\mu_1, \sigma_1^2)$, $Y_1, Y_2, \cdots, Y_n \sim N(\mu_2, \sigma_2^2)$이고 $X_1, X_2, \cdots, X_m$와 $Y_1, Y_2, \cdots, Y_n$은 서로 독립이라 하자. $\overline{X} - \overline{Y}$의 평균과 분산은 다음과 같다.

$$E(\overline{X} - \overline{Y}) = \mu_1 - \mu_2,\ Var(\overline{X} - \overline{Y}) = \frac{\sigma_1^2}{m} + \frac{\sigma_2^2}{n}$$

풀이 $$E(\overline{X} - \overline{Y}) = E\left(\frac{1}{m}\sum_{i=1}^{m} X_i - \frac{1}{n}\sum_{i=1}^{n} Y_i\right) = \frac{1}{m}\sum_{i=1}^{m} E(X_i) - \frac{1}{n}\sum_{i=1}^{n} E(Y_i)$$
$$= \frac{1}{m} m\mu_1 - \frac{1}{n} n\mu_2 = \mu_1 - \mu_2$$
$$Var(\overline{X} - \overline{Y}) = Var(\overline{X}) - 2Cov(\overline{X}, \overline{Y}) + Var(\overline{Y})$$

여기서 $Cov(\overline{X}, \overline{Y}) = 0$임을 밝히자.

$$Cov(\overline{X}, \overline{Y}) = Cov\left(\frac{1}{m}\sum_{i=1}^{m} X_i, \frac{1}{n}\sum_{i=1}^{n} Y_i\right) = \frac{1}{m}\frac{1}{n}\sum_{i=1}^{m}\sum_{i=1}^{n} Cov(X_i, Y_i)$$

X_i와 Y_i는 독립이므로 $Cov(X_i, Y_i) = 0$이다. 고로 $Cov(\overline{X}, \overline{Y}) = 0$이다.

따라서, $Var(\overline{X} - \overline{Y}) = Var(\overline{X}) + Var(\overline{Y}) = \dfrac{\sigma_1^2}{m} + \dfrac{\sigma_2^2}{n}$.

02 모집단 1에서 추출한 m개의 표본에서 특정한 속성을 갖는 것의 개수를 X라 하고 모집단 2에서 추출한 n개의 표본에서 특정한 속성을 갖는 것의 개수를 Y라 할 때 $\hat{p}_1 - \hat{p}_2$의 평균과 분산은 다음과 같다.

$$E(\hat{p}_1 - \hat{p}_2) = p_1 - p_2,\ Var(\hat{p}_1 - \hat{p}_2) = \frac{p_1(1-p_1)}{m} + \frac{p_2(1-p_2)}{n}$$

풀이 $X \sim B(m, p_1)$이고 $Y \sim B(n, p_2)$이므로 $E(X) = mp_1$, $Var(X) = mp_1(1-p_1)$이고 $E(Y) = np_2$, $Var(Y) = np_2(1-p_2)$이다.

따라서, $E(\hat{p}_1 - \hat{p}_2) = E\left(\dfrac{X}{m} - \dfrac{Y}{n}\right) = \dfrac{1}{m}E(X) - \dfrac{1}{n}E(Y) = p_1 - p_2$이고,

$Var(\hat{p}_1 - \hat{p}_2) = Var(\hat{p}_1) - 2Cov(\hat{p}_1, \hat{p}_2) + Var(\hat{p}_2)$이다.

여기서 $Cov(\hat{p}_1, \hat{p}_2) = 0$임을 밝히자.

$$Cov(\hat{p}_1, \hat{p}_2) = Cov(\frac{X}{m}, \frac{Y}{n}) = \frac{1}{m}\frac{1}{n}Cov(X, Y)$$

X와 Y는 독립이므로 $Cov(X, Y) = 0$이다. 고로 $Cov(\hat{p}_1, \hat{p}_2) = 0$이다. 따라서,

$$\begin{aligned} Var(\hat{p}_1, \hat{p}_2) &= Var(\hat{p}_1) + Var(\hat{p}_2) \\ &= Var(\frac{X}{m}) + Var(\frac{Y}{n}) \\ &= \frac{1}{m^2}Var(X) + \frac{1}{n^2}Var(Y) \\ &= \frac{p_1(1-p_1)}{m} + \frac{p_2(1-p_2)}{n} \end{aligned}$$

연습문제

01 고등학교 문과 학생의 국어 10과목의 평균은 73점이고 표준편차는 10점이다. 이과 학생의 국어 8과목의 평균은 68점이고 표준편차는 12점이다. 문과와 이과 간 평균 국어성적의 차이에 대한 95% 신뢰구간을 구하라. 여기서 국어성적은 정규분포를 따른다고 가정한다.

02 고등학교 문과 학생과 이과 학생의 국어성적의 차이를 알아보기 위해 50명의 문과 학생과 75명의 이과 학생을 임의로 뽑아 조사하였다. 뽑힌 문과 학생의 성적은 평균 82, 표준편차는 8이고 이과 학생의 성적은 평균 76, 표준편차는 6으로 조사되었다. 문과학생과 이과 학생의 국어성적의 평균 차이의 95% 신뢰구간을 구하라.

03 두 개의 걸그룹 멤버 간의 키를 비교하기 위해 다음의 자료를 얻었다. 단, 아래 자료는 정규분포를 따르고 분산이 같다고 가정한다. 여기서 $\sigma^2 = 4$이다.

W 그룹	165	166	165	162	163				
S 그룹	168	166	170	167	160	162	158	163	158

두 그룹 간 키의 차이에 대한 점추정값과 95% 신뢰구간을 구하라.

04 두 개의 걸그룹 멤버 간의 키를 비교하기 위해 다음의 자료를 얻었다. 단, 아래 자료는 정규분포를 따르고 분산이 같다고 가정한다.

W 그룹	165	166	168	162	168				
S 그룹	160	166	165	167	162	162	163	162	160

두 그룹 간 키의 차이에 대한 점추정값과 99% 신뢰구간을 구하라.

05 두 개의 걸그룹 멤버 간의 BMI(Body Mass Index: 체질량지수)를 비교하기 위해 다음의 자료를 얻었다. 단, 아래 자료는 정규분포를 따르고 분산이 같다고 가정한다.

W 그룹	15.79	15.60	17.26	17.15	16.94				
S 그룹	15.94	16.33	15.92	16.14	17.19	17.53	18.03	16.94	18.03

두 그룹 간 BMI의 차이에 대한 점추정값과 90% 신뢰구간을 구하라.

06 두 개의 걸그룹 멤버 간의 BMI(Body Mass Index: 체질량지수)를 비교하기 위해 다음의 자료를 얻었다. 단, 아래 자료는 정규분포를 따르고 분산이 같다고 가정한다. 여기서 $\sigma^2 = 6.5$ 이다.

W 그룹	15.94	16.33	15.92	16.14	17.19	17.53	18.03	16.94	18.03
S 그룹	15.79	15.60	17.26	17.15	16.94				

두 그룹 간 BMI의 차이에 대한 점추정값과 90% 신뢰구간을 구하라.

07 2주 동안 몸무게를 평균 3kg을 뺄 수 있다는 주장하는 새로운 다이어트 방법이 있다. 다음은 이 다이어트 방법에 참여한 7명의 여성의 몸무게에 대한 기록이다. 단, 몸무게는 정규분포를 따른다.

다이어트 전의 몸무게	59	60	62	69	64	63	57
다이어트 후의 몸무게	60	54	58	62	58	59	54

다이어트 전과 후의 몸무게의 평균의 차이에 대한 점추정값과 95% 신뢰구간을 구하라.

08 10명의 학생들을 무작위로 추출하여 대면 수업과 비대면 수업 후에 시험결과로 다음과 같은 시험성적을 얻었다. 단, 시험성적은 정규분포를 따른다고 가정한다.

대면수업	90	93	80	83	97	82	81	70	76	71
비대면 수업	87	92	75	84	95	77	80	65	71	73

대면 수업과 비대면 수업에서 평균 시험성적 차이에 대한 점추정값과 95% 신뢰구간을 구하라.

09 우리나라 청소년들의 흡연율에서 남학생과 여학생의 차이를 보기 위해 남녀 각각 100명씩을 뽑아 조사한 결과 남학생의 경우 흡연자가 9명, 여학생의 경우 흡연자가 4명으로 조사되었다. 남학생과 여학생의 흡연율 차이에 대한 점추정값과 95% 신뢰구간을 구하라.

10 1년 전에 G 대학에서 200명을 대상으로 다음과 같은 설문을 수행하였다.

설문 문항 : 당신은 연애를 해본 적이 있습니까?

1년이 지난 오늘 같은 장소에서 200명을 대상으로 똑같은 설문을 수행하였더니 1년 전에는 200명 중에서 90명이 "예"라고 답하였고 오늘 설문에서는 100명이 "예"라고 답하였다. 1년 전과 후에 "예"라고 답한 비율에 대하여 점추정값을 구하고, 이 결과를 가지고 연애해본 사람이 1년 전에 비해 어느 정도 늘었는지에 대해 95% 신뢰구간을 구하라.

9장

두 모집단의 가설검정

9.1 서론

7장에서는 하나의 모집단에서 모수에 대한 검정 문제를 다루었다. 이 장에서는 두 모집단에서 모수들 간 차이에 대한 검정 문제를 다루고자 한다. 먼저, 두 모집단에서 모평균 차이의 검정에 대해 다룬다. 예를 들면, 도시지역과 농촌지역의 가구당 평균소득 차이, 남자와 여자의 평균혈압 차이, 그리고 남학생과 여학생의 통계학 평균성적의 차이 등을 검정하고자 한다.

두 모집단에서 모평균 차이에 대한 검정은 두 모집단으로부터 추출된 표본이 서로 독립(independent)인 경우와 그렇지 않은 경우에 따라 그 방법이 다르다. 각각의 모집단으로부터 뽑은 표본이 서로 아무런 관련 없는 경우 이들 표본은 독립표본(independent sample)이라 한다. 많은 통계분석은 독립표본이라는 가정하에서 분석한다.

두 모집단에서 모평균 차이에 대한 검정 문제에서 독립표본이라는 가정을 만족하지 않는 경우가 허다하다. 예를 들면, 고혈압 환자를 대상으로 약품 A와 B의 효과를 알아보기 위해 두 모집단에서 환자 상태가 같은 표본을 추출하여 약품 A와 B의 복용 후의 효과에 대해 얻어진 한 쌍(pair)의 자료, 즉 대응표본(paired sample)에서 대응되는 원소들은 일반적으로 독립이 아니다. 또 다른 예로서 고혈압 환자를 대상으로 새로 개발한 약품이 효과가 있는지 알아보기 위해 동일 고혈압 환자를 대상으로 약품 복용 전과 복용 후 혈압을 측정하여 얻어진 한 쌍(pair)의 자료, 즉 대응표본(paired sample)에서 대응되는 원소 또한 독립이 아니다. 이 경우 두 모집단의 차이에 대한 검정은 대응비교(paired comparison)를 이용하여 검정한다.

우리는 두 모집단에서 모비율 차이의 검정에 대해서도 다룬다. 예를 들면, 흡연자의 폐암 발병비율과 비흡연자의 폐암 발병비율의 차이, 청소년의 흡연율에서 남학생의 흡연율과 여학생의 흡연율의 차이, 두 대의 기계에서 생산되는 제품의 불량률의 차이 등을 검정하고자 한다.

9.2 두 모평균 차이의 검정

(1) 독립표본에 기초한 모평균 차에 대한 검정

① 두 모집단이 정규분포를 따르고 분산이 알려진 경우

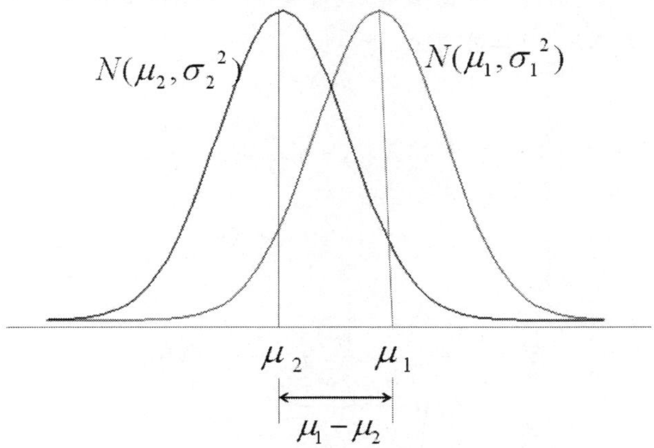

그림 9.1 두 정규분포에서 모평균 차이 $\mu_1 - \mu_2$

하나의 모집단이 정규분포 $N(\mu_1, \sigma_1^2)$를 따르고, 이 분포로부터 추출된 m개의 확률표본을 $X_1, X_2, \cdots, X_m$이라고 하자. 또 하나의 모집단이 정규분포 $N(\mu_2, \sigma_2^2)$를 따르고, 이 분포로부터 추출된 n개의 확률표본을 $Y_1, Y_2, \cdots, Y_n$이라고 하자. 이때 $X_1, X_2, \cdots, X_m$과 $Y_1, Y_2, \cdots, Y_n$은 서로 독립이라 가정한다. **그림 9.1**에서 두 모평균의 차인 $\mu_1 - \mu_2$에 대해 검정하기 위해 다음과 같이 세 가지 가설을 세울 수 있다.

(i) $H_0 : \mu_1 = \mu_2 \quad H_1 : \mu_1 > \mu_2$
(ii) $H_0 : \mu_1 = \mu_2 \quad H_1 : \mu_1 < \mu_2$
(iii) $H_0 : \mu_1 = \mu_2 \quad H_1 : \mu_1 \neq \mu_2$

위의 가설과 똑같은 가설을 다음과 같이 세울 수도 있다.

(i) $H_0 : \mu_1 - \mu_2 = 0 \quad H_1 : \mu_1 - \mu_2 > 0$
(ii) $H_0 : \mu_1 - \mu_2 = 0 \quad H_1 : \mu_1 - \mu_2 < 0$
(iii) $H_0 : \mu_1 - \mu_2 = 0 \quad H_1 : \mu_1 - \mu_2 \neq 0$

7장의 하나의 모평균 μ에 대한 검정에서, 모평균 μ의 점추정량인 표본평균 $\overline{X}$을 가지고 검정하였듯이 두 모평균의 차인 $\mu_1 - \mu_2$에 대한 검정에서도 점추정량인 표본평균의 차 $\overline{X} - \overline{Y}$을 가지고 검정한다. 여기서 $\overline{X} = \frac{1}{m}\sum_{i=1}^{m} X_i$, $\overline{Y} = \frac{1}{n}\sum_{i=1}^{n} Y_i$이다.

두 모평균의 차인 $\mu_1 - \mu_2$에 대한 검정을 위해 두 개의 모집단이 각각 정규분포를 따르는 경우 $\overline{X} - \overline{Y}$의 분포는 다음과 같다.

$$\overline{X} - \overline{Y} \sim N(\mu_1 - \mu_2, \frac{\sigma_1^2}{m} + \frac{\sigma_2^2}{n})$$

즉,

$$Z = \frac{(\overline{X} - \overline{Y}) - (\mu_1 - \mu_2)}{\sqrt{\frac{\sigma_1^2}{m} + \frac{\sigma_2^2}{n}}} \sim N(0,1)$$

H_0과 H_1 중 어느 가설을 채택하는데 사용되는 검정통계량, 즉 H_0하에서 얻어진 통계량 $\overline{X} - \overline{Y}$와 그의 분포는 다음과 같다.

$$\overline{X} - \overline{Y} \sim N(0, \frac{\sigma_1^2}{m} + \frac{\sigma_2^2}{n})$$

위를 표준화하여 얻어진 H_0하에서 $Z-$통계량과 그의 분포는 다음과 같다.

$$Z = \frac{\overline{X} - \overline{Y}}{\sqrt{\frac{\sigma_1^2}{m} + \frac{\sigma_2^2}{n}}} \sim N(0,1)$$

유의수준 α에서 (i)의 가설에 대한 기각역은 $Z \geq z_\alpha$이고 (ii)의 가설에 대한 기각역은 $Z \leq -z_\alpha$이다. 그리고 (iii)의 가설에 대한 기각역은 $|Z| \geq z_{\alpha/2}$이다.

예제 9.1 **정보통계학을 수강하는 정보통계학과 학생과 타 학과 학생들 간의 시험성적을 비교하고자 한다. 두 학과 학생들의 시험성적은 정규분포를 따르고, $\sigma_1^2 = 7.0$, $\sigma_2^2 = 9.0$이라고 가정하자. 정보통계학과와 타 학과 학생 각각 10명을 뽑아 시험점수를 조사한 결과 각각 평균성적이 $\overline{x} = 80$이고 $\overline{y} = 75$이었다. 정보통계학과와 타 학과 간 정보통계학 평균성적은 같다고 할**

수 있는지 유의수준 5%에서 검정하라.

풀이 정보통계학과 평균성적을 μ_1라 하고, 타 학과 평균성적을 μ_2라 하면, 귀무가설 H_0과 대립가설 H_1을 각각 다음과 같이 세울 수 있다.

$$H_0 : \mu_1 = \mu_2 \quad H_1 : \mu_1 \neq \mu_2$$

표본으로부터 $m = 10$, $\overline{x} = 80$, $\sigma_1^2 = 7.0$이고 $n = 10$, $\overline{y} = 75$, $\sigma_2^2 = 9.0$이다. 따라서, H_0하에서 Z-통계량 값은 다음과 같다.

$$Z = \frac{\overline{x} - \overline{y}}{\sqrt{\frac{\sigma_1^2}{m} + \frac{\sigma_2^2}{n}}} = \frac{80 - 75}{\sqrt{\frac{7.0}{10} + \frac{9.0}{10}}} = 3.952$$

$\alpha = 0.05$에서 $z_{\alpha/2} = z_{0.025} = 1.96$이므로 $|Z| \geq z_{0.025}$이다. 따라서, $\alpha = 0.05$에서 H_0을 기각한다. 고로, 정보통계학과와 타 학과 간 정보통계학 평균성적은 같다고 할 수 없다. ■

두 모평균의 차에 대한 검정에서 일반적으로 모분산 σ_1^2과 σ_2^2은 알고 있는 경우보다 모르는 경우가 많다. 두 모집단의 분포는 정규분포이고 분산은 동일하다는 등분산(equal variance) ($\sigma_1^2 = \sigma_2^2 = \sigma^2$) 가정하에서 $\mu_1 - \mu_2$의 검정을 하고자 한다. 이를 위해 $\mu_1 - \mu_2$의 추정량 $\overline{X} - \overline{Y}$의 분포는 다음과 같다.

$$\overline{X} - \overline{Y} \sim N(\mu_1 - \mu_2, \sigma^2(\frac{1}{m} + \frac{1}{n}))$$

즉,

$$Z = \frac{(\overline{X} - \overline{Y}) - (\mu_1 - \mu_2)}{\sigma\sqrt{\frac{1}{m} + \frac{1}{n}}} \sim N(0,1).$$

H_0하에서 얻어진 $Z-$통계량은 다음과 같다.

$$Z = \frac{\overline{X} - \overline{Y}}{\sigma\sqrt{\frac{1}{m} + \frac{1}{n}}} \sim N(0,1) \tag{9.1}$$

유의수준 α에서 (i)의 가설에 대한 기각역은 $Z \geq z_\alpha$이고 (ii)의 가설에 대한 기각역은 $Z \leq -z_\alpha$이다. 그리고 (iii)의 가설에 대한 기각역은 $|Z| \geq z_{\alpha/2}$이다.

예제 9.2 **정보통계학과 L 교수는 정보통계학 수업 출석률을 근거로 남학생이 여학생보다 평균시험성적이 좋을 것으로 예상하고 있다. 이를 확인하기 위해 남학생 9명, 여학생 7명을 뽑아 시험점수를 조사한 결과 다음과 같다. 단, 남학생 성적과 여학생 성적은 정규분포를 따르고 분산은 동일하다고 가정한다. 여기서 $\sigma^2 = 4$이다.**

남학생	84	80	78	82	80	78	79	82	80
여학생	81	77	80	78	81	80	76		

정보통계학과 L 교수의 예상이 맞는지 유의수준 5%에서 검정하라.

풀이 정보통계학을 수강하는 남학생의 평균성적을 μ_1이라 하고, 여학생의 평균성적을 μ_2라 하면, 귀무가설 H_0과 대립가설 H_1을 각각 다음과 같이 세울 수 있다.

$$H_0 : \mu_1 = \mu_2 \quad H_1 : \mu_1 > \mu_2$$

자료에서 $m = 9$, $\overline{x} = 80.333$이고 $n = 7$, $\overline{y} = 79$, $\sigma^2 = 4$이다. 따라서, Z-통계량 값은 다음과 같다.

$$Z = \frac{\overline{x} - \overline{y}}{\sigma\sqrt{\frac{1}{m} + \frac{1}{n}}} = \frac{80.333 - 79}{2\sqrt{\frac{1}{9} + \frac{1}{7}}} = 1.3225$$

$\alpha = 0.05$에서 $z_\alpha = z_{0.05} = 1.645$이므로 $Z < z_{0.05}$이다. 고로 H_0을 기각할 수 없다. 따라서 정보통계학과 L 교수의 예상이 맞다고 할 수 없다. ■

② 두 모집단이 정규분포를 따르고 분산이 알려지지 않는 경우

지금까지는 두 모집단이 정규분포를 따르고 분산이 동일하다는 등분산($\sigma_1^2 = \sigma_2^2 = \sigma^2$) 가정하에서 σ^2가 알려진 경우 $\mu_1 - \mu_2$의 검정을 하였다. σ^2을 모르는 경우에는 추정량으로 다음과 같이 정의된 합동표본분산(pooled sample variance) S_p^2을 이용한다.

$$S_p^2 = \frac{\sum_{i=1}^{m}(X_i - \overline{X})^2 + \sum_{i=1}^{n}(Y_i - \overline{Y})^2}{m+n-2} = \frac{(m-1)S_1^2 + (n-1)S_2^2}{m+n-2} \tag{9.2}$$

여기서 S_1^2과 S_2^2은 각각 σ_1^2과 σ_2^2의 추정량으로 다음과 같다.

$$S_1^2 = \frac{1}{m-1}\sum_{i=1}^{m}(X_i - \overline{X})^2$$

$$S_2^2 = \frac{1}{n-1}\sum_{i=1}^{n}(Y_i - \overline{Y})^2$$

식 (9.2)의 S_p^2을 합동표본분산이라 한 이유는 두 모집단의 공통분산 σ^2을 추정하는데 두 모집단의 혼합표본 즉, 합동자료(pooled data)를 가지고 계산된 표본분산이라는 의미이다. 식 (9.2)의 분자는 m개 표본으로부터 구한 제곱합(sum of square)과 n개의 표본으로부터 구한 제곱합을 더한 것이고 분모는 첫 번째 제곱합의 자유도 $m-1$과 두 번째 제곱합의 자유도 $n-1$을 더한 것이다.

식 (9.1)에서 σ 대신 S_p을 대입하여 H_0하에서 얻어진 T-통계량은 다음과 같다.

$$T = \frac{\overline{X} - \overline{Y}}{S_p\sqrt{\frac{1}{m} + \frac{1}{n}}} \sim t(m+n-2)$$

여기서 T-통계량은 자유도 $m+n-2$인 $t-$분포를 갖는다.

따라서, 유의수준 α에서 (i)의 가설에 대한 기각역은 $T \geq t_\alpha(m+n-2)$이고 (ii)의 가설에 대한 기각역은 $T \leq -t_\alpha(m+n-2)$이다. 그리고 (iii)의 가설에 대한 기각역은 $|T| \geq t_{\alpha/2}(m+n-2)$이다.

예제 9.3 **정보통계학과 L 교수는 정보통계학 수업 출석률을 근거로 남학생이 여학생보다 평균시험성적이 좋을 것으로 예상하고 있다. 이를 확인하기 위해 남학생 9명, 여학생 7명을 뽑아 시험점수를 조사한 결과 다음과 같다. 단, 남학생 성적과 여학생 성적은 정규분포를 따르고 분산은 동일하다고 가정한다.**

남학생	84	80	78	82	80	78	79	82	80
여학생	81	77	80	78	81	80	76		

정보통계학과 L 교수의 예상이 맞는지 유의수준 10%에서 검정하라.

풀이 정보통계학을 수강하는 남학생의 평균성적을 μ_1이라 하고, 여학생의 평균성적을 μ_2라 하면, 귀무가설 H_0과 대립가설 H_1을 각각 다음과 같이 세울 수 있다.

$$H_0 : \mu_1 = \mu_2 \quad H_1 : \mu_1 > \mu_2$$

자료에서 $m = 9$, $\bar{x} = 80.333$, $s_1^2 = 4$이고 $n = 7$, $\bar{y} = 79$, $s_2^2 = 4$이다. 그리고

$$s_p^2 = \frac{(m-1)s_1^2 + (n-1)s_2^2}{m+n-2} = \frac{(9-1)\times 4 + (7-1)\times 4}{9+7-2} = 4$$

이다. 따라서, T-통계량 값은 다음과 같다.

$$T = \frac{\bar{x} - \bar{y}}{s_p\sqrt{\frac{1}{m} + \frac{1}{n}}} = \frac{80.333 - 79}{2\sqrt{\frac{1}{9} + \frac{1}{7}}} = 1.3225$$

$\alpha = 0.10$에서 $t_\alpha(m+n-2) = t_{0.10}(14) = 1.345$이므로 $T < t_{0.10}(14)$이다. 고로 H_0을 기각할 수 없다. 따라서 정보통계학과 L 교수의 예상이 맞다고 할 수 없다. ■

(2) 대응비교를 이용한 모평균 차의 검정

① 대응표본이 대표본인 경우

8장의 두 모집단의 추정에서 살펴보았듯이 대응비교는 두 표본은 서로 독립이라는 가정을 만족하지 않는 경우에 사용한다. 여기서도 두 개의 동질적인 집단에서 쌍으로 얻어진 대응표본을 가지고 모평균 차이를 비교하고자 하는 경우 혹은 하나의 집단을 대상으로 하는 두 가지 실험의 결과가 쌍으로 얻어진 대응표본에서 모평균 차이를 비교하고자 하는 경우 대응비교를 이용한다.

대응비교를 위하여 n개의 쌍 $(X_1, Y_1), (X_2, Y_2), \cdots, (X_n, Y_n)$이 표 9.1과 같이 주어졌다고 가정한다.

표 9.1 대응비교를 위한 자료 구조

쌍	처리 1	처리 2	차이
1	X_1	Y_1	$D_1 = X_1 - Y_1$
2	X_2	Y_2	$D_2 = X_2 - Y_2$
⋮	⋮	⋮	⋮
n	X_n	Y_n	$D_n = X_n - Y_n$

여기서 $D_i = X_i - Y_i$를 i번째 대응표본의 차이라고 하고 $\delta = \mu_1 - \mu_2$를 대응표본의 모평균 차이라고 하면 $\delta = \mu_1 - \mu_2$의 검정에 대해 다음과 같이 세 가지 경우의 가설을 세울 수 있다.

$$\text{(i)}\ H_0 : \delta = 0 \quad H_1 : \delta > 0$$
$$\text{(ii)}\ H_0 : \delta = 0 \quad H_1 : \delta < 0$$
$$\text{(iii)}\ H_0 : \delta = 0 \quad H_1 : \delta \neq 0$$

$\delta = \mu_1 - \mu_2$에 대한 검정은 7장에서 다룬 하나의 모집단에서 모평균의 검정과 같이 n개의 대응표본 차 $D_1, D_2, \cdots, D_n$의 표본평균 $\overline{D} = \frac{1}{n}\sum_{i=1}^{n} D_i$의 분포를 이용한다.

대응표본의 크기가 대표본이고, D_i의 평균이 $E(D_i) = \delta$이고 분산은 $Var(D_i) = \sigma_D^2$인 경우 $\overline{D}$의 분포는 중심극한정리에 의해 다음과 같이 근사적으로 정규분포를 갖는다.

$$\overline{D} \ \dot{\sim}\ N(\delta, \frac{\sigma_D^2}{n})$$

즉, 표준화하여 H_0하에서 얻어진 통계량(여기서는 $Z-$통계량)은 다음과 같이 근사적으로 표준정규분포를 따른다.

$$Z = \frac{\overline{D}}{\sigma_D / \sqrt{n}} \ \dot{\sim}\ N(0, 1) \tag{9.3}$$

유의수준 α에서 (i)의 가설에 대한 기각역은 $Z \geq z_\alpha$이고 (ii)의 가설에 대한 기각역은 $Z \leq -z_\alpha$이다. 그리고 (iii)의 가설에 대한 기각역은 $|Z| \geq z_{\alpha/2}$이다.

식 (9.3)의 Z-통계량에서 대응표본의 모분산 σ_D^2이 알려지지 않는 경우에는, 대응표본이 충분히 클 때 표본분산 S_D^2은 모분산 σ_D^2에 근접하기 때문에, H_0하에서의 Z-통계량은 다음과 같다.

$$Z = \frac{\overline{D}}{S_D / \sqrt{n}} \quad \dot{\sim} \quad N(0, 1) \tag{9.4}$$

식 (9.4)의 Z-통계량은 식 (8.3)에서 σ_D 대신 S_D로 대체하여 얻은 식이다. 여기서 S_D^2은 다음과 같다.

$$S_D^2 = \frac{\sum_{i=1}^{n}(D_i - \overline{D})^2}{n-1}$$

② 대응표본이 소표본인 경우

대응표본의 크기가 소표본인 경우 대응표본의 차이 D_i의 평균은 $E(D_i) = \delta$이고 분산은 $Var(D_i) = \sigma_D^2$인 정규분포를 따르는 경우 H_0하에서 T-통계량은 다음과 같다.

$$T = \frac{\overline{D}}{S_D / \sqrt{n}} \sim t(n-1)$$

여기서 T-통계량은 자유도 $n-1$인 $t-$분포를 갖는다.

유의수준 α에서 (i)의 가설에 대한 기각역은 $T \geq t_\alpha(n-1)$이고 (ii)의 가설에 대한 기각역은 $T \leq -t_\alpha(n-1)$이다. 그리고 (iii)의 가설에 대한 기각역은 $|T| \geq t_{\alpha/2}(n-1)$이다.

예제 9.4 **어떤 한의원에서 다이어트를 위한 약을 개발하였다. 이 약이 실제로 체중감량에 효과가 있는지를 알아보기 위하여 10명을 무작위로 추출하여 다이어트를 위한 약 복용 전과 후의 체중을 조사한 결과 다음과 같다. 단, 체중은 정규분포를 따른다고 한다.**

번호	1	2	3	4	5	6	7	8	9	10
다이어트 약 복용 전	53	61	52	46	56	58	48	60	58	54
다이어트 약 복용 후	52	56	50	46	55	55	46	54	57	50

이 약이 다이어트에 효과적이라고 할 수 있는지 유의수준 5%에서 검정하라.

풀이 다이어트 약 복용 전과 후의 모평균 차이를 δ라 하면 귀무가설 H_0과 대립가설 H_1을 다음과 같이 세울 수 있다.

$$H_0 : \delta = 0 \quad H_1 : \delta > 0$$

자료에서 대응표본 차를 계산한다.

번호	1	2	3	4	5	6	7	8	9	10
다이어트 약 복용 전	53	61	52	46	56	58	48	60	58	54
다이어트 약 복용 후	52	56	50	46	55	55	46	54	57	50
차이 D_i	1	5	2	0	1	3	2	6	1	4

위에서 $\overline{D}= 2.5$, $s_D = 1.958$이다. 따라서 T-통계량의 값은 다음과 같다.

$$T= \frac{\overline{D}}{s_D / \sqrt{n}} = \frac{2.5}{1.958/ \sqrt{10}} = 4.038$$

$\alpha = 0.05$에서 $t_{\alpha}(n-1) = t_{0.05}(9) = 1.833$이므로 $T > t_{0.05}(9)$이다. 따라서, H_0을 기각한다. 고로, 약은 다이어트에 효과적이라고 할 수 있다. ■

9.3 두 모비율 차이의 검정

모집단 1에서 비율 p_1과 모집단 2에서 비율 p_2의 차 $p_1 - p_2$에 대한 검정문제를 생각해 보자. 예를 들어, p_1을 정부 정책에 대한 남성의 지지율이라 하고, p_2을 정부 정책에 대한 여성의 지지율이라 할 때 이들 비율의 차 $p_1 - p_2$을 검정하는 것에 관심이 있다. 이를 위해 다음과 같이 세 가지 경우의 가설을 세울 수 있다.

(i) $H_0 : p_1 = p_2 \quad H_1 : p_1 > p_2$

(ii) $H_0 : p_1 = p_2 \quad H_1 : p_1 < p_2$

(iii) $H_0 : p_1 = p_2 \quad H_1 : p_1 \neq p_2$

위와 똑같은 가설을 다음과 같이 세울 수 있다.

(i) $H_0 : p_1 - p_2 = 0 \quad H_1 : p_1 - p_2 > 0$

(ii) $H_0 : p_1 - p_2 = 0 \quad H_1 : p_1 - p_2 < 0$

(iii) $H_0 : p_1 - p_2 = 0 \quad H_1 : p_1 - p_2 \neq 0$

위의 가설들을 검정하기 위해 두 모집단에서 크기가 m과 n인 독립표본을 선택하고 각 표본에서 정두 정책에 지지하는 사람의 수 X와 Y를 조사한다. 하나의 모집단에서 모비율 p_1를 검정하려면 표본비율 $\hat{p}_1 = \dfrac{X}{m}$의 분포가 필요하고, 또 하나의 모집단에서 모비율 p_2를 검정하려면 표본비율 $\hat{p}_2 = \dfrac{Y}{n}$의 분포가 필요하다. 마찬가지로 두 모비율의 차이 $p_1 - p_2$를 검정하려면 표본비율 차이인 $\hat{p}_1 - \hat{p}_2$의 분포가 필요하다. 표본의 크기 m과 n이 모두 대표본인 경우 표본비율 차이 $\hat{p}_1 - \hat{p}_2$의 분포는 근사적으로 다음과 같은 정규분포를 갖는다.

$$\hat{p}_1 - \hat{p}_2 \;\dot{\sim}\; N\left(p_1 - p_2, \frac{p_1(1-p_1)}{m} + \frac{p_2(1-p_2)}{n}\right)$$

즉,

$$Z = \frac{(\hat{p}_1 - \hat{p}) - (p_1 - p_2)}{\sqrt{\dfrac{p_1(1-p_1)}{m} + \dfrac{p_2(1-p_2)}{n}}} \;\dot{\sim}\; N(0, 1)$$

대표본은 $m\hat{p}_1 \geq 5$, $m(1-\hat{p}_1) \geq 5$, $n\hat{p}_2 \geq 5$, $n(1-\hat{p}_2) \geq 5$을 만족해야 한다.

검정통계량, 즉 H_0하에서 얻어진 $Z-$통계량은 다음과 같다.

$$Z = \frac{\hat{p}_1 - \hat{p}_2}{\sqrt{\dfrac{p_1(1-p_1)}{m} + \dfrac{p_2(1-p_2)}{n}}} \;\dot{\sim}\; N(0, 1) \tag{9.5}$$

여기서 모비율에 대한 공통의 비율을 가진다는 가정($p_1 = p_2 = p$)하에서 식 (9.5)는 다음과 같다.

$$Z = \frac{\hat{p}_1 - \hat{p}_2}{\sqrt{p(1-p)\left(\dfrac{1}{m} + \dfrac{1}{n}\right)}} \;\dot{\sim}\; N(0, 1) \tag{9.6}$$

식 (9.6)의 $Z-$통계량은 식 (9.5)에서 p_1과 p_2 대신 p를 대입하여 얻은 통계량이다. 여기서, p를 모르는 경우 p의 추정량으로 다음과 같이 정의된 합동표본비율(pooled sample proportion) $\bar{p}$을 사용한다.

$$\bar{p} = \frac{X+Y}{m+n} \tag{9.7}$$

식 (9.7)의 분자는 m개 표본에서 특정한 속성을 갖는 개수와 n개의 표본에서 특정한 속성을 갖는 개수의 합이다. 분모는 첫 번째 모집단에서 뽑은 표본의 수 m과 두 번째 모집단에서 뽑은 표본의 수 n을 합한 것이다.

따라서, $p_1 - p_2$의 검정을 위한 H_0하에서 $\hat{p}_1 - \hat{p}_2$의 분포는 다음과 같이 근사적으로 정규분포를 갖는다.

$$\hat{p}_1 - \hat{p}_2 \ \dot{\sim}\ N(0, \bar{p}(1-\bar{p})(\frac{1}{m} + \frac{1}{n}))$$

이를 표준화한 H_0하에서의 Z-통계량은 다음과 같이 근사적으로 표준정규분포를 따른다.

$$Z = \frac{\hat{p}_1 - \hat{p}_2}{\sqrt{\bar{p}(1-\bar{p})(\frac{1}{m} + \frac{1}{n})}} \ \dot{\sim}\ N(0, 1)$$

유의수준 α에서 기각역은 (i) 가설을 검정하는 경우 $Z \geq z_\alpha$이고 (ii) 가설을 검정하는 경우 $Z \leq -z_\alpha$, 그리고 (iii) 가설을 검정하는 경우 $|Z| \geq z_{\alpha/2}$이다.

예제 9.5 **정보통계학과 L 교수는 정부 정책의 지지율에 대해 남자와 여자 간 차이가 있을 것으로 예상하고 있다. 이를 확인하기 위해 남자와 여자 각각 100명을 상대로 지지 여부를 조사한 결과 다음과 같았다.**

	표본의 크기	지지자
남자	100	55
여자	100	60

남자의 지지율과 여자의 지지율이 같은지에 대해 5% 유의수준에서 검정하라.

풀이 정부 정책에 대해 남자의 지지율을 p_1, 여자의 지지율을 p_2라 할 때 귀무가설 H_0과 대립가설 H_1을 다음과 같이 세울 수 있다.

$$H_0 : p_1 = p_2 \quad H_1 : p_1 \neq p_2$$

자료에서 $m=n=100$이고 $\hat{p}_1=0.55$이고 $\hat{p}_2=0.60$이다. 그리고 합동표본비율 $\bar{p}$을 계산하면 다음과 같다.

$$\bar{p}=\frac{55+60}{100+100}=0.575$$

따라서, Z-통계량은 다음과 같다.

$$Z=\frac{\hat{p}_1-\hat{p}_2}{\sqrt{\bar{p}(1-\bar{p})(\frac{1}{m}+\frac{1}{n})}}=\frac{0.55-0.60}{\sqrt{0.575(1-0.575)\times(\frac{1}{100}+\frac{1}{100})}}=-0.7152$$

$\alpha=0.05$에서 $z_{\alpha/2}=z_{0.025}=1.96$이므로 $|Z|\leq z_{0.025}$이다. 따라서, H_0을 기각할 수 없다. 고로, 정부 정책의 지지율에 대해 남자와 여자 간 차이가 있다고 볼 수 없다. ■

9.4 R을 이용한 실습

• z.test() 함수

R에서 두 모평균에 대한 차이를 검정하기 위한 Z-통계량의 z.test() 함수의 사용형식은 다음과 같다.

```
z.test(x, y, alternative = c("two.sided", "less", "greater"), mu=0, sigma.x,
sigma.y)
```

◦ x, y: 데이터
◦ alternative: 대립가설의 형태를 나타내는 인수이다. $H_1:\mu_1-\mu_2>0$이면 alternative ="greater"를 지정하고, $H_1:\mu_1-\mu_2<0$이면 alternative ="less"를 지정하고, $H_1:\mu_1-\mu_2\neq 0$이면 alternative ="two.sided"를 지정한다.
◦ mu: 모평균의 차이
◦ sigma.x: 모집단 1의 표준편차를 지정한다.
◦ sigma.y: 모집단 2의 표준편차를 지정한다.

예제 9.6 예제 9.2에서 R을 이용하여 5%에서 검정하라.

```
> install.packages("BSDA")
> library(BSDA)
> x <- c(84, 80, 78, 82, 80, 78, 79, 82, 80)
> y <- c(81, 77, 80, 78, 81, 80, 76)
> z.test(x,y,alternative="greater", mu=0, sigma.x=2,sigma.y=2)

        Two-sample z-Test

data:  x and y
z = 1.3229, p-value = 0.09294
alternative hypothesis: true difference in means is greater than 0
95 percent confidence interval:
 -0.3245233         NA
sample estimates:
mean of x mean of y
 80.33333  79.00000
```

검정통계량의 값 $Z = 1.3229$에 대해 유의확률 $p = 0.09294$이므로 유의수준 $\alpha = 0.05$에서 $p > \alpha$이다. 따라서 H_0을 기각할 수 없다. 고로, 정보통계학과 L 교수의 예상이 맞다고 할 수 없다.

- t.test() 함수

R에서 두 모평균에 대한 차이 검정을 위한 t.test() 함수의 사용형식은 다음과 같다.

```
t.test(x, y, alternative = c("two.sided", "less", "greater"), mu=0, paired,
var.equal)
```

◦ x, y: 데이터

◦ alternative: 대립가설의 형태를 나타내는 인수이다. $H_1 : \mu_1 - \mu_2 > 0$이면 alternative ="greater"를 지정하고, $H_1 : \mu_1 - \mu_2 < 0$이면 alternative ="less"를 지정하고, $H_1 : \mu_1 - \mu_2 \neq 0$이면 alternative ="two.sided"를 지정한다.

◦ mu: 모평균의 차이
◦ paired: 대응비교에 대한 인수이고 대응비교이면 paired =TRUE를 지정한다.
◦ var.equal: 두 모집단의 등분산(equal variance)에 대한 인수이고 등분산을 가정하는 경우 var.equal = TRUE을 지정한다.

예제 9.7 **예제 9.3에서 R을 이용하여 유의수준 10%에서 검정하라.**

```
> x <- c(84, 80, 78, 82, 80, 78, 79, 82, 80)
> y <- c(81, 77, 80, 78, 81, 80, 76)
> t.test(x,y, alternative="greater", mu=0,paired=FALSE, var.equal=TRUE )

	Two Sample t-test

data:  x and y
t = 1.3229, df = 14, p-value = 0.1035
alternative hypothesis: true difference in means is greater than 0
95 percent confidence interval:
 -0.4419004        Inf
sample estimates:
mean of x mean of y 
 80.33333  79.00000 
```

검정통계량의 값 $T = 1.3229$에 대해 유의확률 $p = 0.1035$이므로 유의수준 $\alpha = 0.10$에서 $p > \alpha$이다. 따라서 H_0을 기각할 수 없다. 고로, 정보통계학과 L 교수의 예상이 맞다고 할 수 없다.

예제 9.8 예제 9.4에서 R을 이용하여 유의수준 5%에서 검정하라.

```
> x <- c( 53,   61,   52,   46,   56,   58,   48,   60,   58,   54)
> y <- c( 52,   56,   50,   46,   55,   55,   46,   54,   57,   50)
> t.test(x,y, alternative="greater", mu=0, paired=TRUE, var.equal=FALSE )

        Paired t-test

data:  x and y
t = 4.0379, df = 9, p-value = 0.001469
alternative hypothesis: true difference in means is greater than 0
95 percent confidence interval:
 1.365048      Inf
sample estimates:
mean of the differences
                    2.5
```

검정통계량의 값 $T=4.0379$에 대해 $p=0.001469$이므로 유의수준 $\alpha=0.05$에서 $p<\alpha$이다. 따라서 H_0을 기각할 수 있다. 고로, 약은 다이어트에 효과적이라고 할 수 있다.

• prop.test() 함수

R에서 모비율 차에 대한 검정을 위한 prop.test() 함수의 사용형식은 다음과 같다.

```
prop.test(x, n, alternative = c("two.sided", "less", "greater"),
                        correct=TRUE)
```

◦ x: 각 모집단에서 성공의 횟수

◦ n: 각 모집단에서 뽑은 표본의 크기

◦ alternative: 대립가설의 형태를 나타내는 인수이다. $H_1: p_1 - p_2 > 0$이면 alternative ="greater"를 지정하고, $H_1: p_1 - p_2 < 0$이면 alternative ="less"를 지정하고, $H_1: p_1 - p_2 \neq 0$이면 alternative ="two.sided"를 지정한다.

◦ correct: 연속 수정항(continuity correction) 사용여부를 묻는 인수인데 TRUE로 지정하

든지 혹은 생략하면 연속 수정항을 사용하고 FALSE로 지정하면 사용하지 않는다.

예제 9.9 예제 9.5에서 R을 이용하여 5%에서 검정하라.

```
> prop.test(c(55,60), c(100,100), alternative="two.sided", correct=FALSE)

	2-sample test for equality of proportions without continuity
	correction

data:  c(55, 60) out of c(100, 100)
X-squared = 0.51151, df = 1, p-value = 0.4745
alternative hypothesis: two.sided
95 percent confidence interval:
 -0.18684704  0.08684704
sample estimates:
prop 1 prop 2
  0.55   0.60
```

위 결과에서 X-squared = 0.51151, d = 1, $p=0.4745$이다. 이때 X-squared 값에 제곱근(root)을 씌우면 검정통계량 Z값이 된다. 따라서 검정통계량 값은 $Z=0.7151993$이다. 유의수준 $\alpha=0.05$에서 $p>\alpha$이다. H_0을 기각할 수 없다. 고로, 정부 정책의 지지율에 대해 남자와 여자 간 차이가 있다고 볼 수 없다.

연습문제

01 많은 사람들은 문과 출신이 이과 출신보다 대학 통계학 성적은 낮다고 생각하고 있다. 이를 확인하기 위해 뽑은 고등학교 문과 출신 학생 10명의 통계학 평균은 68점이고 표준편차는 6점이었다. 이과 출신 학생 8명의 통계학 평균은 72점이고 표준편차는 5점이었다. 문과 출신이 이과 출신보다 대학 통계학 성적이 낮다고 할 수 있는지 유의수준 5%에서 검정하라. 여기서 통계학 성적은 정규분포를 따른다고 가정한다.

02 고등학교 문과 학생과 이과 학생의 영어 성적의 차이를 알아보기 위해 50명의 문과 학생과 75명의 이과 학생을 임의로 뽑아 조사하였다. 뽑힌 문과 학생의 성적은 평균 82, 표준편차는 8이고 이과 학생의 성적은 평균 76, 표준편차는 6으로 조사되었다. 문과 학생과 이과 학생의 영어 성적에 차이가 있는지 유의수준 5%에서 검정하라.

03 아이돌 그룹 소속사 간 멤버들의 키는 비슷한 것으로 알려져 있다. 이를 확인하기 위해 두 소속사 A와 B에서 각각 걸그룹 W와 걸그룹 S의 멤버 간의 키를 조사하여 다음의 자료를 얻었다. 단, 아래 자료는 정규분포를 따르고 분산이 같다고 가정한다.

W 그룹	165	166	168	162	168				
S 그룹	160	166	165	167	162	162	163	162	160

두 소속사 A와 B의 걸그룹 간의 키에 차이가 있는지 유의수준 10%에서 검정하라.

04 아이돌 그룹 소속사 간 멤버들의 키는 비슷한 것으로 알려져 있다. 이를 확인하기 위해 두 소속사 A와 B에서 각각 걸그룹 W와 걸그룹 S 멤버 간의 키를 조사하여 다음의 자료를 얻었다. 단, 아래 자료는 정규분포를 따르고 분산이 같다고 가정한다. 여기서 $\sigma^2 = 6$ 이다.

W 그룹	165	166	168	162	168				
S 그룹	160	166	165	167	162	162	163	162	160

두 소속사 A와 B의 걸그룹 간의 키에 차이가 있는지 유의수준 10%에서 검정하라.

05 걸그룹 멤버들의 BMI(Body Mass Index: 체질량지수)는 소속사의 관리하에 있는 경우 줄어드는 것으로 나타났다. 이를 확인하기 위해 소속사 A와 B에서 각각 걸그룹 W와 걸그룹 S의 멤버 간의 BMI를 조사하여 다음의 자료를 얻었다. 단, 아래 자료는 정규분포를 따르고 분산이 같다고 가정한다. 여기서 $\sigma^2 = 0.7$이다.

W 그룹	15.94	16.33	15.92	16.14	17.19	17.53	18.03	16.94	18.03
S 그룹	15.79	15.60	17.26	17.15	16.94				

아이돌 그룹 W는 S보다 소속사의 관리하에 있다고 할 수 있는지 유의수준 5%에서 검정하라.

06 걸그룹 멤버들의 BMI(Body Mass Index: 체질량지수)는 소속사의 관리하에 있는 경우 줄어드는 것으로 나타났다. 이를 확인하기 위해 소속사 A와 B에서 각각 걸그룹 W와 걸그룹 S의 멤버 간의 BMI를 조사하여 다음의 자료를 얻었다. 단, 아래 자료는 정규분포를 따르고 분산이 같다고 가정한다.

S 그룹	15.94	16.33	15.92	16.14	17.19	17.53	18.03	16.94	18.03
W 그룹	15.79	15.60	17.26	17.15	16.94				

아이돌 그룹 W는 S보다 더 소속사의 관리하에 있다고 할 수 있는지 유의수준 5%에서 검정하라.

07 새로운 다이어트 방법으로 몸무게를 어느 정도 줄일 수 있다고 광고하고 있다. 다음은 이 다이어트 방법에 참여한 7명의 여성의 몸무게에 대한 자료이다. 단, 몸무게는 정규분포를 따른다.

다이어트 전의 몸무게	59	60	62	69	64	63	57
다이어트 후의 몸무게	60	54	58	62	58	59	54

과연 새로운 다이어트 방법으로 몸무게가 줄었는지 유의수준 5%에서 검정하라.

08 학생들은 대면수업이 비대면수업보다 학업에 도움이 될 것으로 기대하고 있다. 이를 확인하기 위해 10명의 학생들을 무작위로 추출하여 대면 수업과 비대면 수업을 진행한 다음에 시험을 본 후 다음과 같은 시험성적을 얻었다. 단, 시험성적은 정규분포를 따른다고 가정한다.

대면수업	90	93	80	83	97	82	81	70	76	71
비대면 수업	87	92	75	84	95	77	80	65	71	73

대면 수업이 비대면 수업보다 학업에 도움이 될 것인지 유의수준 5%에서 검정하라.

09 우리나라 청소년들의 흡연율은 아직까지 남학생이 여학생보다 높을 것으로 예상하고 있다. 이를 확인하기 위해 남학생과 여학생 각각 100명씩을 뽑아 조사한 결과 남학생인 경우 흡연자가 9명, 여학생의 경우 흡연자가 4명으로 조사되었다. 남학생이 여학생보다 흡연율이 높은지 유의수준 5%에서 검정하라.

10 1년 전에 G 대학에서 200명을 대상으로 다음과 같은 설문을 수행하였다.

설문 문항 : 당신은 연애를 해본 적이 있습니까?

1년이 지난 오늘 같은 장소에서 200명을 대상으로 똑같은 설문을 수행하였더니 1년 전에는 200명 중에서 90명이 "예"라고 답하였고 오늘 설문에서는 100명이 "예"라고 답하였다. 이 결과를 가지고 연애해본 사람이 1년 전에 비해 늘었다고 볼 수 있는지 유의수준 1%에서 검정하라.

10장

분산분석

10.1 서론

7장에서는 하나의 모집단에서 모수에 대한 검정문제를 다루었고 9장에서는 두 모집단에서 모수들의 차이에 대한 검정문제를 다루었다. 이 장에서는 이러한 개념을 확장하여 3개 이상의 모집단에서 모평균에 대한 검정문제를 다루고자 한다. 이처럼 3개 이상의 모집단에서 모평균 간의 비교를 할 때 사용하는 통계적 방법이 바로 분산분석(analysis of variance, ANOVA)이다. **그림 10.1**은 3개 그룹의 모평균 비교를 나타내고 있다.

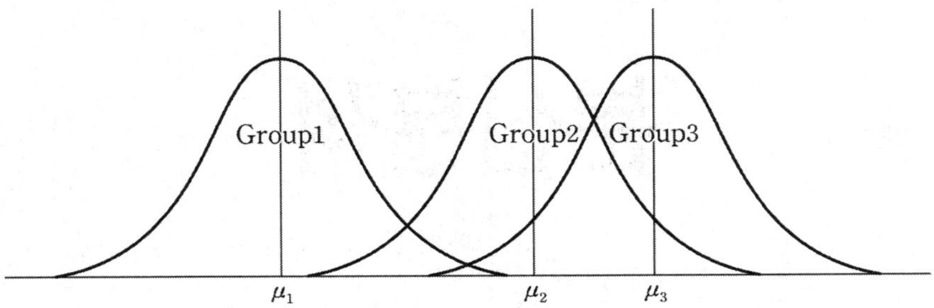

그림 10.1 3개 그룹의 모평균 비교

그림 10.1에서 μ_1, μ_2, μ_3을 그룹 1, 그룹 2, 그룹 3의 모평균이라 할 때 이 들 간의 관계는 $\mu_1 < \mu_2 < \mu_3$을 나타내고 있다.

실험계획법(DOE; Design of Experiments)은 실험을 계획(design)하고 분석(analysis)하는 일련의 통계적 방법론으로, 해결하고자 하는 문제에 대하여, 실험을 어떻게 수행하고, 어떤 방법으로 데이터를 얻으며, 어떤 통계적 방법으로 데이터를 분석하면 최대의 정보를 얻을 수 있는가를 다루는 학문 분야이다. 분산분석은 실험계획법에서 가장 많이 사용되는 통계적 분석방법이다.

실험계획에서 실험은 실험대상에 대해서 어떤 처리를 가한 후 나타나는 반응값(혹은 특성값)을 조사한다. 실험에서 반응값에 영향을 주는 실험의 조건들을 인자(factor, 요인)라고 하며, 각 인자의 실험조건을 인자의 수준(level) 또는 처리(treatment)라고 한다. 예를 들어, 3가지 토양 A, B, C에 따라 벼 수확량에 차이가 있는지를 알아보는 실험에서 벼 수확량이 반응값이 되고 토양이 인자가 되며, 토양 A, 토양 B, 토양 C가 인자 수준이 되고 여기서 수준 수는 3개가 된다.

분산분석은 반응값에 영향을 미치는 실험인자의 수에 따라 일원배치 분산분석(one-way ANOVA), 이원배치 분산분석(two-way ANOVA), 다원배치 분산분석(multi-way ANOVA)

으로 나눈다. 일원배치 분산분석은 반응값에 영향을 미치는 하나의 인자의 영향에 대한 분산분석이고 이원배치 분산분석은 반응값에 영향을 미치는 2개의 인자에 대한 분산분석이고, 다원배치 분산분석은 반응값에 영향을 미치는 3개 이상의 인자에 대한 분산분석이다. 이 장에서는 일원배치 분산분석과 이원배치 분산분석에 대해서 다루고자 한다.

10.2 일원배치 분산분석

일원배치 분산분석은 실험인자가 하나이고 k개의 처리를 갖고 있는 경우 이들 처리 간에 차이가 있는지에 대한 분석방법이다. 다시 말하면, 일원배치 분산분석은 k개의 모집단에서 모평균 μ_i들이 같은지에 대한 분석방법이다. 다음은 일원배치 분산분석을 사용하는 몇 가지 예들이다.

예 1: 작업시간대(오전, 오후, 야간, 새벽)에 따른 생산량의 차이가 있는가?
예 2: 사회계층(상, 중, 하)에 따라 생활만족도에 차이가 있는가?
예 3: 교육방법(A, B, C)에 따라 학교 성적에 차이가 있는가?
예 4: 자동차 제조업체(삼성, 기아, 현대, 쌍용)에 따라 자동차의 수명에 차이가 있는가?

표 10.1은 k개의 처리를 갖고 있는 일원배치의 자료 구조를 보여주고 있다.

표 10.1 일원배치 자료 구조

처리 1	처리 2	…	처리 k
y_{11}	y_{21}	…	y_{k1}
y_{12}	y_{22}	…	y_{k2}
…	…	…	…
y_{1n_1}	y_{2n_2}	…	y_{kn_k}

총 표본 크기 $N=\sum_{i=1}^{k} n_i$

처리 i에서 $y_{i1,}y_{i2},\cdots,y_{in_i}$는 $N(\mu_i, \sigma^2)$로부터 얻어진 관찰값이라 할 때 y_{ij}에 대한 모형은 다음과 같이 나타낼 수 있다.

$$y_{ij} = \mu_i + \epsilon_{ij},\ \ i = 1, \cdots, k,\ \ j = 1, \cdots, n_i \tag{10.1}$$

여기서 ϵ_{ij}는 실험의 오차에 해당되는 항으로 서로 독립이면서 $N(0, \sigma^2)$을 따른다고 가정한다.

식 (10.1)의 모형에서 모평균 μ_i에 대해 귀무가설(H_0)과 대립가설(H_1)을 다음과 같이 나타낼 수 있다.

$$H_0 : \mu_1 = \mu_2 = \ldots = \mu_k$$

H_1 : 적어도 하나의 μ_i는 같지 않다.

이 실험에서 실험 전체의 모평균을 μ라 하면

$$\mu = \frac{1}{k}\sum_{i=1}^{k}\mu_i \tag{10.2}$$

이고 i번째 처리효과를 α_i라 하면

$$\alpha_i = \mu_i - \mu$$

이다. 그리고 식 (10.2)에 의해 $\sum_{i=1}^{k}\alpha_i = 0$이 된다. 따라서 식 (10.1)의 모형을 처리효과 α_i을 사용하여 다음과 같이 표현할 수 있다.

$$y_{ij} = \mu + \alpha_i + \epsilon_{ij},\ i = 1, \ldots, k,\ j = 1, \ldots, n_j \tag{10.3}$$

식 (10.3)의 모형에서 처리효과 α_i에 대해 귀무가설(H_0)과 대립가설(H_1)을 다음과 같이 나타낼 수 있다.

$$H_0 : \alpha_1 = \alpha_2 = \ldots = \alpha_k = 0$$

H_1 : 적어도 하나의 α_i는 0이 아니다.

여기서 처리효과가 모두 같으면 $\sum_{i=1}^{k}\alpha_i = 0$에 의해 각각 $\alpha_i = 0$이 된다. 이 경우 처리효과는 없음을 의미한다.

표 10.1의 일원배치의 자료 구조에서 처리 평균과 총평균은 **표 10.2**와 같이 계산한다.

표 10.2 일원배치에서 처리 평균과 총평균 계산

처리 1	처리 2	$\cdots$	처리 k
y_{11}	y_{21}	$\cdots$	y_{k1}
y_{12}	y_{22}	$\cdots$	y_{k2}
$\cdots$	$\cdots$	$\cdots$	$\cdots$
y_{1n_1}	y_{2n_2}	$\cdots$	y_{kn_k}
평균 $\overline{y}_{1.}$	$\overline{y}_{2.}$	$\cdots$	$\overline{y}_{k.}$
총평균 $\overline{y}_{..}$			

표 10.2에서 $\overline{y}_{1.} = \dfrac{1}{n_1}\sum_{j=1}^{n_1} y_{1j},\ \overline{y}_{2.} = \dfrac{1}{n_2}\sum_{j=1}^{n_2} y_{2j}, \cdots,\ \overline{y}_{k.} = \dfrac{1}{n_k}\sum_{j=1}^{n_k} y_{kj}$이고 $\overline{y}_{..} = \dfrac{1}{N}\sum_{i=1}^{k}\sum_{j=1}^{n_i} y_{ij}$ 이다.

관측값 y_{ij}와 총평균 $\overline{y}_{..}$과의 차인 총편차 $y_{ij}-\overline{y}_{..}$을 다음과 같이 분해한다.

$$y_{ij}-\overline{y}_{..} = (\overline{y}_{i.}-\overline{y}_{..}) + (y_{ij}-\overline{y}_{i.}) \tag{10.4}$$

식 (10.4)에서 우변의 첫 번째 항 $(\overline{y}_{i.}-\overline{y}_{..})$은 i번째 처리의 평균 $\overline{y}_{i.}$과 전체평균 $\overline{y}_{..}$의 차이를 나타내는 처리간의 편차 또는 처리효과의 편차이다. 우변의 두 번째 항 $(y_{ij}-\overline{y}_{i.})$은 관측값 y_{ij}과 i번째 처리의 평균 $\overline{y}_{i.}$과의 차이를 나타내는 처리 내의 편차 또는 오차이다.

식 (10.4)의 양변을 제곱하여 i,j에 대하여 더하여 얻어진 제곱합은 다음과 같다.

$$\underbrace{\sum_{i=1}^{k}\sum_{j=1}^{n_i}(y_{ij}-\overline{y}_{..})^2}_{\text{총제곱합}(SST)} = \underbrace{\sum_{i=1}^{k}\sum_{j=1}^{n_i}(\overline{y}_{i.}-\overline{y}_{..})^2}_{\text{처리제곱합}(SS_{tr})} + \underbrace{\sum_{i=1}^{k}\sum_{j=1}^{n_i}(y_{ij}-\overline{y}_{i.})^2}_{\text{오차제곱합}(SSE)} \tag{10.5}$$

식 (10.5)에서 좌변 $\sum_{i=1}^{k}\sum_{j=1}^{n_i}(y_{ij}-\overline{y}_{..})^2$을 총제곱합(total sum of squares; SST)이라고 한다. 우변의 첫 번째 항인 $\sum_{i=1}^{k}\sum_{j=1}^{n_i}(\overline{y}_{i.}-\overline{y}_{..})^2 = \sum_{i=1}^{k} n_i(\overline{y}_{i.}-\overline{y}_{..})^2$은 처리제곱합(treatment sum of squares; SS_{tr})이라고 하고, 우변의 두 번째 항인 $\sum_{i=1}^{k}\sum_{j=1}^{n_i}(y_{ij}-\overline{y}_{i.})^2$은 오차제곱합(error sum of squares; SSE)이라고 한다.

위의 제곱합을 이용하여 다음의 **표 10.3**과 같이 일원배치 분산분석표(ANOVA table)를 작성한다.

표 10.3 일원배치 분산분석표

요인	제곱합	자유도	평균제곱	F
처리	SS_{tr}	$k-1$	$MS_{tr}=\dfrac{SS_{tr}}{k-1}$	$F=\dfrac{MS_{tr}}{MSE}$
오차	SSE	$N-k$	$MSE=\dfrac{SSE}{N-k}$	
계	SST	$N-1$		

표 10.3의 분산분석표에서 각 제곱합의 자유도가 어떻게 계산되었는지 알아보자. 제곱합의 자유도는 편차들의 제곱의 개수에서 편차들의 선형제약조건의 개수를 뺀 것과 같다. 먼저, $SS_{tr}=\sum_{i=1}^{k} n_i(\overline{y}_{i.}-\overline{y}_{..})^2$의 자유도를 구해보자. SS_{tr}은 편차들의 제곱, 즉 $(\overline{y}_{i.}-\overline{y}_{..})^2$의 개수가 k개이고 편차들의 선형제약조건은 $\sum_{i=1}^{k}(\overline{y}_{i.}-\overline{y}_{..})=0$이므로 1개이다. 따라서, SS_{tr}의 자유도는 $k-1$이다.

다음으로 $SSE=\sum_{i=1}^{k}\sum_{j=1}^{n_i}(y_{ij}-\overline{y}_{i.})^2$의 자유도를 구해보자. SSE는 편차들의 제곱, 즉 $(y_{ij}-\overline{y}_{i.})^2$의 개수가 $N=\sum_{i=1}^{k}n_i$개이고 편차들의 선형제약조건은 $\sum_{j=1}^{n_i}(y_{ij}-\overline{y}_{i.})=0$, $i=1,\cdots,k$인 k개가 있다. 따라서, SSE의 자유도는 $N-k$이다.

마지막으로 $SST=\sum_{i=1}^{k}\sum_{j=1}^{n_i}(y_{ij}-\overline{y}_{..})^2$의 자유도를 구해보자. $SST=SS_{tr}+SSE$이므로 SST의 자유도는 SS_{tr}의 자유도와 SSE의 자유도의 합이다. 즉, SST의 자유도는 $k-1+N-k=N-1$이다. 다음은 자유도 계산식에 의해 SSE의 자유도를 계산해보자. SSE는 편차들의 제곱, 즉 $(y_{ij}-\overline{y}_{..})^2$의 개수가 $N=\sum_{i=1}^{k}n_i$개이고 편차들의 선형제약조건은 $\sum_{i=1}^{k}\sum_{j=1}^{n_i}(y_{ij}-\overline{y}_{..})=0$이므로 1개이다. 따라서, SST의 자유도는 $N-1$이다.

표 10.3의 평균제곱(mean square)은 제곱합을 자유도로 나눈 것으로 분산의 추정량이 된다.

검정통계량 $F=MS_{tr}/MSE$는 귀무가설 H_0하에서 자유도 $(k-1,N-k)$인 F-분포를 따르며, 따라서 이에 대한 검정은 다음과 같다.

$$F\geq F_{\alpha}(k-1,N-k)\text{이면 } H_0\text{을 기각한다.}$$

그림 10.2는 유의수준 α에 의해 결정되는 F-통계량의 기각값을 나타내고 있다.

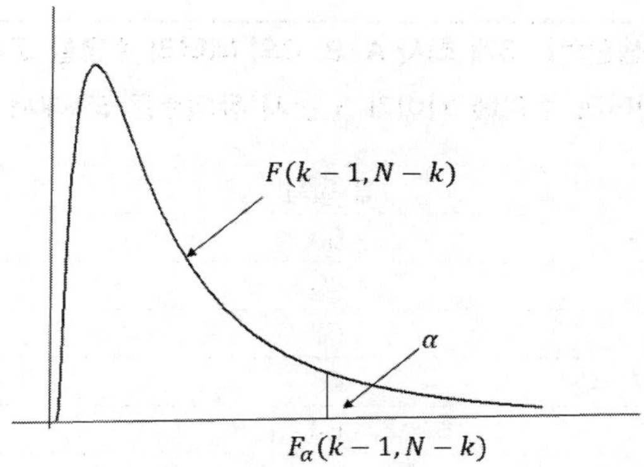

그림 10.2 F-통계량의 기각값 $F_{\alpha}(k-1, N-k)$

❖ F-분포의 정의

V_1과 V_2는 각각 자유도가 k_1과 k_2인 χ^2-분포를 따르고 서로 독립인 확률변수라 할 때

$$F = \frac{V_1/k_1}{V_2/k_2}$$

는 자유도가 (k_1, k_2)인 F-분포를 갖는다. 기호로서

$$F \sim F(k_1, k_2)$$

로 나타낸다. F-분포의 모양은 자유도에 따라 다르지만 대체로 **그림 10.3**과 같다. χ^2-분포에 대한 정의는 11장에서 언급한다.

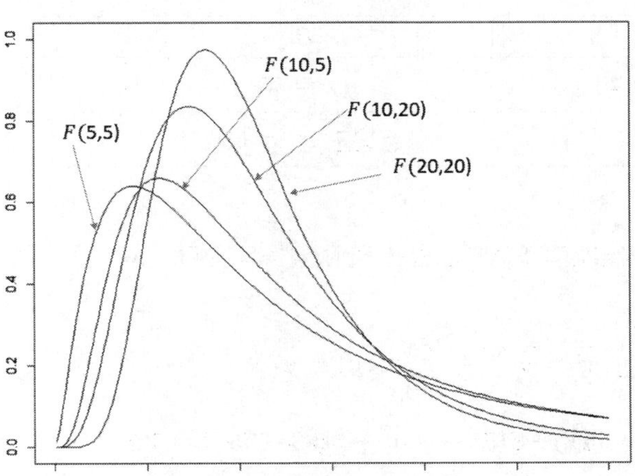

그림 10.3 자유도에 따른 F-분포의 모양

예제 10.1 배터리를 생산하는 3개 회사 A, B, C의 배터리 수명을 조사하였다. 분산분석표를 작성하고 3개 회사의 배터리 수명에 차이가 있는지 유의수준 5%에서 검정하라.

A 회사	B 회사	C 회사
40	60	70
30	40	65
50	55	70
60	65	50
	60	60
	50	

풀이 A 회사, B 회사, C 회사에서 생산되는 배터리의 평균수명을 각각 μ_A, μ_B, μ_C라고 하면 귀무가설(H_0)과 대립가설(H_1)은 다음과 같이 나타낼 수 있다.

$$H_0: \ \mu_A = \mu_B = \mu_C$$

H_1 : 적어도 하나의 μ_i는 같지 않다.

주어진 자료로부터 각 처리에 대한 평균과 총평균은 다음과 같다.

A회사	B회사	C회사
40	60	70
30	40	65
50	55	70
60	65	50
	60	60
	50	
평균 $\overline{y}_{1.} = 45$	$\overline{y}_{2.} = 55$	$\overline{y}_{3.} = 63$
총평균 $\overline{y}_{..} = 55$		

따라서 처리제곱합과 오차제곱합은 각각 다음과 같다.

$$SS_{tr} = \sum_{i=1}^{3}\sum_{j=1}^{n_i}(\overline{y}_{i.} - \overline{y}_{..})^2 = \sum_{i=1}^{3} n_i(\overline{y}_{i.} - \overline{y}_{..})^2$$

$$= 4(45-55)^2 + 6(55-55)^2 + 5(63-55)^2 = 720$$

$$SSE = \sum_{i=1}^{3}\sum_{j=1}^{n_i}(y_{ij} - \overline{y}_{i.})^2 = \sum_{j=1}^{4}(y_{1j} - \overline{y}_{1.})^2 + \sum_{j=1}^{6}(y_{2j} - \overline{y}_{2.})^2 + \sum_{j=1}^{5}(y_{3j} - \overline{y}_{3.})^2$$

여기서

$$\sum_{j=1}^{4}(y_{1j}-\overline{y}_{1.})^2=(40-45)^2+(30-45)^2+(50-45)^2+(60-45)^2=500$$

$$\sum_{j=1}^{6}(y_{2j}-\overline{y}_{2.})^2=(60-55)^2+(40-55)^2+(55-65)^2+(65-55)^2 \\ +(60-55)^2+(50-55)^2=400$$

$$\sum_{j=1}^{5}(y_{3j}-\overline{y}_{3.})^2=(70-63)^2+(65-63)^2+(70-63)^2+(50-63)^2+(60-63)^2=280$$

이므로

$$SSE=\sum_{i=1}^{3}\sum_{j=1}^{n_i}(y_{ij}-\overline{y}_{i.})^2=\sum_{j=1}^{4}(y_{1j}-\overline{y}_{1.})^2+\sum_{j=1}^{6}(y_{2j}-\overline{y}_{2.})^2+\sum_{j=1}^{5}(y_{3j}-\overline{y}_{3.})^2 \\ =500+400+280=1180$$

가 된다. 총제곱합은 $SST=SS_{tr}+SSE=720+1180=1900$이다.

따라서 **표 10.4**의 분산분석표를 얻는다.

표 10.4 일원배치 분산분석표

요인	제곱합	자유도	평균제곱	F
처리	720	2	360	3.661
오차	1180	12	98.33	
계	1900	14		

표 10.4의 일원배치 분산분석표에서 F-통계량의 값은 $F=3.661$이다. 따라서 $\alpha=0.05$에서 $F_{0.05}(2,12)=3.89$이므로 $F<F_{0.05}(2,12)$이다. 고로, H_0을 기각할 수 없다. 즉, 3개 회사의 배터리 수명에 유의한 차이가 있다는 볼 수 없다. ■

10.3 이원배치 분산분석

앞 절에서는 반응값에 대한 하나의 인자의 영향을 조사하는 일원배치 분산분석에 대해 살펴보았다. 이 절에서는 반응값에 대한 2개의 인자의 영향을 조사하는 이원배치 분산분석에 대해 학습하고자 한다. 일원배치 분산분석은 1개의 인자에 대해 k개의 모집단에서 모평균 μ_i들이 같은지에 대한 분석방법인 반면에, 이원배치 분산분석은 2개의 인자에 대해 k개의 모집단에서 모평균 μ_i들이 같은지에 대한 분석방법이라 생각할 수 있다.

다음은 이원배치 분산분석을 사용하는 몇 가지 예를 들어보고자 한다.

예 1: 제품에 대한 이미지가 성별(남, 여)과 대학출신지역별(지방대학, 수도권대학)로 차이가 있는가?

예 2: 기계(1, 2, 3)와 기능공(김씨, 이씨, 박씨)에 따라 제품의 품질이 차이가 있는가?

예 3: 중학생의 체력 중에서 던지기가 학년(1, 2, 3)과 운동성향(높음, 보통, 낮음)에 따라 차이가 있는가?

표 10.5는 인자 A와 인자 B를 갖고 있는 이원배치 데이터 구조를 보여주고 있다. 여기서 인자 A는 p개의 수준, 인자 B는 q개의 수준을 갖고 있다.

표 10.5 이원배치 데이터 구조

인자A / 인자B	A_1	A_2	…	A_p	평균
B_1	y_{11}	y_{21}	…	y_{p1}	$\bar{y}_{.1}$
B_2			…		
…		…	…	…	
B_q	y_{1q}	y_{2q}	…	y_{pq}	$\bar{y}_{.q}$
평균	$\bar{y}_{1.}$	$\bar{y}_{2.}$	…	$\bar{y}_{p.}$	총평균 $\bar{y}_{..}$

여기서 $\bar{y}_{i.} = \frac{1}{q}\sum_{j=1}^{q} y_{ij}$, $\bar{y}_{.j} = \frac{1}{p}\sum_{i=1}^{p} y_{ij}$, 그리고 $\bar{y}_{..} = \frac{1}{pq}\sum_{i=1}^{p}\sum_{j=1}^{q} y_{ij}$이다.

인자 A의 i번째 처리와 인자 B의 j번째 처리에서 $y_{ij}(i=1,\cdots,p,\ j=1,\cdots,q)$는 $N(\mu_{ij},\sigma^2)$으로부터 얻어진 관찰값이라고 할 때 y_{ij}에 대한 모형은 다음과 같이 나타낼 수 있다.

$$y_{ij} = \mu_{ij} + \epsilon_{ij}, \quad i=1,\cdots,p, \quad j=1,\cdots,q \tag{10.6}$$

여기서 ϵ_{ij}는 실험의 오차에 해당되는 항으로 서로 독립이면서 $N(0,\sigma^2)$을 따른다고 가정한다.

이 실험에서 실험 전체의 모평균을 μ라 하면

$$\mu = \frac{1}{pq}\sum_{i=1}^{p}\sum_{j=1}^{q}\mu_{ij} \tag{10.7}$$

이고 i번째 처리효과를 α_i, j번째 처리효과를 β_j라 하면

$$\mu_{ij} = \mu + \alpha_i + \beta_j$$

이다. 그리고 식 (10.7)에 의해 $\sum_{i=1}^{p}\alpha_i = 0$이고 $\sum_{j=1}^{q}\beta_j = 0$이다. 따라서 식 (10.6)의 모형을 처리효과 α_i와 β_j을 사용하여 다음과 같이 표현할 수 있다.

$$y_{ij} = \mu + \alpha_i + \beta_j + \epsilon_{ij},\ i = 1, \cdots, p, j = 1, \cdots, q \tag{10.8}$$

식 (10.8)의 모형에서 처리효과 α_i에 대해 H_0과 H_1을 다음과 같이 나타낼 수 있다.

$$\begin{aligned} &H_0:\ \alpha_1 = \alpha_2 = \ldots = \alpha_p = 0 \\ &H_1:\ \text{적어도 하나의 } \alpha_i\text{는 } 0\text{이 아니다.} \end{aligned} \tag{10.9}$$

여기서 처리효과 α_i가 모두 같으면 $\sum_{i=1}^{p}\alpha_i = 0$에 의해 $\alpha_i = 0$이 된다. 이 경우 인자 A에서 p개의 처리의 효과는 없음을 의미한다. 그리고 처리효과 β_j에 대해 H_0과 H_1을 다음과 같이 나타낼 수 있다.

$$\begin{aligned} &H_0:\ \beta_1 = \beta_2 = \ldots = \beta_q = 0 \\ &H_1:\ \text{적어도 하나의 } \beta_j\text{는 } 0\text{이 아니다.} \end{aligned} \tag{10.10}$$

여기서 처리효과 β_j가 모두 같으면 $\sum_{j=1}^{q}\beta_j = 0$에 의해 $\beta_j = 0$이 된다. 이 경우 인자 B에서 q개의 처리의 효과는 없음을 의미한다.

식 (10.9)와 식 (10.10)에 주어진 가설을 검정하기 위한 검정통계량을 유도하고자 한다. 검정통계량은 총제곱합을 인자 A의 효과에 의한 제곱합과 인자 B의 효과에 의한 제곱합 그리고 오차제곱합으로의 분해를 통해 얻어진다.

이를 위해 먼저, 관측값 y_{ij}와 $\overline{y}_{..}$와의 차인 총편차 $y_{ij} - \overline{y}_{..}$을 다음과 같이 분해한다.

$$y_{ij}-\bar{y}_{..}=(\bar{y}_{i.}-\bar{y}_{..})+(\bar{y}_{.j}-\bar{y}_{..})+(y_{ij}-\bar{y}_{i.}-\bar{y}_{.j}+\bar{y}_{..}) \tag{10.11}$$

식 (10.11)에서 우변의 첫째항은 인자 A의 i번째 처리효과에 의한 편차이고, 두 번째 항은 인자 B의 j번째 처리효과에 의한 편차이고, 세 번째 항은 잔차에 해당한다. 식 (10.11)의 양변을 제곱하여 i,j에 대하여 더하면 다음과 같이 제곱합이 얻어진다.

$$\underbrace{\sum_{i=1}^{p}\sum_{j=1}^{q}(y_{ij}-\bar{y}_{..})^2}_{\text{총제곱합}(SST)}=\underbrace{\sum_{i=1}^{p}\sum_{j=1}^{q}(\bar{y}_{i.}-\bar{y}_{..})^2}_{\text{인자}A\text{제곱합}(SS_A)}+\underbrace{\sum_{i=1}^{p}\sum_{j=1}^{q}(\bar{y}_{.j}-\bar{y}_{..})^2}_{\text{인자}B\text{제곱합}(SS_B)}+\underbrace{\sum_{i=1}^{p}\sum_{j=1}^{q}(y_{ij}-\bar{y}_{i.}-\bar{y}_{.j}+\bar{y}_{..})^2}_{\text{오차제곱합}(SSE)}$$

위의 제곱합을 이용하여 다음의 **표 10.6**과 같이 분산분석표(ANOVA table)를 작성할 수 있다.

표 10.6 이원배치 분산분석표

요인	제곱합	자유도	평균제곱	F
인자 A	SS_A	$p-1$	$MS_A=\dfrac{SS_A}{p-1}$	$F_A=\dfrac{MS_A}{MSE}$
인자 B	SS_B	$q-1$	$MS_B=\dfrac{SS_B}{q-1}$	$F_B=\dfrac{MS_B}{MSE}$
오차	SSE	$(p-1)(q-1)$	$MSE=\dfrac{SSE}{(p-1)(q-1)}$	
계	SST	$pq-1$		

표 10.6의 이원배치 분산분석표에서 $F_A=MS_A/MSE$는 식 (10.9)의 $H_0:\alpha_1=\alpha_2=\ldots=\alpha_p=0$을 검정하기 위한 검정통계량으로 H_0하에서 자유도 $(p-1,(p-1)(q-1))$인 F-분포를 갖는다. 따라서

$$F_A \geq F_\alpha(p-1,(p-1)(q-1))$$

이면 H_0을 기각한다. 또한, $F_B=MS_B/MSE$는 식 (10.10)의 $H_0:\beta_1=\beta_2=\ldots=\beta_q=0$을 검정하기 위한 검정통계량으로 H_0하에서 자유도 $(q-1,\ (p-1)(q-1))$인 F-분포를 갖는다. 따라서

$$F_B \ge F_\alpha(q-1, (p-1)(q-1))$$

이면 H_0을 기각한다.

예제 10.2 **다음은 8명에 대해 성별과 연령에 따라 100m 달리기를 조사한 자료이다. 분산분석표를 작성하고 연령에 따라 달리기에 차이가 있는지 또한 성별에 따라 달리기에 차이가 있는지 유의수준 5%에서 검정하라.**

연령 / 성별	10대	20대	30대	40대
남	13	15	18	20
여	15	18	20	24

풀이 연령 인자에 따라 차이가 있는지를 검정하기 위한 귀무가설(H_0)과 대립가설(H_1)은 다음과 같다.

$$H_0: \ \alpha_1 = \alpha_2 = \alpha_3 = \alpha_4 = 0$$

H_1 : 적어도 하나의 α_i는 0이 아니다.

또한, 성별 인자에 따라 차이가 있는지를 검정하기 위한 귀무가설(H_0)과 대립가설(H_1)은 다음과 같다.

$$H_0: \ \beta_1 = \beta_2 = 0$$

H_1 : 적어도 하나의 β_j는 0이 아니다.

주어진 자료로부터 연령과 성별에 따른 평균과 총평균은 다음과 같이 계산된다.

연령 / 성별	10대	20대	30대	40대	평균
남	13	15	18	20	$\overline{y}_{.1} = 16.5$
여	15	18	20	24	$\overline{y}_{.2} = 19.25$
평균	$\overline{y}_{1.} = 14$	$\overline{y}_{2.} = 16.5$	$\overline{y}_{3.} = 19$	$\overline{y}_{4.} = 22$	총평균 $\overline{y}_{..} = 17.875$

따라서 제곱합은 다음과 같다.

$$SS_A = \sum_{i=1}^{4}\sum_{j=1}^{2}(\overline{y}_{i.} - \overline{y}_{..})^2 = 2\sum_{i=1}^{4}(\overline{y}_{i.} - \overline{y}_{..})^2 = 2\{(14-17.875)^2 + (16.5-17.875)^2 + (19-17.875)^2 + (22-17.875)^2\} = 70.375$$

$$SS_B = \sum_{i=1}^{4}\sum_{j=1}^{2}(\overline{y}_{.j} - \overline{y}_{..})^2 = 4\sum_{j=1}^{2}(\overline{y}_{.j} - \overline{y}_{..})^2 = 4\{(16.5-17.875)^2 + (19.25-17.875)^2\} = 15.125$$

$$SSE = \sum_{i=1}^{4}\sum_{j=1}^{2}(y_{ij} - \overline{y}_{i.} - \overline{y}_{.j} + \overline{y}_{..})^2 = (13-14-16.5+17.875)^2 + \dots + (24-22-19.25+17.875)^2 = 1.375$$

$$SST = SS_A + SS_B + SSE = 70.375 + 15.125 + 1.375 = 86.875$$

이 결과들을 통해 **표 10.7**의 분산분석표를 얻는다.

표 10.7 이원배치 분산분석표

요인	제곱합	자유도	평균제곱	F
연령	70.375	3	23.458	F_A=51.182
성별	15.125	1	15.125	F_B=33.000
오차	1.375	3	.458	
계	86.875	7		

표 10.7의 이원배치 분산분석표에서 $F_A = 51.182$이고 $F_{0.05}(3,3) = 9.28$이므로 $F_A \geq F_{0.05}(3,3)$이다. 따라서 $H_0 : \alpha_1 = \alpha_2 = \alpha_3 = \alpha_4 = 0$을 기각한다. 고로, 연령에 따라 100m 달리기에 차이가 있다.

또한, $F_B = 33.000$이고 $F_{0.05}(1,3) = 10.13$이므로 $F_B \geq F_{0.05}(1,3)$이다. 따라서 $H_0 : \beta_1 = \beta_2 = 0$을 기각한다. 고로, 성별에 따라 100m 달리기에 차이가 있다. ■

10.4 R을 이용한 실습

R에는 분산분석을 위해 aov() 함수를 제공하고 있다. 다음은 aov() 함수의 사용형식이다.

```
aov(formula)
```

여기서 formula는 모형을 지정하는데 "종속변수명 ~ 독립변수명" 형태이다. 원하는 분산분석표를 얻기 위해서는 summary() 함수를 사용하여 aov() 함수의 결과를 지정해야 한다.

예제 10.3 **예제 10.1에서 R을 이용하여 분산분석표를 작성하고 3개 회사의 배터리 수명에 차이가 있는지 유의수준 5%에서 검정하라.**

```
> A <- c(40, 30, 50, 60)
> B <- c(60, 40, 55, 65, 60, 50)
> C <- c(70, 65, 70, 50, 60)
> y =c(A, B, C)
> treatment <- as.factor(c(rep("A",4), rep("B",6), rep("C",5)))
> anova=aov(y ~ treatment)
> summary(anova)
            Df Sum Sq Mean Sq F value Pr(>F)
treatment    2    720   360.0   3.661 0.0574 .
Residuals   12   1180    98.3
---
Signif. codes:  0 '***' 0.001 '**' 0.01 '*' 0.05 '.' 0.1 ' ' 1
```

aov() 함수에서 일원배치 모형이므로 "종속변수 ~ 인자" 형태이다.
위 결과로부터 다음의 분산분석표를 얻을 수 있다.

	Df	Sum Sq	Mean Sq	F value	Pr(>F)
treatment	2	720	360	3.661	0.0574
Residuals	12	1180	98.3		
	14	1900			

이 결과를 보면 검정통계량 값은 $F = 3.661$이고 유의확률은 Pr(>F)=0.05738이므로 5% 유의수준에서는 H_0을 기각할 수 없다.

R에서는 다음과 같이 다른 방법으로 일원배치 데이터 입력을 하더라도 똑같은 결과를 얻을 수 있다.

```
> y <- c(40, 30, 50, 60,60, 40, 55, 65, 60, 50,70, 65, 70, 50, 60)
> company <- c("A", "A", "A", "A", "B", "B", "B", "B", "B", "B", "C","C",
"C","C","C")
> treatment <- as.factor(company)
> anova=aov(y ~ treatment)
> summary(anova)
           Df  Sum Sq Mean Sq F value  Pr(>F)
treatment    2  720.00  360.00   3.661 0.05738 .
Residuals   12 1180.00   98.33
---
Signif. codes:  0 ‘***’ 0.001 ‘**’ 0.01 ‘*’ 0.05 ‘.’ 0.1 ‘ ’ 1
```

예제 10.4 예제 10.2에서 R을 이용하여 분산분석표를 작성하고 연령에 따라 달리기에 차이가 있는지 또한 성별에 따라 달리기에 차이가 있는지 유의수준 5%에서 검정하라.

```
> y =c(13, 15, 18, 20, 15, 18, 20, 24)
> age=c("10", "20", "30", "40", "10", "20", "30", "40")
> sex=c("M", "M", "M", "M", "F", "F", "F", "F")
> treatment_A=as.factor(age)
> treatment_B=as.factor(sex)
> anova=aov(y ~treatment_A + treatment_B )
> summary(anova)
           Df Sum Sq Mean Sq F value  Pr(>F)
treatment_A  3  70.37  23.458   51.18 0.00448 **
treatment_B  1  15.12  15.125   33.00 0.01048 *
Residuals    3   1.38   0.458
---
Signif. codes:  0 ‘***’ 0.001 ‘**’ 0.01 ‘*’ 0.05 ‘.’ 0.1 ‘ ’ 1
```

aov() 함수에서 이원배치 모형이므로 “종속변수 ~ 인자 A + 인자 B” 형태이다.

위 결과로부터 다음의 분산분석표를 얻을 수 있다.

	Df	Sum Sq	Mean Sq	F value	Pr(>F)
treatment_A	3	70.375	23.458	F_A=51.182	0.00448 **
treatment_B	1	15.125	15.125	F_B=33.000	0.01048 *
Residuals	3	1.375	.458		
계	7	86.875			

이 결과로부터 treatment_A(연령)에 대한 검정에서 유의확률이 Pr(>F)=0.00448이므로 매우 유의한 차이가 있음을 알 수 있다. 또한, treatment_B(성별)에 대한 검정에서 유의확률이 Pr(>F) =0.01048이므로 유의한 차이가 있음을 알 수 있다. 표의 유의확률에서 **와 * 표시는 각각의 유의수준 0.01과 0.05와 비교하여 작은 경우를 나타낸다.

이론적 배경

01 일원배치 분산분석에서 총제곱합은 처리제곱합과 오차제곱합의 합으로 표시될 수 있으며 다음과 같이 나타낼 수 있다.

$$\underbrace{\sum_{i=1}^{k}\sum_{j=1}^{n_i}(y_{ij}-\overline{y}_{..})^2}_{\text{총제곱합}(SST)} = \underbrace{\sum_{i=1}^{k}n_i(\overline{y}_{i.}-\overline{y}_{..})^2}_{\text{처리제곱합}(SS_{tr})} + \underbrace{\sum_{i=1}^{k}\sum_{j=1}^{n_i}(y_{ij}-\overline{y}_{i.})^2}_{\text{오차제곱합}(SSE)}$$

풀이 관측값 y_{ij}와 총평균 $\overline{y}_{..}$과의 차인 총편차 $y_{ij}-\overline{y}_{..}$을 다음과 같이 분해한다.

$$y_{ij}-\overline{y}_{..} = (\overline{y}_{i.}-\overline{y}_{..}) + (y_{ij}-\overline{y}_{i.})$$

위식의 양변을 제곱하여 i, j에 대하여 더하면 다음과 같이 제곱합이 얻어진다.

$$\begin{aligned}\sum_{i=1}^{k}\sum_{j=1}^{n_i}(y_{ij}-\overline{y}_{..})^2 &= \sum_{i=1}^{k}\sum_{j=1}^{n_i}[(y_{ij}-\overline{y}_{i.})+(\overline{y}_{i.}-\overline{y}_{..})]^2 \\ &= \sum_{i=1}^{k}\sum_{j=1}^{n_i}(y_{ij}-\overline{y}_{i.})^2 + \sum_{i=1}^{k}\sum_{j=1}^{n_i}(\overline{y}_{i.}-\overline{y}_{..})^2 \\ &\quad + 2\sum_{i=1}^{k}\sum_{j=1}^{n_i}(y_{ij}-\overline{y}_{i.})(\overline{y}_{i.}-\overline{y}_{..})\end{aligned}$$

위 식에서 우변의 마지막 항은

$$\begin{aligned}\sum_{i=1}^{k}\sum_{j=1}^{n_i}(y_{ij}-\overline{y}_{i.})(\overline{y}_{i.}-\overline{y}_{..}) &= \sum_{i=1}^{k}(\overline{y}_{i.}-\overline{y}_{..})\sum_{j=1}^{n_i}(y_{ij}-\overline{y}_{i.}) \\ &= \sum_{i=1}^{k}(\overline{y}_{i.}-\overline{y}_{..})\cdot 0 \\ &= 0\end{aligned}$$

이다.

02 이원배치 분산분석에서 총제곱합은 인자 A 제곱합과 인자 B 제곱합 그리고 오차제곱합의 합으로 표시될 수 있으며 다음과 같이 나타낼 수 있다.

$$\underbrace{\sum_{i=1}^{p}\sum_{j=1}^{q}(y_{ij}-\overline{y}_{..})^2}_{\text{총제곱합}(SST)} = \underbrace{\sum_{i=1}^{p}\sum_{j=1}^{q}(\overline{y}_{i.}-\overline{y}_{..})^2}_{\text{인자}A\text{제곱합}(SS_A)} + \underbrace{\sum_{i=1}^{p}\sum_{j=1}^{q}(\overline{y}_{.j}-\overline{y}_{..})^2}_{\text{인자}B\text{제곱합}(SS_B)} + \underbrace{\sum_{i=1}^{p}\sum_{j=1}^{q}(y_{ij}-\overline{y}_{i.}-\overline{y}_{.j}+\overline{y}_{..})^2}_{\text{오차제곱합}(SSE)}$$

풀이 관측값 y_{ij}와 총평균 $\overline{y}_{..}$과의 차인 총편차 $y_{ij}-\overline{y}_{..}$을 다음과 같이 분해한다.

$$y_{ij}-\overline{y}_{..} = (\overline{y}_{i.}-\overline{y}_{..}) + (\overline{y}_{.j}-\overline{y}_{..}) + (y_{ij}-\overline{y}_{i.}-\overline{y}_{.j}+\overline{y}_{..})$$

위 식을 양변을 제곱하여 i, j에 대하여 더하면 다음과 같이 제곱합이 얻어진다.

$$\begin{aligned}\sum_{i=1}^{p}\sum_{j=1}^{q}(y_{ij}-\overline{y}_{..})^2 &= \sum_{i=1}^{p}\sum_{j=1}^{q}[(\overline{y}_{i.}-\overline{y}_{..}) + (\overline{y}_{.j}-\overline{y}_{..}) + (y_{ij}-\overline{y}_{i.}-\overline{y}_{.j}+\overline{y}_{..})]^2 \\ &= \sum_{i=1}^{p}\sum_{j=1}^{q}(\overline{y}_{i.}-\overline{y}_{..})^2 + \sum_{i=1}^{p}\sum_{j=1}^{q}(\overline{y}_{.j}-\overline{y}_{..})^2 + \sum_{i=1}^{p}\sum_{j=1}^{q}(y_{ij}-\overline{y}_{i.}-\overline{y}_{.j}+\overline{y}_{..})^2 \\ &\quad + 2\sum_{i=1}^{p}\sum_{j=1}^{q}(\overline{y}_{i.}-\overline{y}_{..})(\overline{y}_{.j}-\overline{y}_{..}) + 2\sum_{i=1}^{p}\sum_{j=1}^{q}(\overline{y}_{i.}-\overline{y}_{..})(y_{ij}-\overline{y}_{i.}-\overline{y}_{.j}+\overline{y}_{..}) \\ &\quad + 2\sum_{i=1}^{p}\sum_{j=1}^{q}(\overline{y}_{.j}-\overline{y}_{..})(y_{ij}-\overline{y}_{i.}-\overline{y}_{.j}+\overline{y}_{..})\end{aligned}$$

위 식에서 우변의 항 중에서

$$\sum_{i=1}^{p}\sum_{j=1}^{q}(\overline{y}_{i.}-\overline{y}_{..})(\overline{y}_{.j}-\overline{y}_{..}) = \sum_{i=1}^{p}(\overline{y}_{i.}-\overline{y}_{..})\sum_{j=1}^{q}(\overline{y}_{.j}-\overline{y}_{..}) = 0,$$

$$\sum_{i=1}^{p}\sum_{j=1}^{q}(\overline{y}_{i.}-\overline{y}_{..})(y_{ij}-\overline{y}_{i.}-\overline{y}_{.j}+\overline{y}_{..}) = \sum_{i=1}^{p}(\overline{y}_{i.}-\overline{y}_{..})\sum_{j=1}^{q}(y_{ij}-\overline{y}_{i.}-\overline{y}_{.j}+\overline{y}_{..}) = 0,$$

$$\sum_{i=1}^{p}\sum_{j=1}^{q}(\overline{y}_{.j}-\overline{y}_{..})(y_{ij}-\overline{y}_{i.}-\overline{y}_{.j}+\overline{y}_{..}) = \sum_{j=1}^{q}(\overline{y}_{.j}-\overline{y}_{..})\sum_{i=1}^{p}(y_{ij}-\overline{y}_{i.}-\overline{y}_{.j}+\overline{y}_{..}) = 0$$

이다.

연습문제

01 4가지 교육방법의 효과를 비교하기 위해 학생 23명을 무작위로 4개 집단으로 나누고 한 학기 동안 각 교육방법으로 교육을 실시한 후에 다음과 같은 기말시험 성적을 얻었다. 4가지 교육방법의 효과가 다르다고 할 수 있는지 유의수준 5%에서 검정하라.

방법 1	방법 2	방법 3	방법 4
65	75	59	94
87	69	78	89
73	83	67	95
79	81	62	88
81	72	83	
69	79	76	
	90		

02 포도당(Glucose)이 인슐린 분비량에 미치는 영향을 연구하기 위해 실험동물의 췌장 조직표본에 5가지 다른 농도의 포도당을 투여하고 일정한 시간이 경과한 후에 인슐린 분비량을 측정하였다. 이들 집단의 인슐린 분비량에 차이가 있는지 유의수준 10%에서 검정하라.

0.01%	0.05%	0.1%	0.5%	1.0%
1.53	3.15	3.89	8.18	5.86
1.61	3.96	3.68	5.64	5.46
3.75	3.59	5.70	7.36	5.69
2.89	1.89	5.62	5.33	6.49
3.26	1.45	5.79	8.82	7.81
	1.56	5.33	5.26	9.03
			7.10	7.49
				8.98

03 4종류의 식이요법 A, B, C, D의 효과에 차이가 있는지 알아보기 위해 25마리 쥐의 10주 동안의 체중 증가량을 조사하여 다음을 얻었다. 식이요법의 효과에 차이가 있는지 유의수준 5%에서 검정하라.

A	B	C	D
257	201	248	202
205	164	165	276
206	197	187	207
231	185	220	204
190		212	230
214		215	227
228		281	
203			

04 어떤 생산업체에서 작업시간대에 따라 생산량에 대한 자료는 다음과 같다. 작업시간대에 따른 생산량 차이가 있는지 유의수준 10%에서 검정하라.

오전	오후	야간	새벽
75	78	55	67
70	68	60	71
66	72	64	79
69	74	65	71

05 토마토를 재배하는 농가에서 3종류의 품종(A)과 4종류의 비료(B)가 생산량에 미치는 영향을 조사하고자 한다. 품종에 따라 생산량에 차이가 있는지 혹은 비료에 따라 생산량에 차이가 있는지 유의수준 5%에서 검정하라.

비료 \ 품종	A1	A2	A3
B1	12	4	20
B2	14	13	22
B3	12	6	15
B4	20	17	17

06 공부 환경에 영향을 주는 소음(A)과 고독성(B)에 대한 연구이다. 소음의 수준은 "없음", "약함", "시끄러움"이고 고독성 요인의 수준은 "방안에서 홀로 공부"와 "함께 공부"로 설정하였다. 모두 사람에게 30분을 주고 일정 범위의 역사책을 읽게 한 다음 25문항의 시험을 본 후 맞은 문항 수를 기록하였다. 소음에 따라 차이가 있는지 혹은 고독에 따라 차이가 있는지 유의수준 5%에서 검정하라.

고독 \ 소음	없음	약함	시끄러움
방안에서 홀로 공부	16	14	7
함께 공부	14	10	5

11장

상관분석

11.1 서론

상관분석(correlation analysis)은 두 변수 간에 관련성을 분석하는 통계기법이다. 두 변수 간의 관련성의 정도를 상관관계(correlation)라고 한다. 여기서 상관관계는 구체적으로 선형(linear, 직선)관계를 의미한다. 두 변수 간의 상관관계를 나타내는 값을 상관계수(correlation coefficient)라고 한다. 따라서 상관계수는 두 변수 간 선형관계를 나타내는 측도이다. 상관계수가 클수록 두 변수 사이에 선형관계가 강하다는 것을 의미한다.

우리는 일상생활에서 "키가 크면 발이 크다.", "부모 교육수준이 높으면 자녀의 성공률이 높다." 등의 이야기를 많이 한다. 이러한 두 변수 '키'와 '발 크기', '부모 교육수준'과 '자녀 성공률' 외에도 '경제적 수입'과 '삶의 질', '혈압'과 '연령', '커피'와 '심장병', '체중'과 '신장', '광고'와 '매출액' 등 관심있는 두 변수 간의 관련성을 상관분석을 통해 알 수 있다.

두 변수 간의 관계를 시각적으로 대강 파악하기 위해 산점도(scatter plot, 산포도)를 그린다. 산점도는 X축에 한 변수, Y축에 다른 변수를 설정하고 각 변수의 값을 나타내는 점을 찍어 두 변수 간의 관계를 파악할 수 있는 도표이다. 산점도를 그려서 두 변수의 대략적 관계를 파악한 후 상관계수를 구하고, 상관계수가 통계적으로 유의한 값인지 알기 위해 검정을 통해 판단한다. 상관계수가 큰 값을 갖더라도 통계적으로 유의하지 않으면 두 변수 간 상관관계가 있다고 말할 수 없다.

11.2 상관분석

상관분석에서 두 변수 간의 선형관계를 객관적으로 수치화한 것이 상관계수이다. 상관계수에는 모집단으로부터 계산된 모상관계수(population correlation coefficient)와 표본으로부터 계산된 표본상관계수(sample correlation coefficient)가 있다. **그림 11.1**은 모상관계수와 표본상관계수와의 관계를 나타낸 것이다.

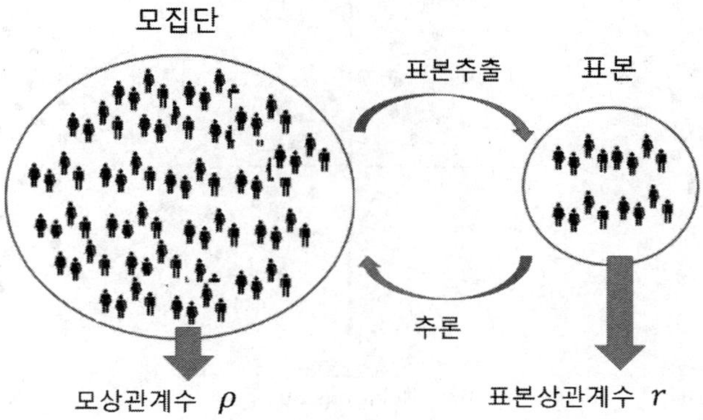

그림 11.1 모상관계수와 표본상관계수와의 관계

모상관계수 ρ는 모집단의 두 변수 X와 Y 사이에 존재하는 선형관계의 측도로서 다음과 같다.

$$\rho = \frac{Cov(X, Y)}{\sqrt{Var(X)}\sqrt{Var(Y)}} = \frac{Cov(X, Y)}{\sigma_X \sigma_Y} \tag{11.1}$$

식 (11.1)에서 분모에 있는 $Var(X)$(혹은 σ_X)와 $Var(Y)$(혹은 σ_Y)는 각각 X와 Y의 모분산(혹은 모표준편차)이고 분자에 있는 $Cov(X, Y)$는 변수 X와 Y의 모공분산(population covariance)을 나타낸다. X와 Y의 모공분산은 다음과 같이 계산한다.

$$Cov(X, Y) = \frac{1}{N}\sum_{i=1}^{N}(X_i - \overline{X})(Y_i - \overline{Y})$$

여기서 N은 모집단의 크기이다. 즉, 공분산은 X의 편차와 Y의 편차를 곱한 것의 평균이다. 공분산은 두 변수 X와 Y가 어떤 방향으로 퍼져있는지를 나타낸다. 즉, X가 커지면 Y도 커지는지 혹은 작아지는지 아니면 아무 상관이 없는지 등을 나타낸다. **그림 11.2**는 공분산의 3가지 유형을 보여주고 있다.

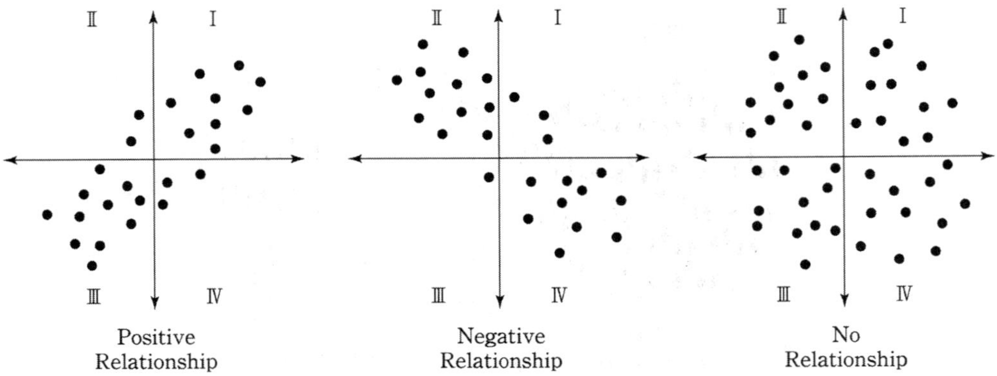

그림 11.2 3가지 공분산 유형

그림 11.2의 왼쪽 그림은 두 변수 간 같은 방향으로 퍼져있는 경우, 즉 $Cov(X, Y) > 0$인 양의 관계(positive relationship)이다. 가운데 그림은 두 변수 간 다른 방향으로 퍼져있는 경우, 즉 $Cov(X, Y) < 0$인 음의 관계(negative relationship)이다. 그리고 오른쪽 그림은 두 변수 간 아무런 방향이 없는 경우, 즉 $Cov(X, Y) = 0$인 관계 없음(no relationship)을 나타내고 있다.

공분산은 두 변수의 측정단위에 따라 달라진다. 따라서 이런 공분산의 한계를 보완하기 위해 공분산을 표준편차로 나누어 표준화한 것이 바로 상관계수이다.

모상관계수 ρ의 대표적인 성질은 다음과 같다.

① ρ는 -1에서 1 사이의 값을 가진다. 즉, $-1 \leq \rho \leq 1$

② 두 변수 X와 Y가 서로 독립이면 두 변수 간에 상관관계가 없다. 즉, $\rho = 0$이다.

③ $\rho = 0$, 즉 두 변수 간에 선형관계가 없다하더라도 비선형 관계가 있을 수 있다. 따라서 $\rho = 0$인 경우 두 변수가 항상 독립이라고 할 수 없다.

일반적으로 모집단은 잘 알려져 있지 않기 때문에 표본을 통해 모상관계수를 추정한다. 모집단으로부터 추출된 크기가 n인 표본의 자료를 $(x_1, y_1), (x_2, y_2), \cdots, (x_n, y_n)$라고 할 때 X와 Y 사이의 표본상관계수(sample correlation coefficient) r은 다음과 같이 정의된다.

$$r = \frac{S_{XY}}{\sqrt{S_X^2}\sqrt{S_Y^2}} = \frac{\sum_{i=1}^{n}(x_i - \overline{x})(y_i - \overline{y})}{\sqrt{\sum_{i=1}^{n}(x_i - \overline{x})^2}\sqrt{\sum_{i=1}^{n}(y_i - \overline{y})^2}} = \frac{SS_{XY}}{\sqrt{SS_X}\sqrt{SS_Y}} \tag{11.2}$$

식 (11.2)에서 분모에 있는 S_X^2와 S_Y^2는 각각 X와 Y의 표본분산이다. 즉,

$$S_X^2 = \frac{1}{n-1}\sum_{i=1}^{n}(x_i - \overline{x})^2$$

$$S_Y^2 = \frac{1}{n-1}\sum_{i=1}^{n}(y_i - \overline{y})^2$$

이다. 그리고 식 (11.2)에 있는 S_{XY}는 변수 X와 Y의 표본 공분산(sample covariance)이다. 즉,

$$S_{XY} = \frac{1}{n-1}\sum_{i=1}^{n}(x_i - \overline{x})(y_i - \overline{y})$$

이다. 여기서 n은 표본의 크기이다.

표본상관계수 r의 대표적인 성질은 다음과 같다.

① r은 -1에서 1 사이의 값을 가진다. 즉, $-1 \le r \le 1$
② r이 1에 가까운 값을 갖는 경우, 즉 $r \to 1$인 경우에 두 변수는 강한 양의 상관관계(strong positive correlation)를 갖는다고 한다.
③ r이 -1에 가까운 값을 갖는 경우, 즉 $r \to -1$인 경우에 두 변수는 강한 음의 상관관계(strong negative correlation)를 갖는다고 한다.
④ r이 0에 가까운 값을 갖는 경우, 즉 $r \to 0$인 경우 두 변수 간의 상관관계는 존재하지 않는다고 한다.

참고로, 위 ④에서 $r \to 0$인 경우 두 변수 간의 상관관계가 존재하지 않는다는 표현보다는 선형의 상관관계가 존재하지 않는다고 표현하는 것이 적절하다. 상관계수는 단지 두 변수 간의 선형관계를 재는 측도이지 곡선 관계 또는 기타의 다른 관계를 재는 측도가 아니다. 따라서, r이 0에 가깝다는 것은 두 변수 간에 선형관계가 존재하지 않는다는 것이지 곡선 관계를 포함하여 그 밖의 관계마저 존재하지 않는다는 것은 아니다.

그림 11.3은 두 변수에 대한 산점도(scatter plot)와 그에 대응하는 상관계수를 보여주고 있다.

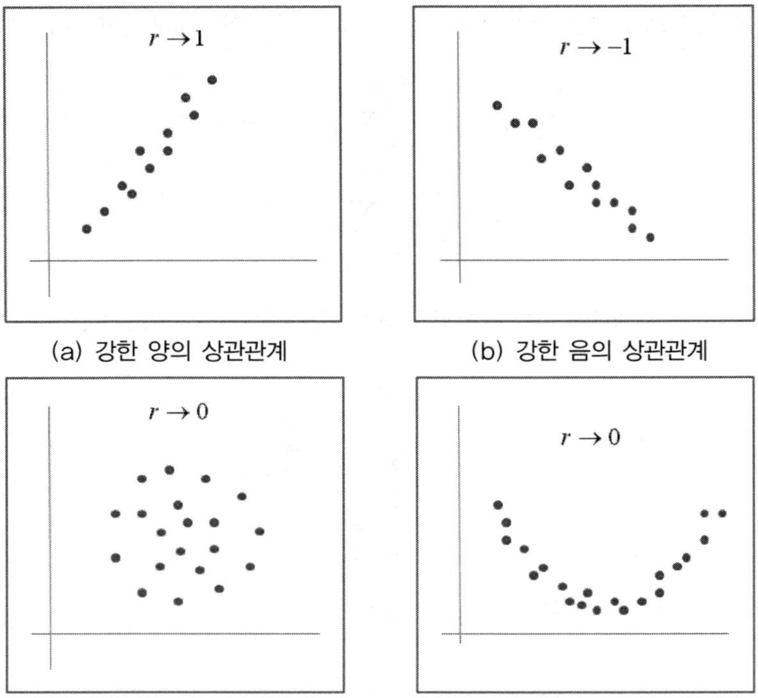

(a) 강한 양의 상관관계 (b) 강한 음의 상관관계

(c) 상관관계 없음 (d) 곡선 상관관계

그림 11.3 산점도와 상관계수

그림 11.3 (a)의 산점도는 X의 값이 증가함에 따라 Y도 증가하는 양의 관계와 직선의 기울기 또한 양인 직선을 보이고 있고, **그림 11.3** (b)의 산점도는 X의 값이 증가함에 따라 Y는 반대로 감소하는 음의 관계와 직선의 기울기 또한 음인 직선을 보이고 있다. **그림 11.3** (c)는 X와 Y의 관계가 원의 형태를 나타내고 있고 (d)는 X와 Y는 곡선 관계를 나타내고 있다. 위 그림으로부터 X와 Y의 관계가 직선에 가까울수록 상관계수는 1과 -1에 가까운 값을 가지며 직선에서 멀수록, 예를 들어 원이라든가 곡선인 경우에는 상관계수가 0에 가까운 값을 가짐을 알 수 있다.

예제 11.1 **표 11.1은 펜실베니아 주립대학교(Pennsylvania State University)에서 키와 발 크기의 관련성을 알기 위해 대학생 32명을 대상으로 키와 발 크기를 조사한 자료이다.**

표 11.1 키와 발 크기 데이터(단위: 키(inches), 발 크기(cm))

Y (height)	66.5 73.5 70.0 71.0 73.0 71.0 71.0 69.5 73.0 71.0 69.0 69.0 73.0 75.0 73.0 72.0 69.0 68.0 72.5 78.0 79.0 71.0 74.0 66.0 71.0 71.0 71.0 84.0 77.0 72.0 70.0 68.0
X (foot length)	27.0 29.0 25.5 27.9 27.0 26.0 29.0 27.0 29.0 27.0 29.0 27.2 29.0 29.0 27.2 27.5 25.0 25.0 28.0 31.5 30.0 28.0 29.0 25.5 26.7 29.0 28.0 27.0 29.0 28.0 26.0 27.0

① 키와 발 크기에 대한 산점도를 그려라.

② 키와 발 크기의 관련성을 알기 위해 상관계수를 구하라.

풀이 ① **표 11.1**로부터 산점도(scatter plot)는 **그림 11.4**와 같다.

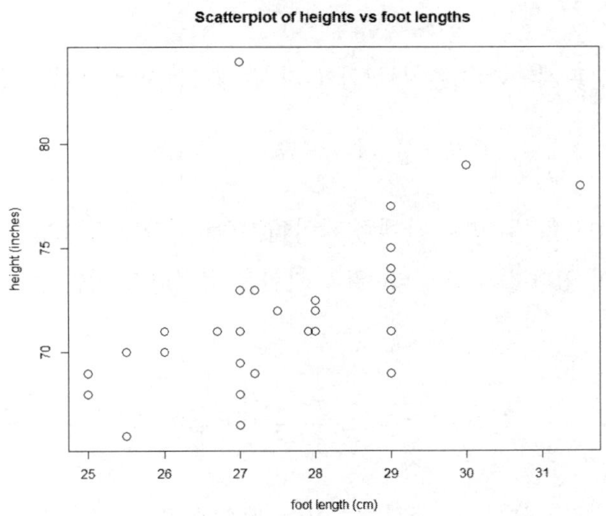

그림 11.4 키와 발 크기에 대한 산점도

그림 11.4의 산점도로부터 키와 발 크기 간에는 대략적으로 양의 상관관계를 갖고 있음을 알 수 있다.

② 주어진 자료로부터

$$\overline{x} = 27.688,\ \overline{y} = 71.938$$

이고

$$SS_{XY} = (27.0 - 27.688)(66.5 - 71.938) + (29.0 - 27.688)(73.5 - 71.938) + \dots$$
$$+ (27.0 - 27.688)(68.0 - 71.938) = 92.875$$
$$SS_X = (27.0 - 27.688)^2 + (29.0 - 27.688)^2 + \dots + (27.0 - 27.688)^2 = 69.855$$
$$SS_Y = (66.5 - 71.938)^2 + (73.5 - 71.938)^2 + \dots + (58.0 - 71.938)^2 = 420.875$$

이다. 따라서 상관계수는 다음과 같이 주어진다.

$$r = \frac{SS_{XY}}{\sqrt{SS_X}\sqrt{SS_Y}} = \frac{92.875}{\sqrt{69.855}\sqrt{420.875}} = 0.542$$

■

지금까지는 두 변수 간의 상관관계의 정도를 상관계수를 가지고 알아보았다. **표 11.1**의 키와 발 크기 자료에서 $r = 0.542$인 경우 두 변수 간에는 통계적으로 상관이 있다고 할 수 있을까? 이 물음에 답하기 위해 두 변수 간에 상관계수의 유의성 검정에 대해 살펴보고자 한다.

두 변수 간에 상관관계(여기서는 선형관계)가 존재하는지에 대한 가설은 다음과 같다.

$$H_0: \rho = 0, \qquad H_1: \rho \neq 0$$

귀무가설 $H_0: \rho = 0$은 '두 변수 간에 상관이 없다'를 나타내고 대립가설 $H_1: \rho \neq 0$은 '두 변수 간에 상관이 있다'를 나타낸다. 위의 가설을 검정하기 위한 검정통계량 T는 다음과 같다.

$$T = \sqrt{n-2}\frac{r}{\sqrt{1-r^2}} \sim t(n-2)$$

여기서 n은 자료의 개수이고 r은 상관계수이다. 유의수준 α에서 $|T| \geq t_{\alpha/2}(n-2)$이면 H_0을 기각한다. 따라서 이 경우 두 변수 간에 통계적으로 상관이 있다고 판정을 내린다.

예제 11.2 **예제 11.1에서 키와 발 크기 간에 상관이 있는지 유의수준 5%에서 검정하라.**

풀이 가설을 다음과 같이 세운다.

$$H_0: \rho = 0, \qquad H_1: \rho \neq 0$$

검정통계량 T의 값을 다음과 같이 계산한다.

$$T = \sqrt{n-2}\frac{r}{\sqrt{1-r^2}} = \sqrt{32-2}\frac{0.542}{\sqrt{1-0.542^2}} = 3.533$$

유의수준 5%에서 $t_{\alpha/2}(n-2) = t_{0.025}(30) = 2.042$이므로 $|T| > t_{0.025}(30)$이다. 따라서, 유의수준 5%에서 H_0을 기각한다. 고로, 키와 발 크기 간에 통계적으로 상관이 있다고 볼 수 있다. ■

예제 11.3 **A 학과 MT에서 학생 8명의 장기자랑에 대해 심사위원인 두 교수님의 심사 결과는 표 11.2와 같다.**

표 11.2 심사위원 심사 결과

학생 / 심사위원	1	2	3	4	5	6	7	8
A의 점수(x)	2	1	3	5	4	8	7	6
B의 점수(y)	1	2	4	5	7	6	8	3

① 심사위원 A와 B의 점수에 대한 산점도를 그려라.
② 심사위원 A와 B의 점수 간의 상관계수를 구하라.
③ 심사위원 A와 B의 점수 간에 상관이 있다고 볼 수 있는지 유의수준 10%에서 검정하라.

풀이 ① 산점도는 **그림 11.5**와 같다.

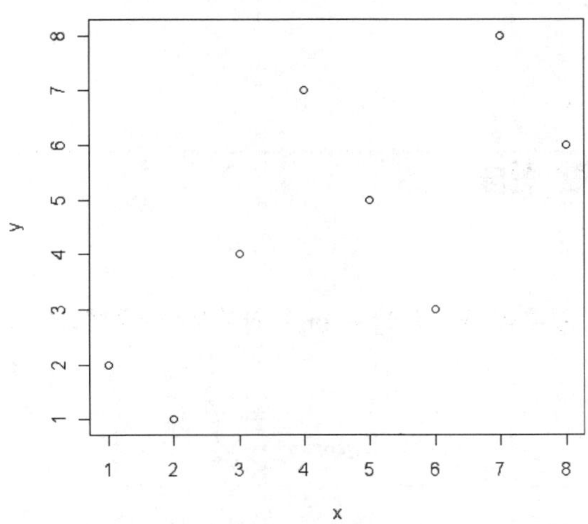

그림 11.5 심사위원 A와 심사위원 B의 점수에 대한 산점도

② 주어진 자료로부터

$$\bar{x}=4.5,\ \bar{y}=4.5$$

이고

$$SS_{XY}=(2-4.5)(1-4.5)+(1-4.5)(2-4.5)+\ldots+(6-4.5)(3-4.5)=29$$
$$SS_X=(2-4.5)^2+(1-4.5)^2+\ldots+(6-4.5)^2=42$$
$$SS_Y=(1-4.5)^2+(2-4.5)^2+\ldots+(3-4.5)^2=42$$

이다. 따라서 상관계수는 다음과 같이 주어진다.

$$r=\frac{SS_{XY}}{\sqrt{SS_X}\sqrt{SS_Y}}=\frac{29}{\sqrt{42}\sqrt{42}}=0.69$$

③ 가설을 다음과 같이 세운다.

$$H_0:\ \rho=0,\qquad H_1:\ \rho\neq 0$$

검정통계량 T의 값을 다음과 같이 계산한다.

$$T=\sqrt{n-2}\frac{r}{\sqrt{1-r^2}}=\sqrt{8-2}\frac{0.69}{\sqrt{1-0.69^2}}=2.34$$

유의수준 10%에서 $t_{\alpha/2}(n-2)=t_{0.05}(6)=1.943$이므로 $|T|>t_{0.05}(6)$이다. 따라서, 유의수준 10%에서 H_0을 기각한다. 고로, 심사위원 A와 B의 점수 간에 통계적으로 상관이 있다고 볼 수 있다. ■

11.3 R을 이용한 실습

• cor() 함수

상관계수를 구하는 함수이다. 다음은 cor() 함수의 사용형식이다.

```
cor(x, y)
```

여기서 x, y는 이변량 자료이다.

• cor.test() 함수

상관계수 계산뿐만 아니라 상관계수에 관한 통계적 유의성을 판단하는 데 사용하는 함수이다. 다음은 cor.test() 함수의 사용형식이다.

```
cor.test(x, y, alternative="two.sided")
```

여기서 x, y는 이변량 자료이고, alternative 인수는 상관계수 검정에서 대립가설의 형태를 나타낸다. alternative에는 "two.sided", "less", "greater"가 있다. 생략하면 양측검정인 "two.sided"을 의미한다.

예제 11.4 **예제 11.1에서 R을 이용하여 상관계수를 구하고 유의수준 5%에서 검정하라.**

```
> setwd("D:/통계학R고싶다/제11장")
> foot_height <- read.table("foot_height.txt",sep="", header=T)
> cor.test(foot_height$height,foot_height$foot)

	Pearson's product-moment correlation

data:  foot_height$height and foot_height$foot
t = 3.5293, df = 30, p-value = 0.001366
alternative hypothesis: true correlation is not equal to 0
95 percent confidence interval:
 0.2378934 0.7489030
sample estimates:
     cor
0.5416559
```

위 결과를 보면 두 변수 간 상관계수는 r=0.5416559이고 상관계수에 대한 검정통계량 값은 T=3.5293 그리고 유의확률은 0.001366임을 알 수 있다. 따라서 유의수준 5%에서 두 변수 간에 통계적으로 상관이 있다고 볼 수 있다.

예제 11.5 예제 11.3에서 R을 이용하여 상관계수를 구하고 유의수준 10%에서 검정하라.

```
> x <- c(2, 1, 3, 5, 4, 8, 7, 6)
> y <- c(1, 2, 4, 5, 7, 6, 8, 3)

> cor.test(x, y)

        Pearson's product-moment correlation

data:  x and y
t = 2.3382, df = 6, p-value = 0.05799
alternative hypothesis: true correlation is not equal to 0
95 percent confidence interval:
 -0.02765023  0.93850852
sample estimates:
      cor
0.6904762
```

위 결과를 보면 두 변수 간 상관계수는 r =0.6904762이고 상관계수에 대한 검정통계량 값은 T=2.3382 그리고 유의확률은 0.05799임을 알 수 있다. 따라서 유의수준 10%에서 두 변수 간 통계적으로 상관이 있다고 볼 수 있다.

연습문제

01 다음은 어느 대학의 학생들을 대상으로 주당 평균학습시간과 평균학점을 조사한 자료이다. 학습시간과 평균학점과의 상관분석을 하고자 한다.

학습시간	16	15	14	12	10	8	6	4	2	0
평균학점	4.0	3.8	3.5	3.0	2.8	2.2	1.5	1.0	0.5	0.2

① 표본상관계수를 구하라.

② 두 변수 간에 상관관계가 존재한다고 볼 수 있는지 유의수준 5%에서 검정하라.

02 초등학교 학부모의 자녀 독서활동 개입에 관한 연구에서 부모의 연령에 따라 자녀 독서량에 영향을 미치는지에 대해 조사하였다. 아래 표는 10명의 부모에 대해 주당 자녀의 독서량을 조사한 자료이다. 부모의 연령과 자녀 독서량과의 상관분석을 하고자 한다.

부모의 연령	30	36	38	34	38	41	36	35	40	42
자녀의 독서	4	4	0	3	2	3	0	3	1	0

① 표본상관계수를 구하라.

② 두 변수 간에 상관관계가 존재한다고 볼 수 있는지 유의수준 5%에서 검정하라.

03 다음은 우리나라 걸그룹 중에서 S 그룹 멤버들의 체중과 BMI(Body Mass Index: 체질량지수)를 조사한 자료이다. 체중과 BMI와의 상관분석을 하고자 한다.

체중	45	45	46	45	44	46	45	45	45
BMI	15.94	16.33	15.92	16.14	17.19	17.53	18.03	16.94	18.03

① 표본상관계수를 구하라.

② 두 변수 간에 상관관계가 존재한다고 볼 수 있는지 유의수준 5%에서 검정하라.

04 다음은 우리나라 걸그룹 멤버들의 키와 체중을 조사한 자료이다. 키와 체중과의 상관분석을 하고자 한다.

키	168	166	170	167	160	162	158	163	158
체중	45	45	46	45	44	46	45	45	45

키	167	167	167	163	162	155
체중	46	43	47	46	44	45

① 표본상관계수를 구하라.

② 두 변수 간에 상관관계가 존재한다고 볼 수 있는지 유의수준 5%에서 검정하라.

12장

회귀분석

12.1 서론

회귀분석(regression analysis)이란 인과관계(casual relationship)를 가지고 있는 두 변수 간의 함수관계를 통계적으로 규명하고자 하는 통계적 방법이다. 회귀분석에서는 두 변수 간의 인과관계를 수학 함수를 사용하여 나타내고 이 수학 함수를 회귀모형(regression model)이라고 한다. 회귀모형은 인과관계가 있는 두 변수, 즉 영향을 주는 변수와 영향을 받는 변수로 구성되어 있다. 영향을 주는 변수를 독립변수(independent variable) 또는 설명변수(explanatory variable)라고 하며 영향을 받는 변수를 종속변수(dependent variable) 또는 반응변수(response variable)라고 한다.

회귀분석에서 '회귀'라는 용어는 영국의 우생학자인 프랜시스 갈톤(Francis Galton, 1822-1911)이 생물학적 현상을 설명하기 위해 처음으로 사용하였다. 갈톤은 1,078명을 대상으로 아버지의 키와 아들의 키에 대한 관계를 조사하였다. **그림 12.1**은 이들 간의 관계를 산점도로 나타낸 것이다.

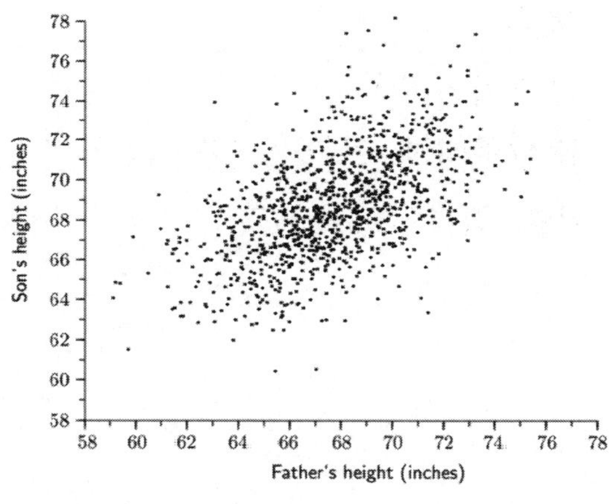

그림 12.1 갈톤의 아버지-아들 키 자료에 대한 산점도

갈톤은 아버지의 키와 아들의 키에 대한 경향에 대해 직선의 기울기가 1보다 작다는 것을 알았다. 따라서 아버지의 키가 매우 크면 아들의 키도 일반적으로 평균 키보다는 크는 경향이 있으나 아버지의 키보다는 크지 않고, 아버지의 키가 매우 작으면 아들의 키도 일반적으로 평균 키보다는 작은 경향이 있으나 아버지의 키보다는 작지 않다고 생각하였다. 그는 세대가 거듭될수록 아버지의 키가 아무리 크더라도(혹은 작더라도) 아들의 키는 **그림 12.2**에서 보는 것처럼 전체 인구의 평균 키를 향해 움직이거나 회귀(regression)하는 경향이 있다고 주장하였다.

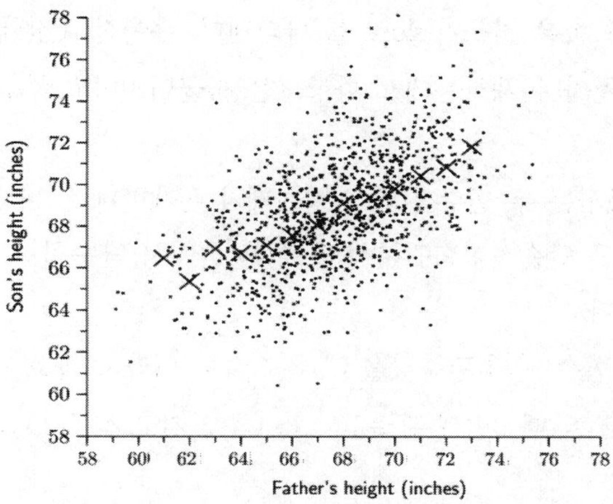

그림 12.2 갈톤의 아버지-아들 키 자료에 대한 평균 키 그래프

회귀분석에서는 인과관계를 갖는 변수들 간의 관련성을 규명하기 위해 회귀모형을 설정하고 알려지지 않은 모수(parameter)는 관측된 데이터로부터 추정한다. 이렇게 추정된 회귀직선을 토대로, 알려진 독립변수로부터 종속변수의 값을 예측한다. 예를 들면, 회귀분석은 광고비와 매출액과의 관계, 담배 판매량과 폐암 환자 수와의 관계, 자동차의 연식과 중고 가격과의 관계 등에서 두 변수 간의 함수관계를 통해 새로운 값을 예측하는 데 사용된다.

회귀분석에는 독립변수가 한 개인 경우를 단순회귀분석(simple regression analysis)이라고 하며 독립변수가 여러 개인 경우 다중회귀분석(multiple regression analysis)이라고 한다. 여기서는 단순회귀분석에 대해서만 다룬다.

12.2 단순회귀분석

회귀분석에서 두 개의 변수를 보통 X와 Y로 표현하는데 여기서 X는 독립변수, Y는 종속변수를 나타낸다. X와 Y 간의 인과관계를 수학적 관계식으로 나타낼 수 있다면 X로부터 Y를 예측할 수 있다.

회귀분석에서 X와 Y 사이의 관계가 선형관계이면 다음과 같은 단순선형회귀모형(simple linear regression model)을 설정한다.

$$Y = \beta_0 + \beta_1 X + \epsilon \tag{12.1}$$

여기서 모수 β_0, β_1은 회귀계수(regression coefficient)이고 ϵ은 오차항을 나타낸다. 이때 β_0

는 절편(intercept)이고 β_1은 기울기(slope)를 나타낸다. 주어진 X값에 대해 대응하는 변수 Y의 값에는 항상 오차가 존재하는데 오차항 ϵ은 평균이 0이고 분산이 σ^2인 정규분포를 따른다고 가정한다.

이 책의 회귀분석에서는 두 변수 간의 선형관계가 존재한다는 가정을 두고 있기 때문에 단순선형회귀모형(혹은 단순선형회귀분석)을 이후 줄여서 단순회귀모형(혹은 단순회귀분석)이라 부르고자 한다.

회귀분석에서 독립변수 X의 관측값을 $x_1, x_2, \cdots, x_n$이라고 하고 종속변수 Y의 관측값을 $y_1, y_2, \cdots, y_n$이라고 할 때 i번째 관측값(x_i, y_i)을 가지고 식 (12.1)의 회귀모형을 다음과 같이 나타낼 수 있다.

$$y_i = \beta_0 + \beta_1 x_i + \epsilon_i,\ \ i = 1,\ \cdots, n \tag{12.2}$$

또는 식 (12.2)에서 첨자를 제거하여 다음과 같이 간단하게 표현할 수 있다.

$$y = \beta_0 + \beta_1 x + \epsilon$$

회귀모형을 식 (12.2)와 같이 설정했으면 주어진 자료로부터 회귀계수 β_0, β_1을 추정해야 한다. b_0, b_1을 β_0, β_1의 추정량이라고 하면 y_i의 추정값 $\hat{y_i}$는 다음과 같이

$$\hat{y_i} = b_0 + b_1 x_i,\ \ i = 1, \cdots, n \tag{12.3}$$

가 된다. 위와 같이 식 (12.3)을 추정된 회귀직선(estimated regression line)이라고 한다. 여기서는 최소제곱법(least square method)에 의해 회귀계수 β_0, β_1의 추정값 b_0, b_1을 구한다. 최소제곱법은 말 그대로 제곱한 것을 최소화하는 방법이다. 여기서 제곱한 것은 오차(혹은 잔차)의 제곱을 뜻하며 오차(혹은 잔차)가 여러 개 있으므로 오차(혹은 잔차) 제곱의 합을 최소화한다. 다음은 최소제곱법에 의해 b_0, b_1을 구하는 과정이다. 먼저, 잔차(residual) e_i를 관찰값 y_i와 추정값 $\hat{y_i}$의 차이로서 다음과 같이 정의한다.

$$e_i = y_i - \hat{y_i}$$

그러면 잔차 e_i의 제곱합

$$\sum_{i=1}^{n} e_i^2 = \sum_{i=1}^{n} (y_i - \hat{y_i})^2 = \sum_{i=1}^{n} (y_i - b_0 - b_1 x_i)^2$$

을 최소로 하는 b_0, b_1을 b_0, b_1의 편미분을 이용하여 구한다. b_0, b_1을 구하는 자세한 사항은 이 장의 이론적인 배경을 참조하기 바란다. 여기서는 다음과 같이 결과만 소개하고자 한다.

$$b_1 = \frac{\sum_{i=1}^{n}(x_i - \overline{x})(y_i - \overline{y})}{\sum_{i=1}^{n}(x_i - \overline{x})^2} = \frac{SS_{XY}}{SS_X}, \qquad b_0 = \overline{y} - b_1\overline{x}$$

예제 12.1 **표 12.1은 12명의 아버지와 아들에 대한 키를 측정한 자료이다.**

표 12.1 아버지-아들 키에 대한 자료(단위:inches)

아버지키(x)	68	67	66	64	69	68	72	65	71	67	69	70
아들키(y)	65	63	66	64	67	62	70	66	68	67	69	71

① 아버지-아들 키에 대한 산점도를 그려보자.
② 단순회귀모형을 고려할 때 추정된 회귀직선을 구하라.
③ 아버지의 키가 73인 사람의 아들의 키는 얼마나 되겠는가?

풀이 ① 아버지-아들 키에 대한 산점도는 **그림 12.3**과 같다.

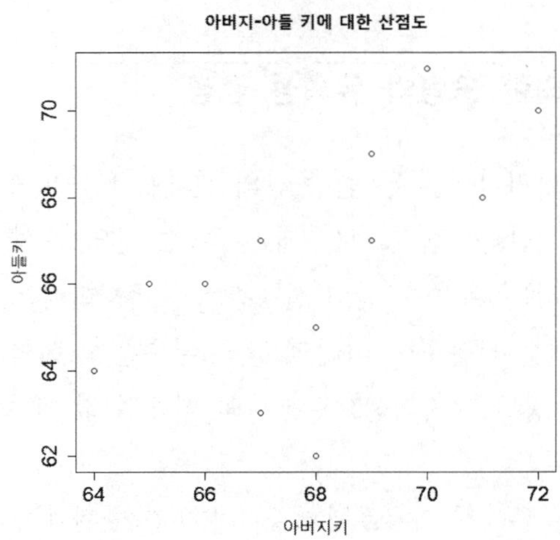

그림 12.3 아버지-아들 키에 대한 산점도

그림 12.3에서 보는 것처럼 아버지 키와 아들의 키의 관계는 대체로 선형관계를 나타내고

있다.

② 주어진 자료로부터 $\overline{x}=68$, $\overline{y}=66.5$이고,

$$SS_{XY}=\sum_{i=1}^{n}(x_i-\overline{x})(y_i-\overline{y})=46,$$

$$SS_X=\sum_{i=1}^{n}(x_i-\overline{x})^2=62$$

이므로 최소제곱법에 의해 추정된 회귀계수 b_0, b_1은 다음과 같다.

$$b_1=\frac{SS_{XY}}{SS_X}=0.7419$$

$$b_0=\overline{y}-b_1\overline{x}=66.5-0.7419\times 68=16.0484$$

따라서, 추정된 회귀직선은 다음과 같다.

$$\hat{y_i}=16.0484+0.7419x_i$$

③ 아버지의 키가 73이면 즉, $x_i=73$이면 아들의 키의 추정치는 다음과 같다.

$$\hat{y_i}=16.0484+0.7419\times 73=70.2071$$

■

12.3 분산분석에 의한 모형의 유의성 검정

회귀분석에서 추정된 회귀직선은 두 변수 간의 관계를 나타내지만 추정된 회귀직선이 통계적으로 유의한 경우에만 그 직선으로부터 두 변수 간의 해석이 의미가 있다. 좀 더 구체적으로 설명하면, 우리는 두 변수 간의 선형관계가 존재한다는 가정하에서 추정된 회귀직선을 구하고, 그 직선을 사용하여 미래의 값을 예측한다. 만약, 두 변수 간의 선형관계가 존재하지 않으면 추정된 회귀직선으로부터의 미래의 값 예측 결과는 신뢰할 수 없게 된다.

지금까지의 회귀분석은 주어진 자료로부터 두 변수 간의 관계가 선형관계를 갖는지 대강 알기 위해 산점도를 그려보고, 산점도 상에서 두 변수가 선형관계를 갖는 경우 추정된 회귀직선은 유의하다고 판단하여, 그 직선을 사용하여 미래의 값을 예측하였다. 이처럼 회귀분석에서 추정된 회귀직선이 유의한지의 여부는 예측값을 신뢰하는데 중요한 결정사항

이다. 추정된 회귀직선의 유의성 검정은 회귀직선의 분산분석표를 통하여 판정하는 것이 보통이다.

회귀직선의 분산분석표 작성을 위해 관측값 y_i와, y_i의 평균값 $\overline{y}$의 차이인 총편차(total deviation)를 **그림 12.4**에서 보는 것처럼 다음과 같이 두 개의 편차로 분해한다.

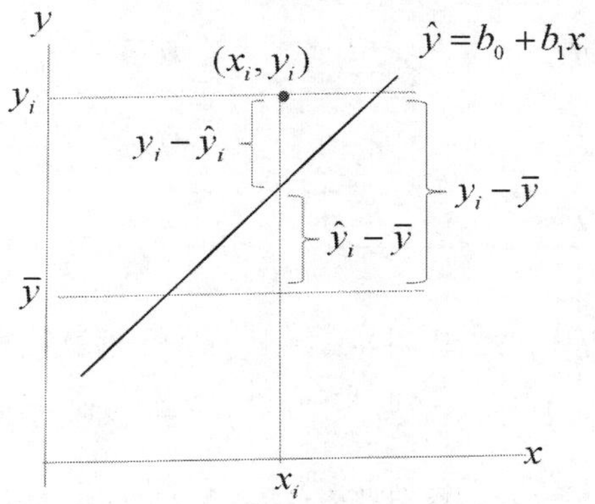

그림 12.4 총편차의 분해

$$y_i - \overline{y} = (y_i - \hat{y}_i) + (\hat{y}_i - \overline{y}) \tag{12.4}$$

위의 식 (12.4)에서 우변의 첫 번째 항은 회귀선에 의해 설명되지 않는 편차이고 이것은 잔차에 해당한다. 두 번째 항은 회귀선에 의해 설명되는 편차이다. 양변을 제곱하여 $i = 1, \cdots, n$에 대하여 더하면 다음과 같다.

$$\sum_{i=1}^{n}(y_i - \overline{y})^2 = \sum_{i=1}^{n}(y_i - \hat{y}_i)^2 + \sum_{i=1}^{n}(\hat{y}_i - \overline{y})^2 \tag{12.5}$$

$$SST \quad = SSE \quad + \quad SSR$$

여기서 $SST = \sum_{i=1}^{n}(y_i - \overline{y})^2$은 총변동 또는 총제곱합(total sum of squares)이라고 하고 $SSR = \sum_{i=1}^{n}(\hat{y}_i - \overline{y})^2$은 회귀변동 또는 회귀제곱합(regression sum of squares)이라고 한다. 그리고 $SSE = \sum_{i=1}^{n}(y_i - \hat{y}_i)^2$은 오차제곱합 또는 잔차제곱합(residual sum of squares)이라고 한다. SSR은 다음과 같이 간편식으로 나타낼 수 있다.

$$SSR = \sum_{i=1}^{n}(\hat{y}_i - \overline{y})^2 = \sum_{i=1}^{n}(\overline{y} + b_1(x_i - \overline{x}) - \overline{y})^2 = b_1^2 \sum_{i=1}^{n}(x_i - \overline{x})^2 = b_1^2 SS_X = \frac{SS_{XY}^2}{SS_X}$$

식 (12.5)에 주어진 제곱합을 이용하여 다음의 **표 12.2**와 같이 분산분석표(ANOVA table)를 작성할 수 있다.

표 12.2 단순회귀분석의 분산분석표

요인	제곱합	자유도	평균제곱	F
회귀	SSR	1	$MSR=\dfrac{SSR}{1}$	$F=\dfrac{MSR}{MSE}$
오차	SSE	$n-2$	$MSE=\dfrac{SSE}{n-2}$	
계	SST	$n-1$		

표 12.2의 분산분석표에서 SST의 자유도는 편차들의 제곱의 개수에서 편차들의 선형제약조건의 개수를 뺀 것과 같다. $SST=\sum_{i=1}^{n}(y_i-\overline{y})^2$을 보면 편차들의 제곱, 즉 $(y_i-\overline{y})^2$의 개수가 n개이고 편차들의 선형제약조건은 $\sum_{i=1}^{n}(y_i-\overline{y})=0$인 1개가 있다. 따라서, SST의 자유도는 $n-1$이다.

다음은 SSE의 자유도를 구해보자. 먼저, $SSE=\sum_{i}^{n}(y_i-\hat{y_i})^2$을 보면 편차들의 제곱, 즉 $(y_i-\hat{y_i})^2$의 개수가 n개이다. 편차들의 선형제약조건은 다음과 같이 b_0을 구하기 위한 제약조건식 1개, b_1을 구하기 위한 제약조건식 1개로 총 2개의 제약식이 있다. 이에 대한 자세한 사항은 이론적 배경을 참고하기 바란다.

$$\sum_{i=1}^{n}(y_i-\hat{y}_i)=\sum_{i=1}^{n}(y_i-b_0-b_1x_i)=0$$
$$\sum_{i=1}^{n}x_i(y_i-\hat{y_i})=\sum_{i=1}^{n}x_i(y_i-b_0-b_1x_i)=0$$

따라서 SSE의 자유도는 $n-2$가 된다.

마지막으로 $SSR=\sum_{i}^{n}(\hat{y_i}-\overline{y})^2$의 자유도는 식 (12.5)에 주어진 제곱합의 가법성(additivity)과 마찬가지로 자유도의 가법성에 의해 SST의 자유도가 $n-1$이고 SSE의 자유도가 $n-2$이므로 SSR의 자유도는 $(n-1)-(n-2)$=1이 된다.

단순회귀분석에서 추정된 회귀직선이 유의한지의 여부는, 식 (12.2)에서 기울기 β_1에 대한 다음 가설을 검정함으로써 결정할 수 있다.

$$H_0:\beta_1=0,\quad H_1:\beta_1\neq 0 \tag{12.6}$$

식 (12.6)의 가설을 검정하기 위한 검정통계량 $F=\dfrac{MSR}{MSE}$는 귀무가설 H_0하에서 자유도 $(1, n-2)$인 F-분포를 따르며, 따라서 이에 대한 검정은 다음과 같다.

$$F \geq F_{\alpha}(1, n-2) \text{이면 } H_0 \text{을 기각한다.}$$

회귀직선의 유의성 검정과 더불어 회귀모형의 적합성(goodness of fit)을 나타내는 측도로써 결정계수(coefficient of determination)가 있다. 결정계수는 보통 R^2으로 표기하는데 총변동 SST에 대한 회귀선에 의해 설명되는 변동, 즉 SSR의 비율로 다음과 같이 나타낸다.

$$R^2 = \frac{SSR}{SST}$$

R^2의 범위는 $0 \leq R^2 \leq 1$이다. $R^2 = 1$인 경우는 모든 관찰값이 회귀직선 상에 위치할 때이고, $R^2 = 0$인 경우는 두 변수 사이에 회귀관계가 전혀 없을 때, 즉 기울기 $b_1 = 0$인 경우이다. $b_1 = 0$이면 $\hat{y}_i = \bar{y}$가 되어 $SSR = 0$가 된다. 따라서, R^2이 1에 가까울수록 쓸모있는 회귀직선이 되고 0에 가까울수록 회귀직선은 쓸모가 없어진다.

예제 12.2 **예제 12.1에서 단순회귀분석을 하는 경우 분산분석표를 작성하고 유의수준 5%에서 회귀직선의 유의성 검정을 하라. 또한, 결정계수를 구하라.**

풀이 **표 12.1**의 자료로부터

$$SSR = \frac{SS_{XY}^2}{SS_X} = \frac{46^2}{62} = 34.129$$

$$SST = SS_Y = 83$$

$$SSE = SST - SSR = 48.871$$

이므로 분산분석표는 **표 12.3**과 같다.

표 12.3 아버지-아들 키에 대한 단순회귀분석의 분산분석표

요인	제곱합	자유도	평균제곱	F
회귀	SSR=34.129	1	MSR = 34.129	F = 6.9835
오차	SSE = 48.871	10	MSE = 4.887	
계	SST	11		

회귀모형의 유의성에 대한 검정하는 가설 $H_0 : \beta_1 = 0$, $H_1 : \beta_1 \neq 0$에 대한 검정통계량 F의 값은 $F = 6.9835$이고 부록의 $F-$분포표에서 $F_{0.05}(1,10) = 4.96$이므로 $H_0 : \beta_1 = 0$을 기각한다. 즉, 추정된 회귀직선은 통계적으로 유의하다.

추정된 회귀모형의 결정계수 R^2의 값은 $R^2 = \frac{SSR}{SST} = \frac{34.129}{83} = 0.411$이므로 총 변동 중에서 회귀모형에 의해 설명되는 부분이 41.1%이다. ■

예제 12.3 **표 12.4는 10명의 종업원에 대해 IQ와 직무실적(Performance)을 조사하여 얻은 자료이다.**

표 12.4 IQ와 직무실적에 대한 자료

IQ(x)	106	97	108	96	112	111	97	99	87	91
직무실적(y)	115	104	98	101	98	106	95	98	87	86

① IQ와 직무실적에 대한 산점도를 그려라.
② 단순회귀모형을 고려하여 추정된 회귀직선을 구하라.
③ IQ가 100인 종업원의 직무실적은 얼마나 되겠는가?
④ 분산분석표를 작성하고 유의수준 10%에서 회귀직선의 유의성 검정을 하라.
⑤ 결정계수를 구하라.

풀이 ① IQ와 직무실적에 대한 산점도는 **그림 12.5**와 같다.

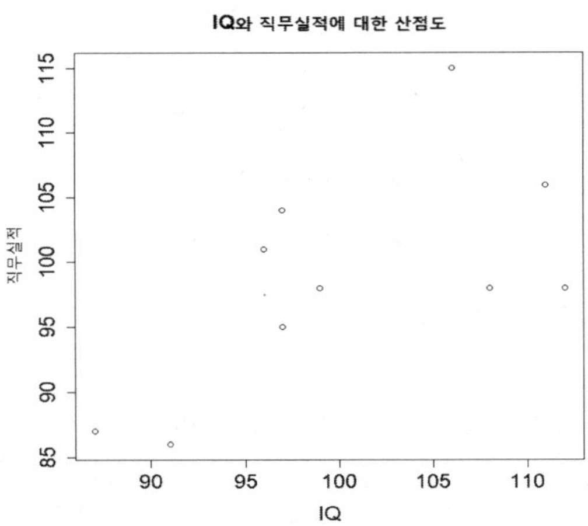

그림 12.5 IQ와 직무실적에 대한 산점도

② 주어진 자료로부터

$$\overline{x} = 100.4,\ \overline{y} = 98.8$$

이고

$$SS_{XY} = \sum_{i=1}^{n}(x_i - \overline{x})(y_i - \overline{y}) = 416.8$$

$$SS_X = \sum_{i=1}^{n}(x_i - \overline{x})^2 = 648.4$$

이므로 추정된 회귀계수 b_0, b_1는 다음과 같다.

$$b_1 = \frac{SS_{XY}}{SS_X} = 0.6428$$

$$b_0 = \overline{y} - b_1\overline{x} = 98.8 - 0.6428 \times 100.4 = 34.2616$$

따라서, 추정된 회귀직선은 다음과 같다.

$$\hat{y_i} = 34.2616 + 0.6428x_i$$

③ IQ가 100이면, 즉 $x_i = 100$이면 종업원의 직무실적의 추정값은

$$\hat{y_i} = 34.2616 + 0.6428 \times 100 = 98.54287$$

이 된다.

④ IQ와 직무실적에 대한 단순회귀분석의 분산분석표를 작성하고자 한다.

$$SSR = \frac{SS_{XY}^2}{SS_X} = \frac{416.8^2}{648.4} = 267.9245$$

$$SST = SS_Y = 665.6$$

$$SSE = SST - SSR = 397.6755$$

이므로 분산분석표는 **표 12.5**와 같다.

표 12.5 IQ와 직무실적에 대한 단순회귀분석의 분산분석표

요인	제곱합	자유도	평균제곱	F
회귀	SSR=267.9245	1	MSR = 267.9245	F = 5.3898
오차	SSE = 397.6755	8	MSE = 49.709	
계	SST	9		

IQ와 직무실적에 대한 회귀모형의 유의성에 대해 검정하는 가설 $H_0 : \beta_1 = 0$, $H_1 : \beta_1 \neq 0$에 대한 검정통계량의 값은 $F = 5.3898$이고 부록의 $F-$분포표에서 $F_{0.10}(1,8) = 3.46$이므로 $H_0 : \beta_1 = 0$을 기각한다. 즉, 추정된 회귀직선은 통계적으로 유의하다.

⑤ 결정계수 R^2의 값은

$$R^2 = \frac{SSR}{SST} = \frac{267.9245}{665.6} = 0.4025$$

이므로 총 변동 중에서 회귀직선에 의해 설명되는 부분이 40.25%이다. ■

12.4 R을 이용한 실습

• lm() 함수

선형모형(linear model)을 적합시키기 위해 사용하는 함수이다. 이 함수를 이용하면 추정된 회귀직선을 구할 수 있다. summary() 함수와 함께 사용하면 잔차, 회귀계수, $F-$통계량 그리고 결정계수까지 알 수 있다.

```
lm(formula)
```

여기서 formula는 적용할 모형을 지정하는데 단순선형회귀모형이면 formula=종속변수 ~ 독립변수 형태로 지정한다.

• aov() 함수

회귀분석에서 분산분석표를 작성하기 위해 summary() 함수와 함께 사용한다.

```
aov(formula)
```

예제 12.4 **예제 12.1의 자료에 대해 추정된 회귀직선을 구하고 분산분석표를 작성하라. 그리고 유의수준 5%에서 회귀직선의 유의성을 검정하고 결정계수를 구하라.**

풀이 아버지-아들 키에 대한 산점도를 그리고 , 산점도 상에 추정된 회귀직선을 **그림 12.6**과 같이 그린다.

```
> x <-c(68,67,66,64,69,68,72,65,71,67,69,70)
> y <-c(65,63,66,64,67,62,70,66,68,67,69,71)
> plot(x,y, xlab="아버지키",ylab="아들키",main="아버지-아들 키에 대한
산점도",cex.axis=1.5, cex.lab=1.5, cex.main=1.5)
> lm.result=lm(formula=y~x)
> abline(lm.result)
```

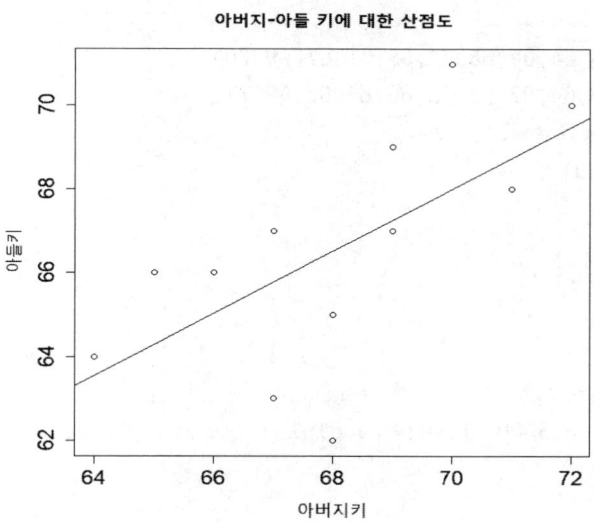

그림 12.6 아버지-아들 키에 대한 산점도와 추정된 회귀직선

lm() 함수를 사용하여 추정된 회귀직선을 구한다.

```
> x <-c(68,67,66,64,69,68,72,65,71,67,69,70)
> y <-c(65,63,66,64,67,62,70,66,68,67,69,71)
> lm(formula=y~x)


Call:
lm(formula = y ~ x)

Coefficients:
(Intercept)            x
    16.0484       0.7419
```

위 결과는 회귀계수 β_0, β_1에 대한 추정치 $b_0 = 16.0484, b_1 = 0.7419$이므로 추정된 회귀직선은 $\hat{y_i} = 16.0484 + 0.7419x_i$이다.

다음은 lm() 함수와 summary() 함수를 함께 사용하여 결정계수 등을 출력하기 위한 코드이다.

```
> x <-c(68,67,66,64,69,68,72,65,71,67,69,70)
> y <-c(65,63,66,64,67,62,70,66,68,67,69,71)
> lm.result = lm(formula = y~x)
> summary(lm.result)

Call:
lm(formula = y ~ x)

Residuals:
    Min      1Q  Median      3Q     Max
-4.5000 -0.9194  0.5000  1.3629  3.0161

Coefficients:
            Estimate Std. Error t value Pr(>|t|)
(Intercept)  16.0484    19.1021   0.840   0.4205
x             0.7419     0.2808   2.643   0.0246 *
---
```

```
Signif. codes:  0 '***' 0.001 '**' 0.01 '*' 0.05 '.' 0.1 ' ' 1

Residual standard error: 2.211 on 10 degrees of freedom
Multiple R-squared: 0.4112,    Adjusted R-squared: 0.3523
F-statistic: 6.983 on 1 and 10 DF,  p-value: 0.02462
```

위 결과에서 결정계수(Multiple R-squared)는 R^2=0.4112이고, 수정된 결정계수(Adjusted R-squared)는 R_a^2=0.3523, 그리고 $F-$통계량의 값 F=6.983과 유의확률 $P_r(>|t|)$ =0.02462 이 계산된다. 따라서 결정계수는 R^2=0.4112로 낮은 편이나 회귀모형에 대한 유의확률 $P_r(>|t|)$=0.02462이므로 유의수준 5%에서 추정된 회귀직선은 유의함을 알 수 있다. 다음은 분산분석표를 작성하기 위한 코드이다.

```
> x <-c(68,67,66,64,69,68,72,65,71,67,69,70)
> y <-c(65,63,66,64,67,62,70,66,68,67,69,71)

> anova <- aov(formula=y~x)
> summary(anova)
           Df Sum Sq Mean Sq F value  Pr(>F)
x           1 34.129  34.129  6.9835 0.02462 *
Residuals  10 48.871   4.887
---
Signif. codes:  0 '***' 0.001 '**' 0.01 '*' 0.05 '.' 0.1 ' '
```

위 결과로부터 분산분석표를 작성하면 **표 12.6**과 같다.

표 12.6 아버지-아들 키에 대한 회귀분석의 분산분석표

요인	제곱합	자유도	평균제곱	F	Pr(>F)
회귀	SSR=34.129	1	$MSR=34.129$	$F=6.9835$	0.02462
오차	$SSE=48.871$	10	$MSE=4.887$		
계	SST	11			

표 12.6로부터 $F-$통계량의 값이 $F=6.9835$이고 유의확률 $P_r(>F)$=0.02462로 유의수준 5%에서 추정된 회귀직선은 유의함을 알 수 있다. ■

예제 12.5 **예제 12.3의 자료에 대해 추정된 회귀직선을 구하고 분산분석표를 작성하라. 그리고 유의수준 10%에서 회귀직선의 유의성을 검정하고 결정계수를 구하라.**

풀이 산점도 상에 추정된 회귀직선을 **그림 12.7**과 같이 그린다.

```
> x <- c(106, 97, 108, 96, 112, 111, 97, 99, 87, 91)
> y <- c(115, 104, 98, 101, 98, 106, 95, 98, 87, 86)

> plot(x,y)
> lm.result=lm(formula=y~x)
> abline(lm.result)
```

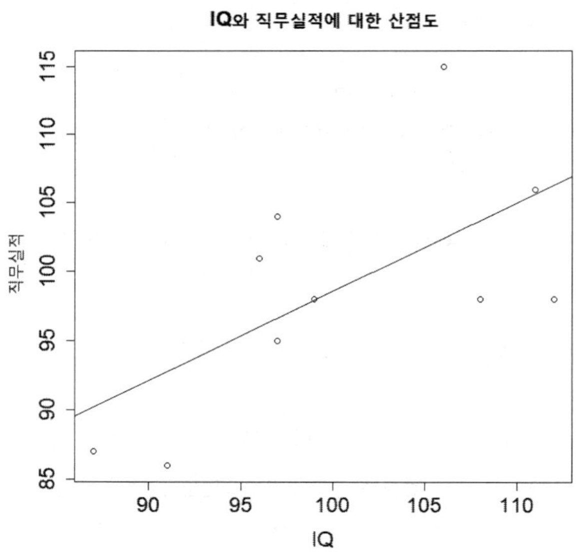

그림 12.7 산점도와 추정된 회귀직선

lm() 함수를 사용하여 추정된 회귀직선을 구한다.

```
> x <- c(106, 97, 108, 96, 112, 111, 97, 99, 87, 91)
> y <- c(115, 104, 98, 101, 98, 106, 95, 98, 87, 86)

> lm(formula=y~x)

Call:
lm(formula = y ~ x)

Coefficients:
(Intercept)            x
    34.2616       0.6428
```

위 결과는 회귀계수 β_0, β_1에 대한 추정치 $b_0 = 34.2616,\ b_1 = 0.6428$이므로 구하는 회귀직선은 $\hat{y_i} = 34.2616 + 0.6428 x_i$이다.

lm() 함수와 summary() 함수를 함께 사용하여 결정계수 등을 출력하기 위한 코드이다.

```
> x <- c(106, 97, 108, 96, 112, 111, 97, 99, 87, 91)
> y <- c(115, 104, 98, 101, 98, 106, 95, 98, 87, 86)

> lm.result = lm(formula = y~x)
> summary(lm.result)


Call:
lm(formula = y ~ x)

Residuals:
    Min      1Q  Median      3Q     Max
-8.2566 -5.0606 -0.7572  3.8678 12.6002

Coefficients:
            Estimate Std. Error t value Pr(>|t|)
(Intercept)  34.2616    27.8884   1.229   0.2542
x             0.6428     0.2769   2.322   0.0488 *
---
```

```
Signif. codes:  0 '***' 0.001 '**' 0.01 '*' 0.05 '.' 0.1 ' ' 1

Residual standard error: 7.05 on 8 degrees of freedom
Multiple R-squared:  0.4025,    Adjusted R-squared:  0.3278
F-statistic:  5.39 on 1 and 8 DF,  p-value: 0.0488
```

위 결과에서 결정계수 R^2=0.4025, 수정된 결정계수 R_a^2=0.3278, 그리고 F-통계량의 값 F =5.39와 유의확률 $P_r(>|t|)$=0.0488이 계산된다. 따라서 결정계수는 R^2=0.4025로 낮은 편이나 회귀모형에 대한 유의확률 $P_r(>|t|)$=0.0488이므로 유의수준 10%에서 추정된 회귀직선은 유의함을 알 수 있다.

다음은 분산분석표를 작성하기 위한 코드이다.

```
> x <- c(106, 97, 108, 96, 112, 111, 97, 99, 87, 91)
> y <- c(115, 104, 98, 101, 98, 106, 95, 98, 87, 86)

> anova <- aov(formula=y~x)
> summary(anova)

          Df Sum Sq Mean Sq F value Pr(>F)
x          1  267.9  267.92    5.39 0.0488 *
Residuals  8  397.7   49.71
---
Signif. codes:  0 '***' 0.001 '**' 0.01 '*' 0.05 '.' 0.1 ' ' 1
```

위 결과로부터 분산분석표를 작성하면 **표 12.7**과 같다.

표 12.7 IQ와 직무실적에 대한 회귀분석의 분산분석표

요인	제곱합	자유도	평균제곱	F	$P_r(>F)$
회귀	SSR=267.9	1	$MSR=267.92$	$F=5.39$	0.0488
오차	$SSE=397.7$	8	$MSE=49.71$		
계	SST	9			

표 12.7로부터 $F-$통계량의 값 $F=5.39$이고 유의확률 $P_r(>F)$=0.0488로 유의수준 10%에서 추정된 회귀직선은 유의함을 알 수 있다. ■

이론적 배경

01 단순회귀모형 $y_i = \beta_0 + \beta_1 x_i + \epsilon_i$에서 회귀계수 β_0와 β_1을 최소제곱법으로 추정하자.

풀이 잔차 e_i의 제곱합 SS를 다음과 같이

$$SS = \sum_{i=1}^{n} e_i^2 = \sum_{i=1}^{n} (y_i - \hat{y_i})^2 = \sum_{i=1}^{n} (y_i - b_0 - b_1 x_i)^2$$

으로 정의하자. 위 식을 각각 b_0, b_1에 대해 편미분하면 다음의 결과를 얻는다.

$$\frac{\partial SS}{\partial b_0} = -2\sum_{i=1}^{n}(y_i - b_0 - b_1 x_i)$$
$$\frac{\partial SS}{\partial b_1} = -2\sum_{i=1}^{n}x_i(y_i - b_0 - b_1 x_i)$$

위의 편미분한 값을 0으로 놓고 정리하면

$$nb_0 + b_1\sum_{i=1}^{n}x_i = \sum_{i=1}^{n}y_i$$
$$b_0\sum_{i=1}^{n}x_i + b_1\sum_{i=1}^{n}x_i^2 = \sum_{i=1}^{n}x_i y_i$$

을 얻게 된다. 이 연립방정식을 단순회귀의 정규방정식(normal equation)이라고 하며, 이 식을 b_0, b_1에 대하여 풀면

$$b_1 = \frac{\sum_{i=1}^{n}(x_i - \overline{x})(y_i - \overline{y})}{\sum_{i=1}^{n}(x_i - \overline{x})^2}, \qquad b_0 = \overline{y} - b_1\overline{x}$$

를 얻게 된다.

연습문제

01 다음은 어느 대학의 학생들을 대상으로 주당 평균학습시간과 평균학점을 조사한 자료이다.

학습시간	16	15	14	12	10	8	6	4	2	0
평균학점	4.0	3.8	3.5	3.0	2.8	2.2	1.5	1.0	0.5	0.2

① 학습시간과 평균학점에 대한 산점도를 그려라.
② 단순회귀모형을 고려할 때 추정된 회귀직선을 구하라.
③ 학습시간이 11시간인 학생의 평균학점은 얼마나 되겠는가?
④ 분산분석표를 작성하고, 유의수준 5%에서 회귀직선의 유의성 검정을 하라.
⑤ 결정계수를 구하라.

02 다음은 자동차 마일리지에 따른 유지비를 조사한 자료이다.

마일리지	80,000	29,000	53,000	13,000	45,000
유지비	$1,200	$150	$650	$200	$325

① 자동차 마일리지와 유지비에 대한 산점도를 그려라.
② 단순회귀모형을 고려할 때 추정된 회귀직선을 구하라.
③ 마일리지가 7000인 자동차의 유지비는 얼마나 되겠는가?
④ 분산분석표를 작성하고, 유의수준 5%에서 회귀직선의 유의성 검정을 하라.
⑤ 결정계수를 구하라.

03 다음은 지난 6년 동안에 걸쳐 우리나라에 있는 모든 기업에 대한 수익액과 이윤을 조사한 자료이다.

연도	1992	1993	1994	1995	1996	1997
수익	16	20	30	39	28	42
이윤	31	36	48	59	49	64

① 수익과 이윤에 대한 산점도를 그려라.
② 단순회귀모형을 고려할 때 추정된 회귀직선을 구하라.
③ 수익이 35인 기업의 이윤은 얼마나 되겠는가?
④ 분산분석표를 작성하고, 유의수준 5%에서 회귀직선의 유의성 검정을 하라.
⑤ 결정계수를 구하라.

04 다음은 승용차의 값이 연도가 지남에 따라 어떻게 떨어지는가를 보기 위해 조사한 자료이다.

사용년수	1	2	2	3	3	4	6	7	8	10
가격(단위: 백만원)	2.5	1.8	2.0	2.0	1.7	1.2	1.2	0.7	0.6	0.5

① 사용년수와 가격에 대한 산점도를 그려라.

② 단순회귀모형을 고려할 때 추정된 회귀직선을 구하라.

③ 사용년수가 5인 승용차의 가격은 얼마나 되겠는가?

④ 분산분석표를 작성하고, 유의수준 5%에서 회귀직선의 유의성 검정을 하라.

⑤ 결정계수를 구하라.

13장

범주형 자료분석

13.1 서론

최근 사회 전반에 걸쳐 여론조사를 하는 것이 보편화되었고, 여론조사를 하는 방법으로 설문지 및 전화 인터뷰가 많이 이용되고 있다. 이러한 방법들은 주로 각 설문에 대하여 주어진 항목 중에서 답을 고르는 형식으로 자료가 수집되는데 이렇게 얻어진 대부분의 자료가 바로 범주형 자료(categorical data)이다. 범주형 자료란 측정결과를 속성에 따라 몇 개의 범주로 분류시켜 각 범주의 도수(frequency)로 주어지는 자료를 말한다. 간단히 말하면, 범주형 자료란 몇 개의 범주로 나누어진 자료를 말한다. 예를 들면, 성별(남, 여), 종교(불교, 기독교, 천주교, 무교), 직업(회사원, 공무원, 자영업, 농수산업), 혈액형(A, B, AB, O), 제품의 만족도(만족, 불만족), 선호도(좋다, 그저 그렇다, 싫다) 조사에서 얻어진 자료가 범주형 자료에 해당한다.

범주형 자료는 주로 분할표(contingency table)(혹은 교차표(cross-tabulation table))를 작성하여 정리한다. 분할표(혹은 교차표)는 여러 개의 범주형 변수를 기준으로 도수를 기록한 표이다. 표의 행과 열들이 이러한 범주형 변수들에 해당한다. 범주형 변수가 두 개인 2차원 분할표(two-way contingency table)가 많이 사용된다. 이것은 한 변수에 대해 자료를 정리하는 데 사용되는 도수분포표(frequency table)를 2차원으로 확장한 형태이다. 특히, 2차원 분할표에서 행변수의 범주가 r개이고 열변수의 범주가 c개인 경우 $r \times c$ 분할표($r \times c$ contingency table)라고 한다. 예를 들면, **표 13.1**은 100명을 대상으로 성별(남자, 여자)에 따른 반려동물의 품종(개, 고양이) 선호도 조사에서 얻어진 2×2 분할표이다.

표 13.1 성별에 따른 반려동물의 품종 선호에 대한 2×2 분할표

	개	고양이	합계
남자	42	10	52
여자	9	39	48
합계	51	49	100

이 장에서는 각종 조사에서 많이 사용하는 2차원 분할표에 기초한 독립성검정(test of independence)과 동질성검정(test of homogeneity)에 대해서 다루고자 한다.

13.2 독립성검정

독립성검정(test of independence)이란 두 개의 범주형 변수 간에 서로 관련성이 있는지 혹은 관련성이 없는지, 즉 서로 독립(independence)인지 아닌지를 검정하는 방법이다. 여기서 독립이란 두 변수 간의 관련성이 없어 서로 어떠한 영향도 미치지 않는다는 뜻이다.

예를 들어, **표 13.1**의 분할표에서 독립성검정이란 행변수와 열변수 간의 독립성 여부를 검정하는 것으로 귀무가설 H_0과 대립가설 H_1을 다음과 같이 세울 수 있다.

H_0 : 성별과 반려동물의 품종과는 서로 독립이다.

H_1 : 성별과 반려동물의 품종과는 서로 독립이 아니다.

표 13.1의 분할표로부터 직관적으로 봤을 때 성별에 따라 반려동물의 품종 선호도가 다름을 알 수 있다. 남자는 고양이보다 개를 더 선호하고 여자는 개보다 고양이를 더 선호하는 것으로 보인다. 따라서, 성별과 반려동물의 품종 선호도는 서로 독립이 아닌 것 같다. 이러한 사실을 통계적으로 검정하려면 어떻게 하면 될까?

분할표에서 각 행 또는 각 열에 속할 확률, 즉 주변확률(marginal probability)은 다음과 같다.

$$P(\text{남자}) = \frac{52}{100},\ P(\text{여자}) = \frac{48}{100},\ P(\text{개}) = \frac{51}{100},\ P(\text{고양이}) = \frac{49}{100}$$

여기서 주변확률은 분할표의 주변(margin)에 나타나기 때문에 붙여진 이름으로 주변합(marginal sum)을 이용하여 계산한다.

만약 H_0이 참이면, 즉 성별과 반려동물의 품종 간에 서로 독립이면, 각 셀의 교집합의 확률인 결합확률(joint probability)은 다음과 같이 두 확률의 곱으로 나타낼 수 있다.

$$P(\text{남자}, \text{개}) = P(\text{남자}) \times P(\text{개}) = \frac{52}{100} \times \frac{51}{100} = 0.2652,$$

$$P(\text{여자}, \text{개}) = P(\text{여자}) \times P(\text{개}) = \frac{48}{100} \times \frac{51}{100} = 0.2448,$$

$$P(\text{남자}, \text{고양이}) = P(\text{남자}) \times P(\text{고양이}) = \frac{52}{100} \times \frac{49}{100} = 0.2548,$$

$$P(\text{여자}, \text{고양이}) = P(\text{여자}) \times P(\text{고양이}) = \frac{48}{100} \times \frac{49}{100} = 0.2352.$$

따라서 H_0이 참이면 성별과 반려동물의 품종에 대한 결합확률은 **표 13.2**와 같다.

표 13.2 H_0이 참일 때 결합확률

	개	고양이	합계
남자	0.2652	0.2548	0.52
여자	0.2448	0.2352	0.48
합계	0.51	0.49	1.0

전체도수가 100이므로 이 확률을 이용하여 각 셀에 대해 기대도수(expected frequency)를 구해보면 다음과 같다.

남자이면서 개를 선호하는 사람의 기대도수는

$$\text{전체도수} \times P(\text{남자}, \text{개}) = 100 \times 0.2652 = 23.52,$$

남자이면서 고양이를 선호하는 사람의 기대도수는

$$\text{전체도수} \times P(\text{남자}, \text{고양이}) = 100 \times 0.2548 = 25.48,$$

여자이면서 개를 선호하는 사람의 기대도수는

$$\text{전체도수} \times P(\text{여자}, \text{개}) = 100 \times 0.2448 = 24.48,$$

여자이면서 고양이를 선호하는 사람의 기대도수는

$$\text{전체도수} \times P(\text{여자}, \text{고양이}) = 100 \times 0.2352 = 23.52$$

이다. 따라서 H_0이 참이라는 가정하에서 위에서 계산된 기대도수를 정리하면 **표 13.3**과 같다.

표 13.3 H_0이 참일 때 기대도수

	개	고양이	합계
남자	26.52	25.48	52
여자	24.48	23.52	48
합계	51	49	100

독립성검정에 대한 기본 원리는 **표 13.1**의 각 셀에 있는 실제 관측도수와 **표 13.3**에 있는 H_0이 참일 때 얻어진 기대도수와의 차이를 보는 것이다. 만약 차이가 없다면 서로 독립이고, 반대로 실제 관측도수와 기대도수와의 차이가 크다면 H_0이 참이 아니라는 증거가 되어 독립이 아니라고 판단한다.

이 장에서는 두 변수 간의 독립성검정을 위해 검정통계량 χ^2을 이용하여 검정하고자 한다. **표 13.4**는 독립성검정을 위한 자료구조이다. 이 자료구조는 두 변수 A, B에 대해 행변수 A는 r개의 범주 $A_1, A_2, \cdots, A_r$와 열변수 B는 c개의 범주 $B_1, B_2, \cdots, B_c$로 구성된 $r \times c$ 분할표를 보여주고 있다.

표 13.4 독립성검정의 자료구조($r \times c$ 분할표)

	B_1	B_2	$\cdots$	B_c	합계
A_1	n_{11}	n_{12}	$\cdots$	n_{1c}	$n_{1.}$
A_2	n_{21}	n_{22}	$\cdots$	n_{2c}	$n_{2.}$
$\vdots$	$\vdots$	$\vdots$	$\vdots$	$\vdots$	$\vdots$
A_r	n_{r1}	n_{r2}	$\cdots$	n_{rc}	$n_{r.}$
합계	$n_{.1}$	$n_{.2}$	$\cdots$	$n_{.c}$	n

독립성검정을 위한 가설은 다음과 같다.

H_0 : 변수 A와 변수 B는 독립이다.

H_1 : 변수 A와 변수 B는 독립이 아니다.

즉, 귀무가설 H_0하에서는 변수 A와 B는 서로 영향을 미치지 않는다는 것을 의미한다. 위의 가설을 확률로 표현하기 위해 p_{ij}, $p_{i.}$, $p_{.j}(i = 1, \cdots, r,\ j = 1, \cdots, c)$를 다음과 같이 정의하자.

p_{ij}=변수 A의 i번째 범주 A_i와 변수 B의 j번째 범주 B_j에 속할 확률(결합확률)

$p_{i.}$=변수 A의 i번째 범주 A_i에 속할 확률(주변확률)

$p_{.j}$=변수 B의 j번째 범주 B_j에 속할 확률(주변확률)

그러면 위의 H_0과 H_1을 다음과 같이 나타낼 수 있다.

$$H_0 : \ p_{ij} = p_{i.} \times p_{.j}$$

$$H_1 : \ H_0\text{~가 아니다.}$$

분할표에서 O_{ij}를 범주 A_i, B_j에 속하는 관측도수(observed frequency)라고 하며, E_{ij}를 H_0하에서 범주 A_i, B_j에 속할 기대도수(expected frequency)라고 할 때 E_{ij}는 다음과 같다.

$$E_{ij} = n \times p_{ij} = n \times p_{i.} \times p_{.j} = n \times \frac{n_{i.}}{n} \times \frac{n_{.j}}{n} = \frac{n_{i.} \times n_{.j}}{n}$$

그리고 이 가설을 검정하기 위한 검정통계량 χ^2과 그의 분포는 다음과 같다.

$$\chi^2 = \sum_{i=1}^{r} \sum_{j=1}^{c} \frac{(O_{ij} - E_{ij})^2}{E_{ij}} \sim \chi^2((r-1) \times (c-1))$$

즉, χ^2-통계량은 자유도 $(r-1) \times (c-1)$인 χ^2-분포를 따른다. χ^2 값은 O_{ij}와 E_{ij}값의 차이에 의해 결정되며 H_0을 만족하지 않는 경우 이 값은 커진다. 따라서, 유의수준 α에서 $\chi^2 \geq \chi^2_\alpha((r-1) \times (c-1))$이면 H_0을 기각한다. 이처럼 χ^2-분포를 갖는 검정통계량을 이용하여 검정하는 것을 χ^2-검정이라고 한다.

χ^2-분포

확률변수 $Z_1, Z_2, \ldots, Z_k$가 각각 표준정규분포 $N(0,1)$을 따르고 서로 독립일 때

$$Z_1^2 + Z_2^2 + \ldots + Z_k^2$$

는 자유도가 k인 χ^2-분포를 갖는다. 기호로서

$$Z_1^2 + Z_2^2 + \ldots + Z_k^2 \sim \chi^2(k)$$

로 나타낸다. χ^2-분포의 모양은 자유도에 따라 다르지만 대체로 **그림 13.1**과 같다.

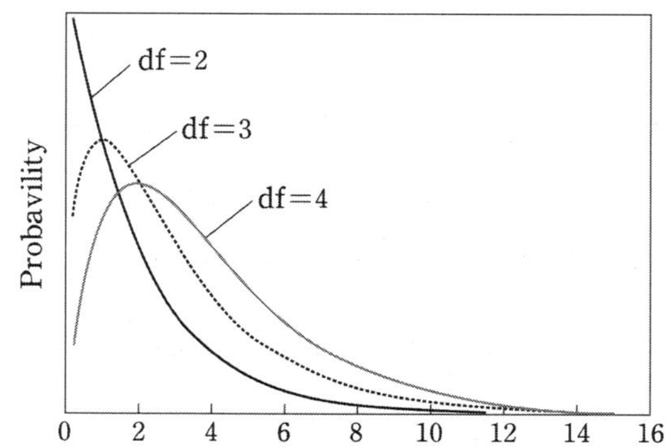

그림 13.1 χ^2-분포의 모양

예제 13.1 **표 13.1에 주어진 자료에서 성별과 반려동물의 품종 선호와는 독립인지 유의수준 1%에서 검정하라.**

풀이 다음과 같이 H_0과 H_1을 세운다.

H_0 : 성별과 반려동물의 품종과는 서로 독립이다.

H_1 : H_0이 아니다.

실제 관측도수와 H_0이 참일 때 구한 기대도수를 구해보면 **표 13.5**와 같다. 괄호 안에 숫자는 기대도수를 나타낸다.

표 13.5 성별과 반려동물의 품종선호도 조사에서 관측도수와 기대도수

	개	고양이	합계
남자	42(26.52)	10(25.48)	52
여자	9(24.48)	39(23.52)	48
합계	51	49	100

따라서, 검정통계량 χ^2의 값은 다음과 같다.

$$\chi^2 = \sum_{i=1}^{2}\sum_{j=1}^{2}\frac{(O_{ij}-E_{ij})^2}{E_{ij}} = \frac{(42-26.52)^2}{26.52} + \ldots + \frac{(39-23.52)^2}{23.52} = 38.418$$

자유도는 (2−1)×(2−1)=1이다. 그러므로,

$$\chi^2 = 38.418 > \chi^2_{0.01}(1) = 6.63489$$

이 되어 H_0을 기각한다. 고로 성별과 반려동물의 품종 선호와는 독립이 아니다. ■

예제 13.2 **소득수준이 우울 증상에 영향을 미치는지 알기 위해 300명을 임의추출하여 조사한 결과 표 13.6을 얻었다. 이 자료에 의하면 소득수준이 우울 증상에 영향을 미친다고 할 수 있는가? 유의수준 5%에서 검정하라.**

표 13.6 소득수준과 우울 증상 조사에 대한 분할표

소득수준	우울 증상	
	있다	없다
저소득	33	67
중간층	28	122
고소득	5	45

풀이 다음과 같이 H_0과 H_1을 세운다.

H_0 : 소득수준은 우울 증상에 영향을 미치지 않는다.

H_1 : H_0이 아니다.

실제 관측도수와 H_0이 참일 때의 기대도수를 구해보면 **표 13.7**과 같다. 괄호 안의 숫자는 기대도수를 나타낸다.

표 13.7 소득수준과 우울증상 조사에서 관측도수와 기대도수

소득수준	우울 증상		합계
	있다	없다	
저소득	33(22)	67(78)	100
중간층	28(33)	122(117)	150
고소득	5(11)	45(39)	50
합계	66	234	300

따라서, 검정통계량 χ^2의 값은

$$\chi^2 = \sum_{i=1}^{3}\sum_{j=1}^{2}\frac{(O_{ij}-E_{ij})^2}{E_{ij}} = \frac{(33-22)^2}{22} + \ldots + \frac{(45-39)^2}{39} = 12.2183$$

이며 자유도는 (3−1)×(2−1)=2이다. 그러므로,

$$\chi^2 = 12.2183 \geq \chi^2_{0.05}(2) = 5.99147$$

이 되어 H_0을 기각한다. 고로 소득수준은 우울 증상에 영향을 미친다고 할 수 있다. ■

13.3 동질성검정

동질성검정(test of homogeneity)이란 모집단 내의 서브 모집단(sub-population)들이 각 범주에 대하여 동일한지를 검정하는 방법이다. 즉, 동질성검정은 모집단이 여러 개의 서브 모집단으로 분할되어 있고, 각 서브 모집단이 몇 개의 범주로 나누어져 있을 때, 각 범주가 서브 모집단에 의해서 동일한 비율로 나누어져 있는지를 검정하는 것이다. 예를 들어, 지역별 행정수도 이전에 대한 찬반조사, 혹은 대학별 성평등 의식 수준조사 등에서 지역별, 대학별 각 범주에 대해 반응이 동일한지 알아보고자 할 때 동질성검정을 한다.

실제 응용에서 13.2절에서 다룬 독립성검정과 동질성검정은 검정 방법에서 결과 해석까지 큰 차이가 없다. 독립성검정의 결과로 성별과 반려동물의 품종 선호가 서로 독립이라는 것은, 동질성검정에서 성별에 따라 반려동물의 품종 선호에 대한 반응이 동일하다는 것을 의미한다.

표 13.8은 동질성검정을 위한 자료구조이다. 조사 대상인 모집단을 r개의 서브 모집단 $A_1, A_2, \cdots, A_r$로 분할하고 각각의 서브 모집단에 대해 변수 B의 c개의 범주 $B_1, B_2, \cdots, B_c$에 대해 조사한 자료를 보여주고 있다.

표 13.8 동질성검정의 자료구조($r \times c$ 분할표)

	B_1	B_2	$\cdots$	B_c	합계
A_1	n_{11}	n_{12}	$\cdots$	n_{1c}	$n_{1.}$
A_2	n_{21}	n_{22}	$\cdots$	n_{2c}	$n_{2.}$
$\vdots$	$\vdots$	$\vdots$	$\vdots$	$\vdots$	$\vdots$
A_r	n_{r1}	n_{r2}	$\cdots$	n_{rc}	$n_{r.}$
합계	$n_{.1}$	$n_{.2}$	$\cdots$	$n_{.c}$	n

동질성검정을 위한 귀무가설 H_0과 대립가설 H_1을 다음과 같이 세울 수 있다.

H_0 : 서브 모집단은 동일하다.

H_1 : 서브 모집단은 동일하지 않다.

즉, H_0하에 서브 모집단 간의 각 범주에 대해 반응 비율이 동일하다는 뜻이다. 위의 가설을 확률로 표현하기 위해 $p_{1j}, p_{2j}, \cdots, p_{rj}$를 서브 모집단 $A_1, A_2, \cdots, A_r$에서 범주 B_j에 속할 확률이라 하면 H_0 및 H_1을 다음과 같이 나타낼 수 있다.

$$H_0: \ p_{1j} = p_{2j} = \ldots = p_{rj} \ (j = 1, \cdots, c)$$
$$H_1: \ H_0\text{가 아니다.}$$

한편, H_0에서 공통확률을 p_1, p_2,⋯, p_c로 다음과 같이 정의할 수 있다.

$$p_{11} = p_{21} = \ldots = p_{r1} = p_1,$$
$$p_{12} = p_{22} = \ldots = p_{r2} = p_2,$$
$$\ldots$$
$$p_{1c} = p_{2c} = \ldots = p_{rc} = p_c$$

p_1, p_2,⋯, p_c는 전체 표본의 크기 n에서 각각 범주 $B_1, B_2, \cdots, B_c$에 속하게 되는 $n_{.1}$, $n_{.2}, \cdots, n_{.c}$가 차지하는 비율로 다음과 같다.

$$p_1 = \frac{n_{.1}}{n}, \ p_2 = \frac{n_{.2}}{n}, \ \cdots \ , \ p_c = \frac{n_{.c}}{n}$$

따라서 서브 모집단 A_i에서 범주 B_j열에 해당하는 기대도수는 $E_{ij} = n_{i.} \times p_j = \dfrac{n_{i.} \times n_{.j}}{n}$이다. 13.2절의 독립성검정과 마찬가지로 동질성검정에 사용되는 검정통계량 χ^2과 그의 분포는 다음과 같다.

$$\chi^2 = \sum_{i=1}^{r}\sum_{j=1}^{c}\frac{(O_{ij} - E_{ij})^2}{E_{ij}} \sim \chi^2((r-1) \times (c-1))$$

즉, χ^2-통계량은 자유도 $(r-1) \times (c-1)$인 χ^2-분포를 따른다. 따라서, 유의수준 α에서 $\chi^2 > \chi^2_\alpha((r-1) \times (c-1))$이면 H_0을 기각한다.

예제 13.3 **남학생과 여학생의 언어영역, 외국어영역, 수리영역에 대한 선호도가 다른지를 조사하고자 한다. 남학생 100명과 여학생 100명을 임의추출하여 가장 좋아하는 하나의 영역을 택하게 하여 분류한 결과가 표 13.9와 같다. 학생의 성별에 따라 영역의 선호도가 같다고 할 수 있는가? 유의수준 5%에서 검정하라.**

표 13.9 성별과 영역 선호도 조사에 대한 분할표

성별 \ 영역	언어	외국어	수리
남학생	30	30	40
여학생	40	35	25

풀이 다음과 같이 H_0과 H_1을 세운다.

$$H_0 : \ p_{11} = p_{21},\ p_{12} = p_{22},\ p_{13} = p_{23}$$
$$H_1 : \ H_0\text{이 아니다.}$$

분할표로부터 실제 관측도수와 H_0이 참일 때 구한 기대도수를 구해보면 **표 13.10**과 같다. 괄호 안에 숫자는 기대도수를 나타낸다.

표 13.10 성별과 영역 조사에서 관측도수와 기대도수

성별 \ 영역	언어	외국어	수리	합계
남학생	30(35)	30(32.5)	40(32.5)	100
여학생	40(35)	35(32.5)	25(32.5)	100
합계	70(35)	65(32.5)	65(32.5)	200

따라서, 검정통계량 χ^2의 값은

$$\chi^2 = \sum_{i=1}^{2}\sum_{j=1}^{3}\frac{(O_{ij}-E_{ij})^2}{E_{ij}} = \frac{(30-35)^2}{35} + \ldots + \frac{(25-32.5)^2}{32.5} = 5.2747$$

이며 자유도는 (2-1)×(3-1)=2이다. $\chi^2 = 5.2747 < \chi^2_{0.05}(2) = 5.99147$이므로 H_0을 기각하지 못한다. 즉, 학생의 성별에 따른 영역의 선호도가 같다고 할 수 있다. ■

13.4 R을 이용한 실습

- chisq.test() 함수

  χ^2-검정을 위해 사용하는 함수로서 사용형식은 다음과 같다.

```
chisq.test(data, correct=TRUE)
```

여기서 data는 행렬 또는 데이터 프레임을 나타내고 correct는 예이츠 연속성 수정(Yates continuity correction)을 지정하기 위한 옵션으로 기본값이 수정하는 것으로 되어 있다. 만약 수정을 원치 않는 경우 correct=FALSE를 지정한다.

- 데이터가 행렬로 주어지는 경우 matrix() 함수의 사용형식은 다음과 같다.

```
matrix(data, nrow, ncol, byrow = FALSE)
```

- 데이터가 데이터 프레임으로 주어지는 경우 data.frame() 함수를 사용한다.

※ 예이츠 연속성 수정(Yates continuity correction)

예이츠 연속성 수정을 하는 경우 χ^2-검정통계량은 다음과 같다.

$$\chi^2 = \sum_{i=1}^{r}\sum_{j=1}^{c}\frac{((O_{ij}-E_{ij})-\frac{1}{2})^2}{E_{ij}}$$

예제 13.4 예제 13.1의 표 13.1에서 R을 이용하여 유의수준 1%에서 검정하라.

① 데이터가 행렬로 주어지는 경우

```
> data <- c(42, 10, 9, 39)
> c.table <- matrix(data, ncol=2, byrow=T)
> c.table
  male female
1   42      9
2   10     39
> chisq.test(c.table, correct=FALSE)

        Pearson's Chi-squared test

data:  c.table
X-squared = 38.418, df = 1, p-value = 5.711e-10
```

위 결과를 보면 검정통계량 χ^2의 값은 χ^2=38.418, 유의확률은 5.711e-10이다. 따라서 유의수준 0.05에서 H_0을 기각한다. 즉, 성별과 반려동물의 품종 선호와는 독립이 아니다.

② 데이터가 데이터 프레임으로 주어지는 경우

```
> male <-c(42, 10)
> female <- c( 9, 39)
> c.table <- data.frame(male, female)
> c.table
  male female
1   42      9
2   10     39
> chisq.test(c.table, correct=FALSE)

        Pearson's Chi-squared test

data:  c.table
X-squared = 38.418, df = 1, p-value = 5.711e-10
```

예제 13.5 예제 13.2의 **표 13.6**에서 R을 이용하여 유의수준 5%에서 검정하라.

① 데이터가 행렬로 주어지는 경우

```
> data <- c(33, 67, 28, 122, 5, 45)
> c.table <- matrix(data, ncol=2, byrow=T)
> c.table
     [,1] [,2]
[1,]   33   67
[2,]   28  122
[3,]    5   45
> chisq.test(c.table, correct=FALSE)

        Pearson's Chi-squared test

data:  c.table
X-squared = 12.218, df = 2, p-value = 0.002222
```

위 결과를 보면 검정통계량 χ^2의 값은 χ^2=12.218, 유의확률은 0.002222이다. 따라서 유의수준 0.05에서 H_0을 기각한다. 즉, 소득수준은 우울 증상에 영향을 미친다고 할 수 있다.

② 데이터가 데이터 프레임으로 주어지는 경우

```
> low_income <- c(33, 67)
> middle_income <- c( 28, 122)
> high_income <- c( 5, 45)
> c.table <- data.frame(low_income, middle_income,high_income )
> c.table
  low_income middle_income high_income
1         33            28           5
2         67           122          45
> chisq.test(c.table, correct=FALSE)

        Pearson's Chi-squared test

data:  c.table
X-squared = 12.218, df = 2, p-value = 0.002222
```

예제 13.6 예제 13.3의 표 13.9에서 R을 이용하여 유의수준 5%에서 검정하라.

① 데이터가 행렬로 주어지는 경우

```
> data <- c(30, 30, 40, 40, 35, 25)
> c.table <- matrix(data, ncol=3, byrow=T)
> c.table
     [,1] [,2] [,3]
[1,]   30   30   40
[2,]   40   35   25
> chisq.test(c.table, correct=FALSE)

        Pearson's Chi-squared test

data:  c.table
X-squared = 5.2747, df = 2, p-value = 0.07155
```

위 결과를 보면 검정통계량 χ^2의 값은 χ^2=5.2747, 유의확률은 0.07155이다. 따라서 유의수준 0.05에서 H_0을 기각하지 못한다. 즉, 남학생과 여학생의 선호도는 같다고 볼 수 있다.

② 데이터가 데이터 프레임으로 주어지는 경우

```
> male <-c(30, 30, 40)
> female <- c( 40, 35, 25)
> c.table <- data.frame(male, female )
> c.table
  male female
1   30     40
2   30     35
3   40     25
> chisq.test(c.table, correct=FALSE)

        Pearson's Chi-squared test

data:  c.table
X-squared = 5.2747, df = 2, p-value = 0.07155
```

■

연습문제

01 다음은 소득수준에 따라 어떤 쇼핑 장소를 선택하는지 알아보기 위해 조사한 자료이다. 소득수준과 쇼핑 장소의 선택과는 아무런 관련이 없는지 유의수준 5%에서 검정하라.

소득수준 \ 쇼핑 장소	백화점	대형할인매장	재래시장
고소득층	15	10	5
중간층	10	20	5
저소득층	5	20	10

02 다음은 직업 수준과 구매 의사 간에 어떤 연관성이 있는지 알아보기 위해 조사한 자료이다. 유의수준 5%에서 검정하라.

구매 의사 \ 직업	사무직	노동자	기타
사겠다.	40	30	10
안 사겠다.	30	10	10
모르겠다.	10	5	5

03 어느 대학의 통계조사연구소에서 학년에 따라 담배 피우는 학생의 비율이 다른지 알아보기 위해 1, 2, 3, 4학년을 대상으로 각각 20, 20, 30, 30명씩을 임의로 추출하여 흡연 여부를 조사하였다. 자료는 다음과 같다.

학년 \ 흡연 여부	흡연	비흡연
1	14	6
2	16	4
3	15	15
4	10	20

이 자료로부터 학년에 따라 흡연하는 학생의 비율이 다른지 유의수준 5%에서 검정하라.

04 다음은 선호하는 정당과 교육수준과의 연관성이 있는지 알아보기 위해 조사한 자료이다. 유의수준 5%에서 검정하라.

선호정당 \ 교육수준	중졸	고졸	대학졸	대학원졸
A 정당	15	45	31	9
B 정당	12	36	42	10

05 다음은 어느 대학의 여학생들을 대상으로 다음의 문항을 가지고 설문조사를 한 결과이다.

문항 : 애인의 여자 친구를 인정하겠습니까?

학년별로 차이가 있는지 유의수준 5%에서 검정하라.

학년 \ 인정 여부	인정한다.	인정하지 않는다.
1	81	22
2	73	30
3	72	28
4	54	40

부록 A

R 프로그램 사용법

A.1 R 프로그램 설치

① R 사이트 접속

R 프로그램을 내려받기 위해 **그림 A.1.1**의 R 사이트 http://www.r-project.org에 접속한다.

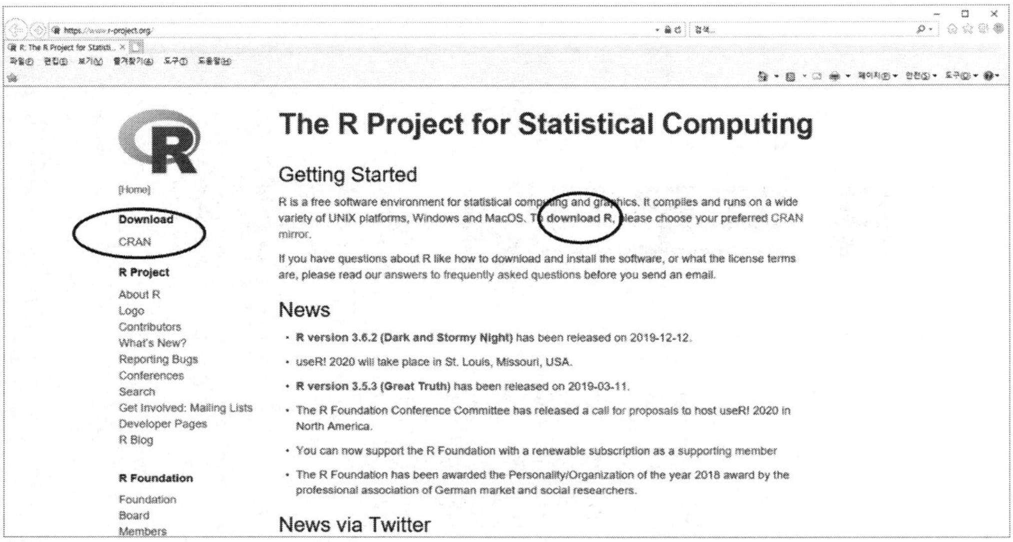

그림 A.1.1 R 프로그램 사이트 www.r-project.org

그림 A.1.1의 사이트의 중간 부분에 있는 "download R"을 선택하든지 왼쪽 위에 있는 "CRAN"을 선택한다. 그러면 R 프로그램을 내려받을 수 있는 각 나라에서 운영하는 CRAN 미러(mirror) 사이트가 나타난다.

② 한국에서 운영하는 R 미러 사이트 선택

각 국의 미러 사이트 중에서 현재 한국(Korea)에서 운영하는 사이트는 **그림 A.1.2**와 같다.

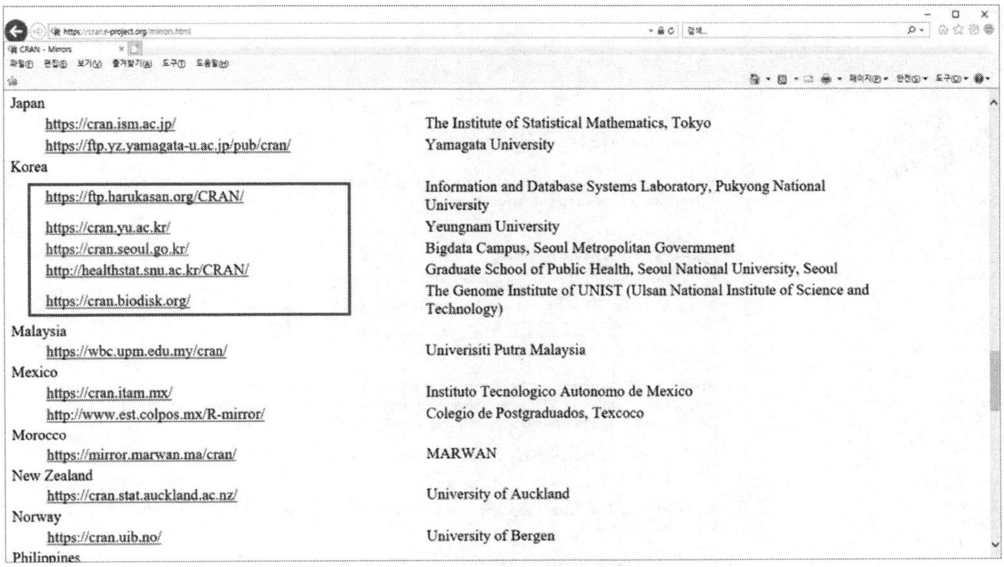

그림 A.1.2 한국에서 운영하는 미러 사이트

그림 A.1.2에서 보듯이 현재 한국은 5개의 R 미러 사이트들을 운영하고 있다. 이 중에서 임의로 하나의 사이트를 선택한다. 여기서는 서울특별시청에서 운영하는 “https://cran.seoul.go.kr/”을 선택한다.

③ 사용자 운영체제 선택

사용자의 컴퓨터 환경에 맞는 R 프로그램을 선택한다. **그림 A.1.3**에서 사용자의 운영체제에 맞게 Linux, MacOS X, Windows 중 하나를 선택한다.

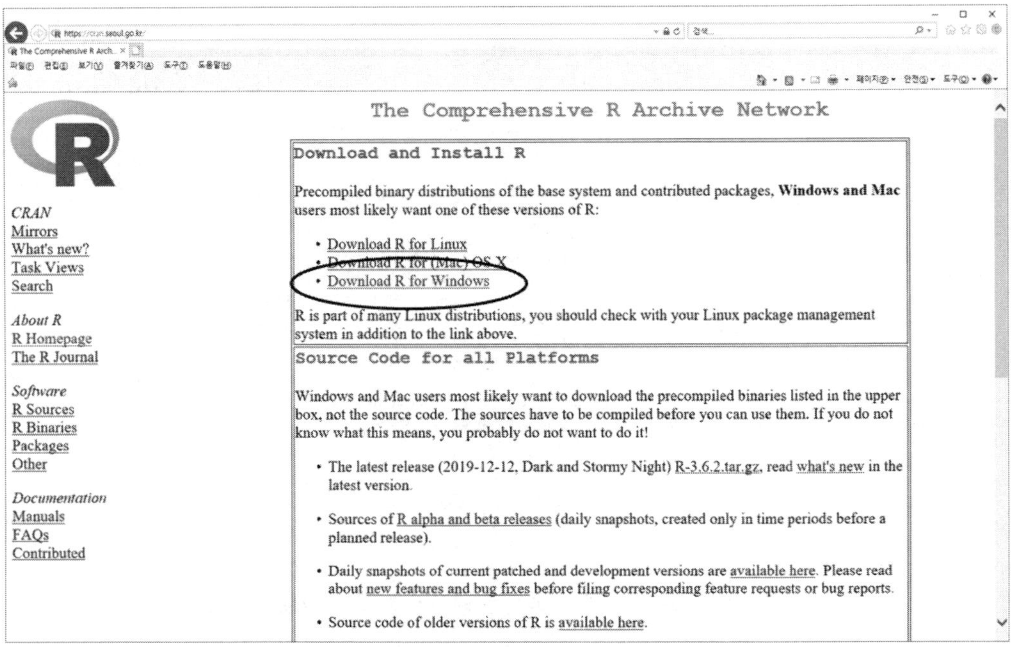

그림 A.1.3 사용자의 운영체제 선택

대부분의 사용자들은 Windows 환경하에서 R을 사용하고 있기 때문에, 여기서는 "Download R for Windows"를 선택한다.

④ base 선택

R 프로그램을 설치하는 데 있어서 기본(base)만 설치할 것이냐 아니면 전부 설치할 것이냐를 결정한다. 여기서는 기본만 설치하고 필요한 프로그램은 필요할 때마다 패키지를 설치하여 사용하고자 한다.

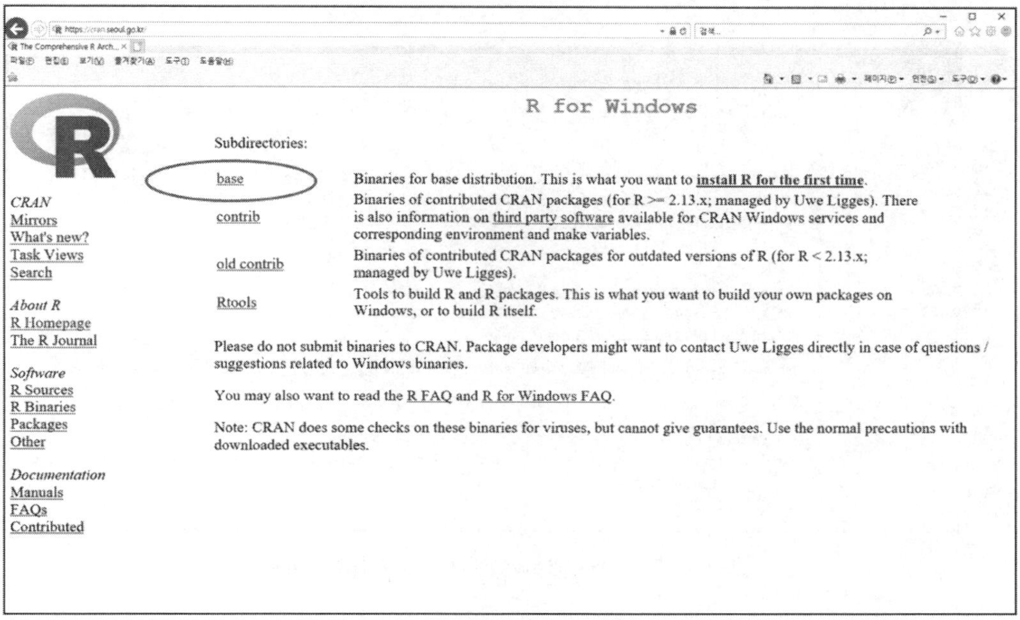

그림 A.1.4 base 선택

그림 A.1.4에서 R의 기본만을 설치하기 위해 base를 선택한다.

⑤ R 버전 선택

R에는 여러 가지 버전이 있다. 여기서는 가장 최신 버전을 설치한다. **그림 A.1.5**에서 보는 것처럼 Windows용 버전 R 4.0.2가 2020년 9월 기준 최신 버전이다.

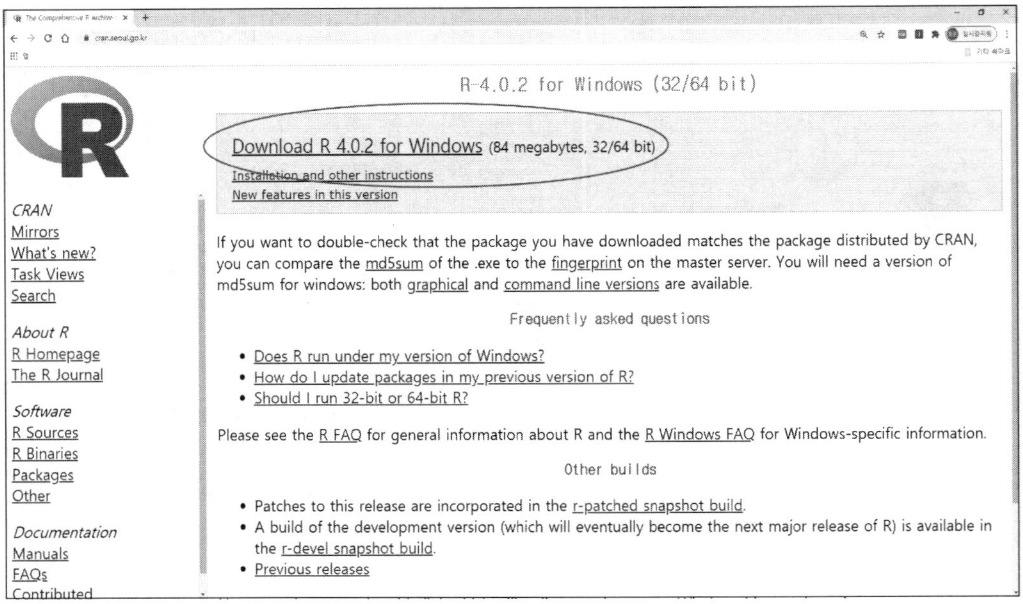

그림 A.1.5 Windows용 R 4.0.2 버전 선택

그림 A.1.5에서 R 4.0.2를 선택하기 위해 "Download R 4.0.2 for Windows"를 클릭한다. 만약, 이전 버전(previous version)을 선택하고자 하는 경우 **그림 A.1.5**의 중앙에 있는 "Other builds" 내용 중에서 "Previous releases"를 선택하여 원하는 버전을 선택한다.

⑥ Windows 버전 R 4.0.2 다운로드

그림 A.1.5에서 "Download R 4.0.2 for Windows"를 클릭하면 **그림 A.1.6**과 같이 R 4.0.2에 대한 실행파일 "R-4.0.2-win.exe"이 다운로드 된다.

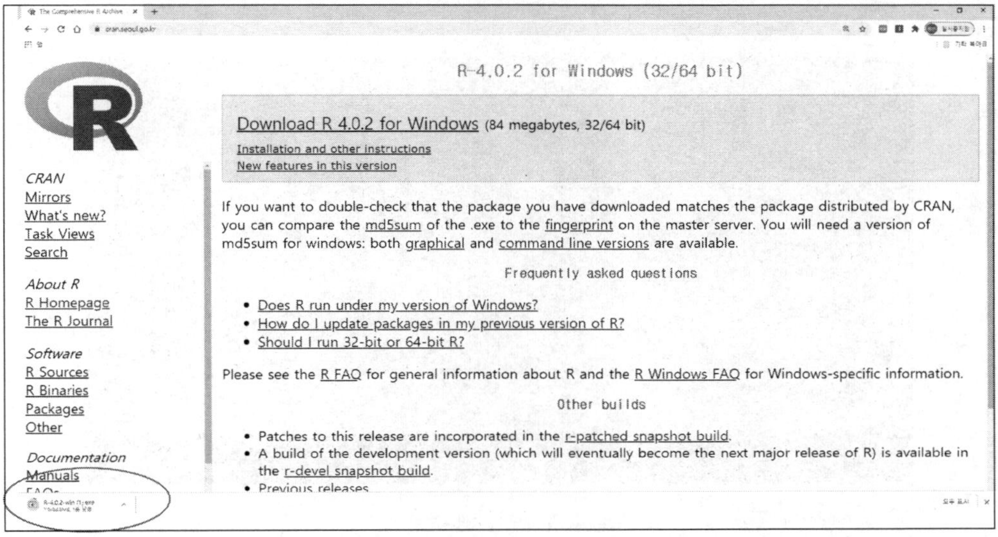

그림 A.1.6 R 4.0.2버전에 대한 실행파일 다운로드

그림 A.1.6에서 실행파일은 컴퓨터에서 다운로드를 위한 폴더에 저장된다.

⑦ 실행파일 열기

다운로드한 실행파일을 설치하는 방법에는 **그림 A.1.7**과 같이 바로 [열기]를 선택하여 실행시킬 수도 있고 아니면 [폴더 열기]를 선택하여 저장된 폴더에서 "R-4.0.2-win.exe"를 더블클릭하여 실행시킬 수도 있다.

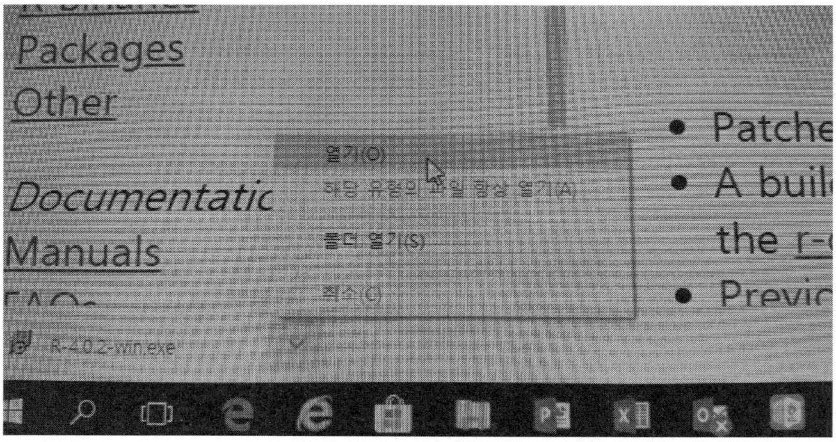

그림 A.1.7 실행파일 열기

여기서는 간단한 방법으로 설치하기 위해 전자의 방법을 선택한다.

⑧ 사용언어 선택

R에서 사용할 언어를 **그림 A.1.8**의 언어선택 대화상자에서 선택한다.

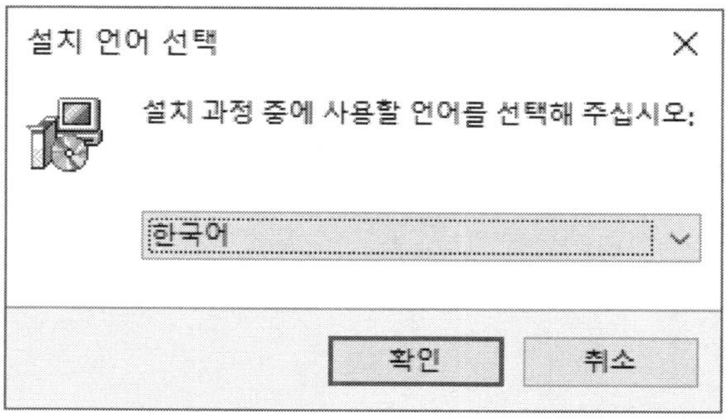

그림 A.1.8 설치 언어 선택

그림 A.1.8에서 디폴트로 지정된 "한국어"를 그대로 선택하기 위해 [확인] 버튼을 클릭한다.

⑨ 라이센스 정보 확인

그림 A.1.9는 R의 라이센스에 대한 정보 확인을 위한 대화상자이다.

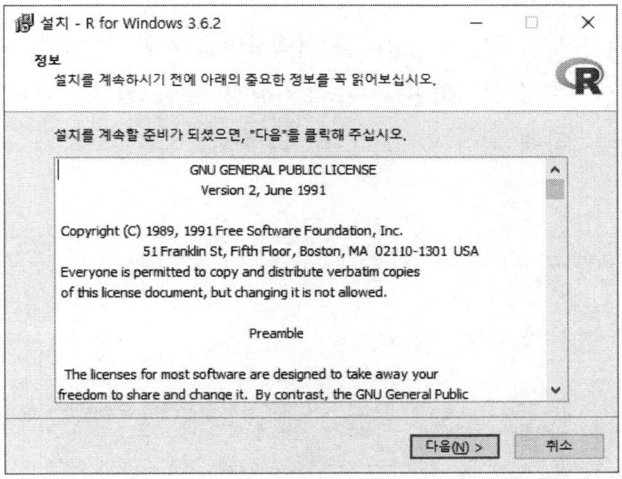

그림 A.1.9 라이센스 정보 확인

그림 A.1.9에서 라이센스 정보 확인 후 다음 진행을 위해 [다음]을 선택한다.

⑩ R 설치할 디렉토리 선택

그림 A.1.10에서 R을 설치할 디렉토리를 선택한다.

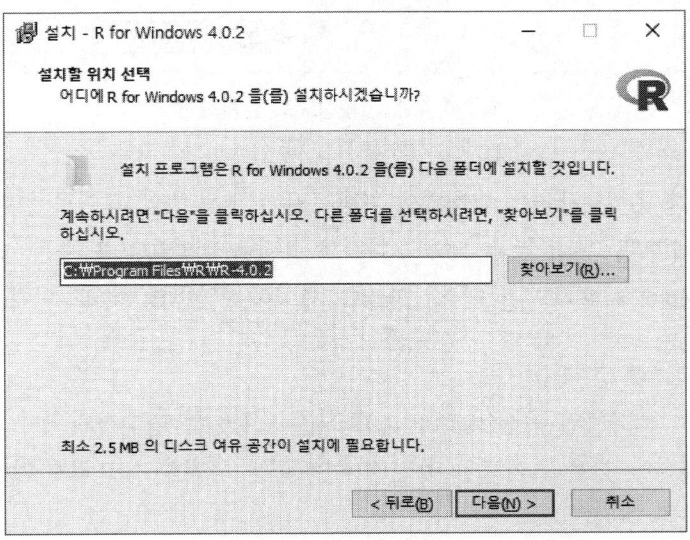

그림 A.1.10 R 설치 디렉토리 선택

여기서는 디폴트로 선택된 폴더 "C:\Program Files\R\R-4.0.2"에 설치한다. 설치 경로를 변경하고자 하는 경우, [찾아보기]를 통해서 변경할 수 있다. 진행을 위해 [다음]을 클릭한다.

⑪ 설치할 구성요소 선택

구성요소 설치에서는 원하는 구성요소를 선택하여 설치할 수 있다. 사용자 운영체제에 따라 구성요소를 선택하여 설치하면 된다. 초기설정에는 **그림 A.1.11**과 같이 32-bit Files, 64-bit Files 모두 설치하게 되어 있다.

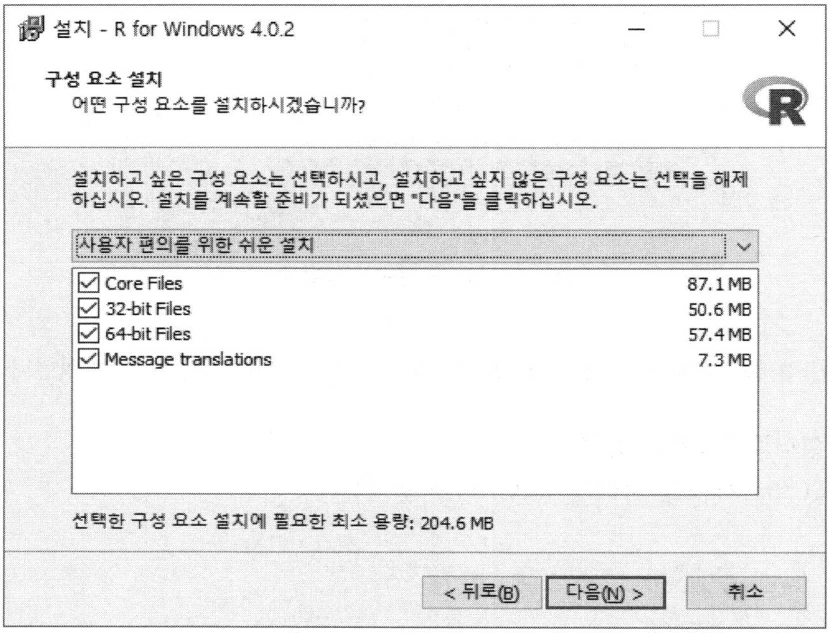

그림 A.1.11 구성요소 설치화면

여기서는 사용자 운영체제와는 관계없이 디폴트로 설정된 것을 그대로 설치하기 위해 [다음] 버튼을 선택한다. 만약, 컴퓨터 하드 디스크 용량을 절약하고자 하는 경우 운영체제가 Windows 10(64bit) 사용자라면 32-bit Files를 제외하고 설치할 수도 있다.

⑫ 스타트업 옵션 선택

그림 A.1.12는 스타트업 옵션(startup option)을 조정하는 대화상자이다. 사용자가 특별한 R 환경을 원하는 경우 스타트업 옵션에서 "Yes"를 선택하고 그렇지 않은 대부분의 사용자들은 "No"를 선택한다.

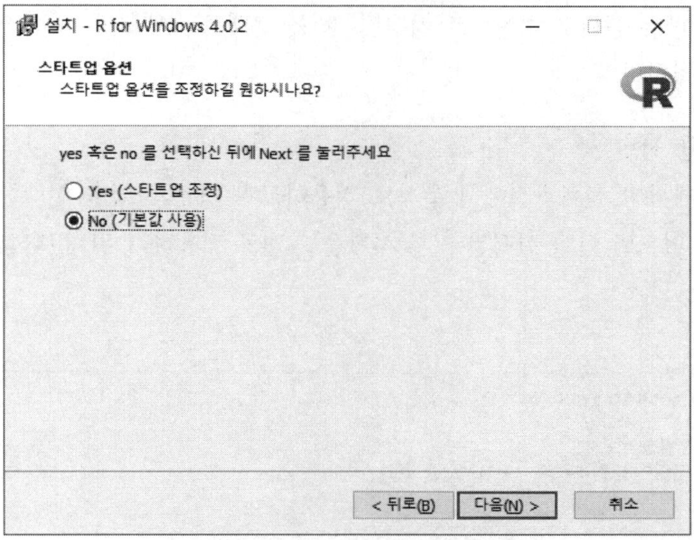

그림 A.1.12 스타트업 옵션 화면

여기서는 디폴트로 설정된 "No"를 선택하고 [다음] 버튼을 선택한다.

⑬ 시작 메뉴 폴더 선택

시작 프로그램에서 R 프로그램에 대한 메뉴 폴더를 새로 만들 수 있다. **그림 A.1.13**에서 디폴트 설정으로 [R]을 선택하면 [시작]→ [모든 프로그램] →[R]처럼 [R] 폴더가 새로 만들어진다. 이 경우 R을 실행시키기 위해 폴더 [R]을 선택하면 된다.

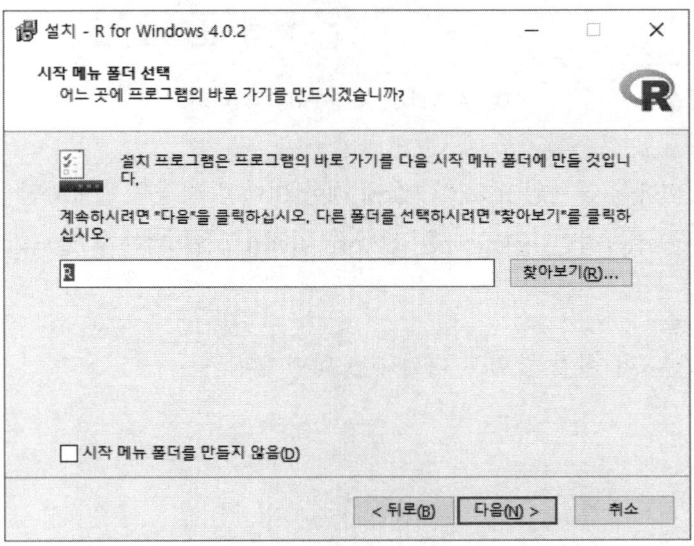

그림 A.1.13 시작 메뉴 폴더 선택 화면

여기서는 시작 메뉴 폴더로 디폴트로 지정된 "R"을 그대로 선택하고 다음 진행을 위해 [다음] 버튼을 클릭한다.

⑭ 추가 사항 적용

그림 A.1.14에서 R 설치과정에서 추가로 적용하고자 하는 사항을 선택한다. 특별히 추가 적용사항이 없으면 이미 선택된 기본 사항을 그대로 적용하기 위해 [다음] 버튼을 클릭하면 된다.

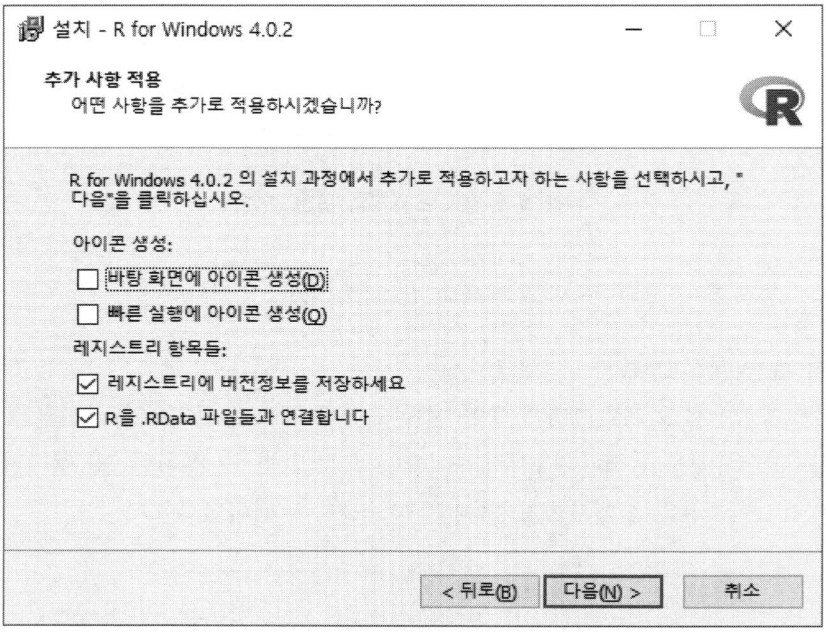

그림 A.1.14 추가 사항 적용 화면

만약, 바탕화면에서 설치된 R 프로그램에 대한 아이콘 생성을 원한다면 [바탕화면에 아이콘 생성(D)]를 선택하면 된다. 다음 진행을 위해 [다음] 버튼을 클릭한다.

⑮ R 설치

그림 A.1.15는 R이 설치 중임을 나타내는 화면이다.

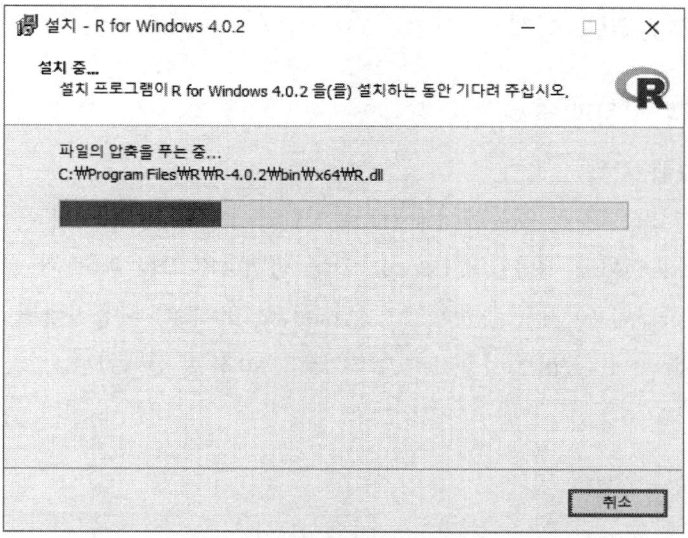

그림 A.1.15 R 설치 중 화면

그림 A.1.15에서 보듯이 실행파일의 압축이 풀리면서 설치가 되는 것을 알 수 있다.

⑯ 설치 완료

그림 A.1.16과 같은 화면이 나오면 정상적으로 R의 설치가 완료된 것이다.

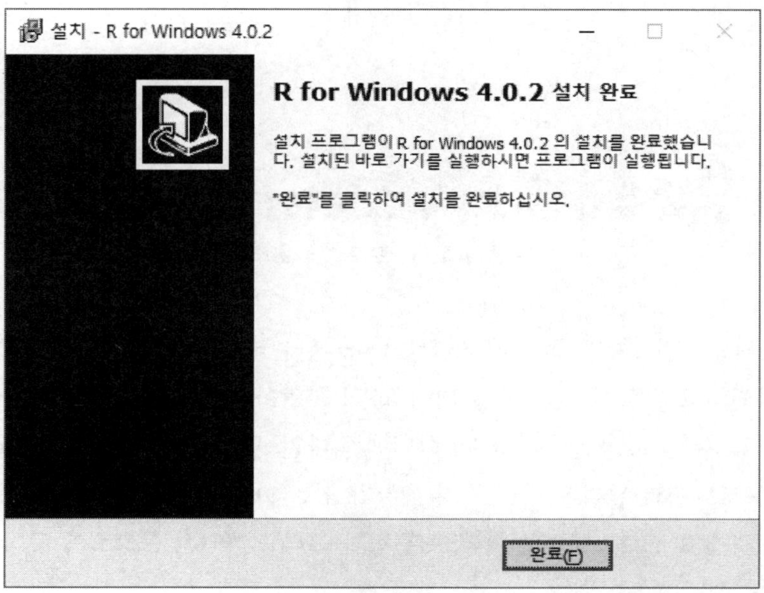

그림 A.1.16 설치 완료

A.2 R 프로그램 실행

(1) R 프로그램 시작과 종료

① R 프로그램 시작

R 프로그램 시작은 시작 메뉴에서 [새로 설치한 프로그램] 항목이나 혹은 [최근에 추가한 앱]에서 [R x64 4.0.2] 혹은 [R i386 4.0.2]를 선택하면 **그림 A.2.1**과 같이 R 프로그램 초기화면이 나타난다. 여기서 운영체제가 Windows 10(64bit) 사용자라면 [R x64 4.0.2]를 선택하고 Windows 10(32bit) 사용자라면 [R i386 4.0.2]를 선택한다.

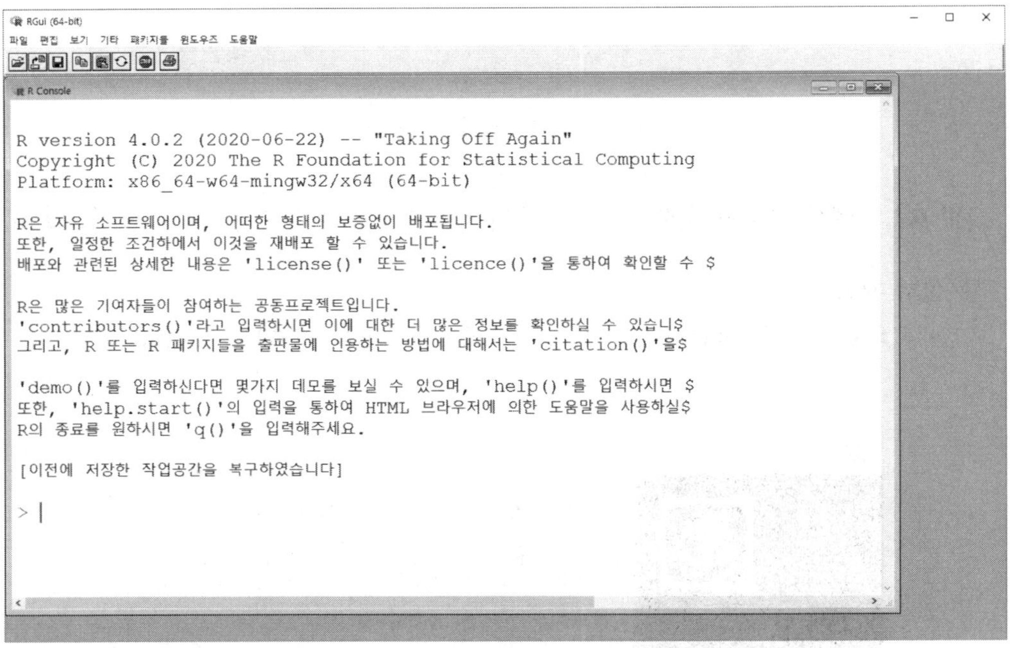

그림 A.2.1 R 프로그램 초기화면

그림 A.2.1을 보면 2개의 화면(혹은 창)이 나타나는데 안에 있는 작은 화면이 R 콘솔(console) 화면이고 바깥에 있는 큰 화면이 RGui 화면이다. R 콘솔 화면은 R 코드를 작성하여 실행시킬 수 있는 화면이고, RGui 화면에는 파일, 편집, 보기, 패키지, 윈도우즈, 도움말 등의 R 프로그램과 관련된 여러 가지 메뉴가 있는 화면이다. RGui 화면에 있는 메뉴를 통하여 편리하게 R 프로그램 파일처리, R 편집기 그리고 패키지 불러오기 및 그 밖의 도움말 기능 등을 이용할 수 있다.

② R 프로그램 종료

R 프로그램을 종료하고자 하는 경우 RGui 화면에서 [파일]→ [종료] 메뉴를 선택하는 경우와 R 콘솔 화면에서 q() 입력 후 [Enter] 버튼을 누르는 경우가 있다. 이 경우 **그림 A.2.2**와 같이 "작업공간 이미지를 저장하겠습니까?"라는 메시지가 나타나는데 저장하고 싶으면 [예], 아니면 [아니오] 버튼을 선택하면 된다.

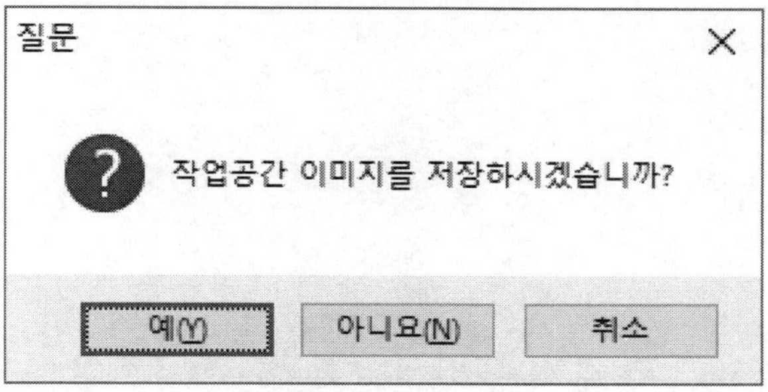

그림 A.2.2 작업 디렉토리 저장화면

그림 A.2.2에서 [예]를 선택하는 경우에는 R 종료 후에도 작업 디렉토리의 ".RData" 파일에 R에서 사용한 변수가 저장되고, [아니오]를 선택하는 경우에는 R 종료 후에는 R에서 사용한 변수가 저장되지 않는다. 따라서 영구히 변수 저장을 원하는 경우를 제외하고는 [아니오]를 선택하면 된다. 보통 [아니오]를 선택하여 R을 종료한다.

(2) 자주 사용하는 R 메뉴

① [파일] → [새 스크립트]

RGui 화면에서 [파일] → [새 스크립트] 메뉴를 선택하면 **그림 A.2.3**의 R 편집기(editor)가 열린다. R 편집기에는 R 프로그램의 코드가 긴 경우 프로그램 작성, 저장 및 실행을 편리하게 해주는 기능이 있다. R 프로그램의 코드가 짧은 경우는 R 콘솔 화면에서 프로그램 작성하여 실행시켜도 큰 불편함이 없으나, R 코드가 긴 경우 R 콘솔 화면에서 에러(error)를 수정하고 실행시키는 일련의 반복적인 작업을 수행하는 것이 불편하므로 R 편집기를 사용하게 된다.

그림 A.2.3 R 편집기

그림 A.2.3의 R 편집기에서 간단한 계산, 여기서는 10+20을 계산하는 프로그램을 작성하였다.

② [파일] → [저장하기] 혹은 [파일] → [다른 이름으로 저장]

그림 A.2.3의 R 편집기에서 작성된 코드를 저장하기 위해 [파일] → [저장하기] 메뉴 혹은 [파일] → [다른 이름으로 저장] 메뉴를 선택한다. 여기서는 디렉토리 "D:\통계학R고싶다\부록"에 "십이십.R"이라는 파일 이름으로 저장하였다.

③ [파일] → [스크립트 열기]

그림 A.2.3의 R 편집기에서 작업한 파일, 즉 확장자가 R인 파일을 열고자 하는 경우 [파일] → [스크립트 열기] 메뉴를 선택한다. 예를 들면, **그림 A.2.4**에서 "십이십.R" 파일을 열고자 하는 경우 이 메뉴를 사용한다.

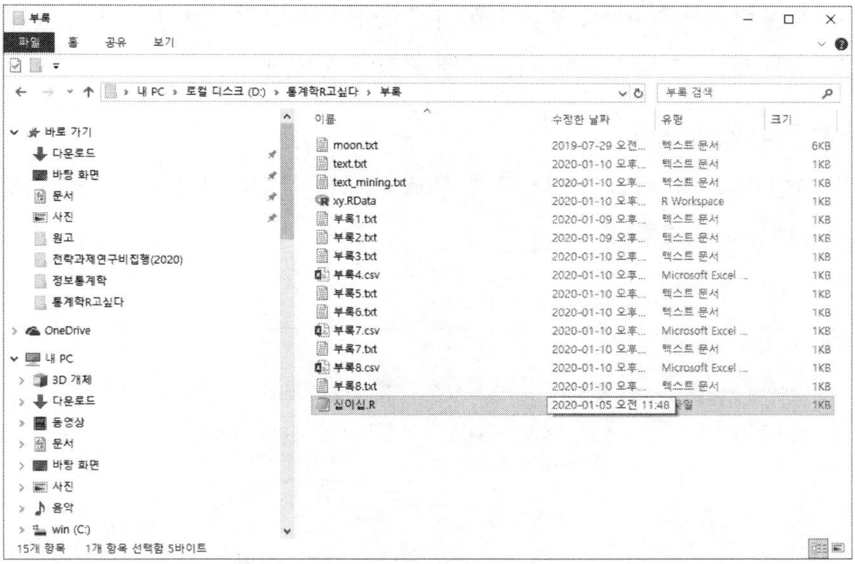

그림 A.2.4 스크립트 열기

④ [편집] → [줄 또는 선택영역 실행]

R 편집기에서 선택한 줄(line) 또는 영역을 실행시키고자 하는 경우 [편집] → [줄 또는 선택영역 실행] 메뉴를 선택한다. 개인적으로 줄(line) 또는 영역을 실행시키고자 하는 경우 커서를 원하는 위치 놓거나 원하는 영역을 선택한 다음 단축키 "Ctrl+R"을 사용하면 편리하다.

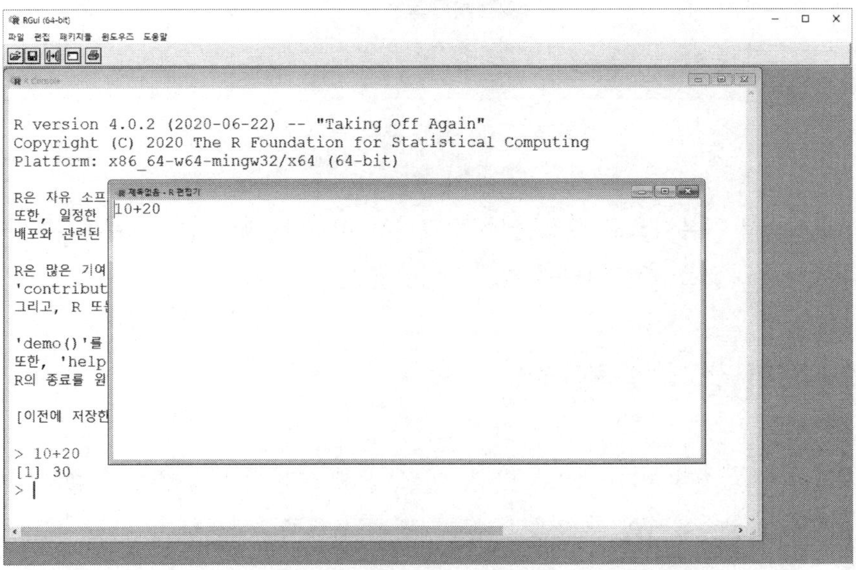

그림 A.2.5 코드 실행 결과 화면

그림 A.2.5는 단축키 "Ctrl+R"을 사용하여 R 편집기에서 작성된 코드를 실행시킨 결과 R 콘솔 화면에 계산 결과가 나타나는 것을 보여주고 있다.

⑤ [편집] → [GUI 설정]

R 콘솔 화면 혹은 R 편집기에서 글자 폰트 크기를 조절하고자 하는 경우 [편집] → [GUI 설정] 메뉴를 사용한다.

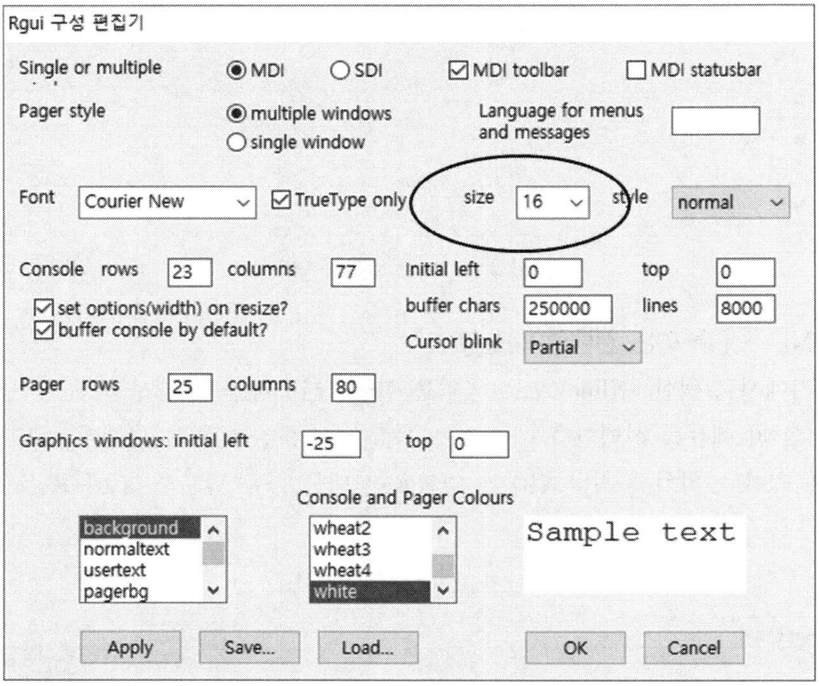

그림 A.2.6 글자 폰트 크기 조절

그림 A.2.6에서 기본적으로 설정된 폰트 크기는 10이다. 개인적으로 폰트 10은 너무 작아서 size에서 16, 18을 주로 사용한다.

(3) R을 사용한 간단한 프로그램

① 사칙연산

여기서는 R을 이용하여 10, 20의 덧셈, 뺄셈, 곱셈 그리고 나눗셈을 수행하고자 한다. **그림 A.2.7**은 R 콘솔에서의 사칙연산 수행과정을 보여주고 있다.

그림 A.2.7 R 콘솔에서 사칙연산

그림 A.2.8은 R 편집기에서 사칙연산 프로그램을 작성한 것을 보여주고 있다.

그림 A.2.8 R 편집기에서의 사칙연산 프로그램

그림 A.2.8에서 단축키 “Ctrl+R”을 사용하여 한 줄 한 줄 실행시키면 **그림 A.2.7**과 같은 결과가 R 콘솔 화면에 나타난다.

② 평균 계산

그림 A.2.9는 R 콘솔에서 5개의 데이터에 대한 평균을 계산하는 것을 보여주고 있다. R에서 mean() 함수를 이용하여 평균을 계산한다.

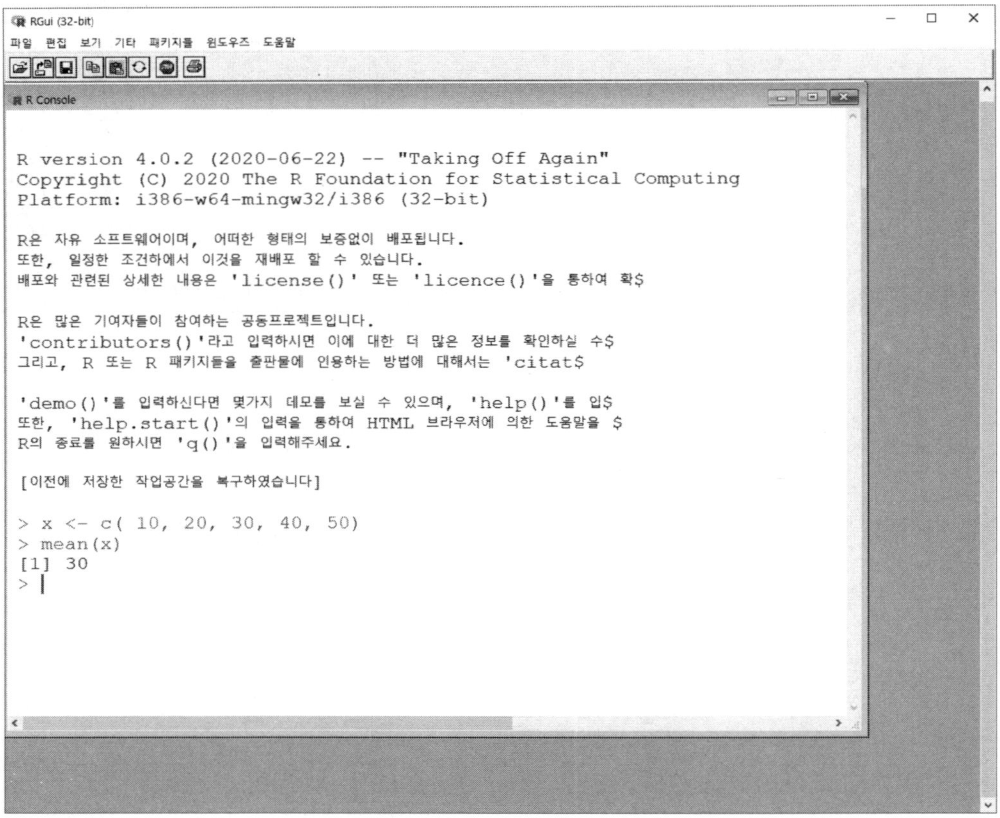

그림 A.2.9 R 콘솔에서 평균 계산

그림 A.2.9에서처럼 R에서 기호 “<-” 대신 “=”을 사용하여 벡터를 생성할 수 있다. **그림 A.2.9**에서 5개의 데이터에 대해 c() 함수를 사용하여 벡터를 생성한 후 mean() 함수를 사용하여 평균을 구하고 있다.

그림 A.2.10은 R에서의 도움말 기능을 보여주고 있다.

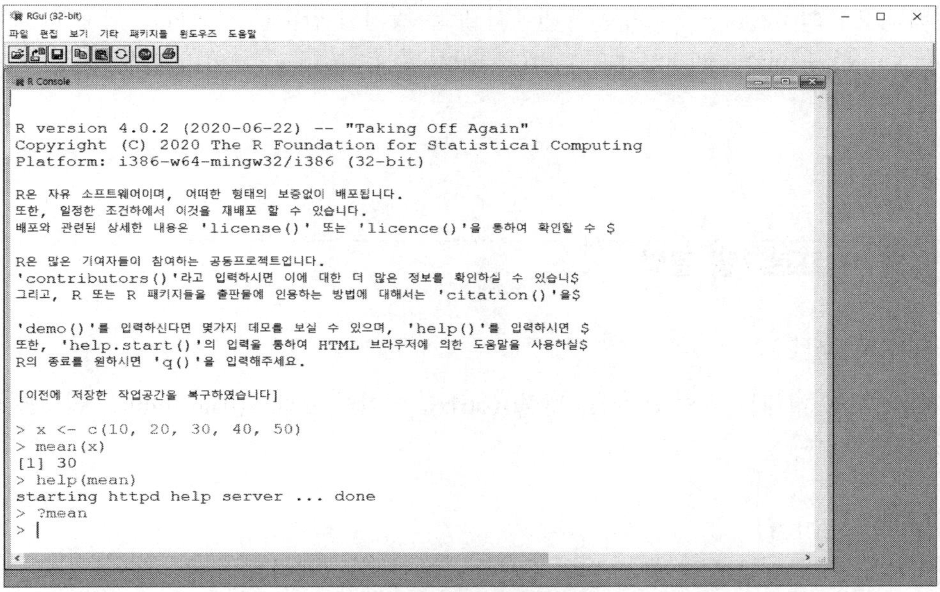

그림 A.2.10 도움말 기능

그림 A.2.10에서 mean() 함수의 사용법을 모를 경우에는 help() 함수를 이용하여 도움을 요청하든지 아니면 기호 "?"를 이용하면 된다.

그림 A.2.11은 도움말 기능을 통하여 얻은 mean() 함수의 사용법을 보여주고 있다.

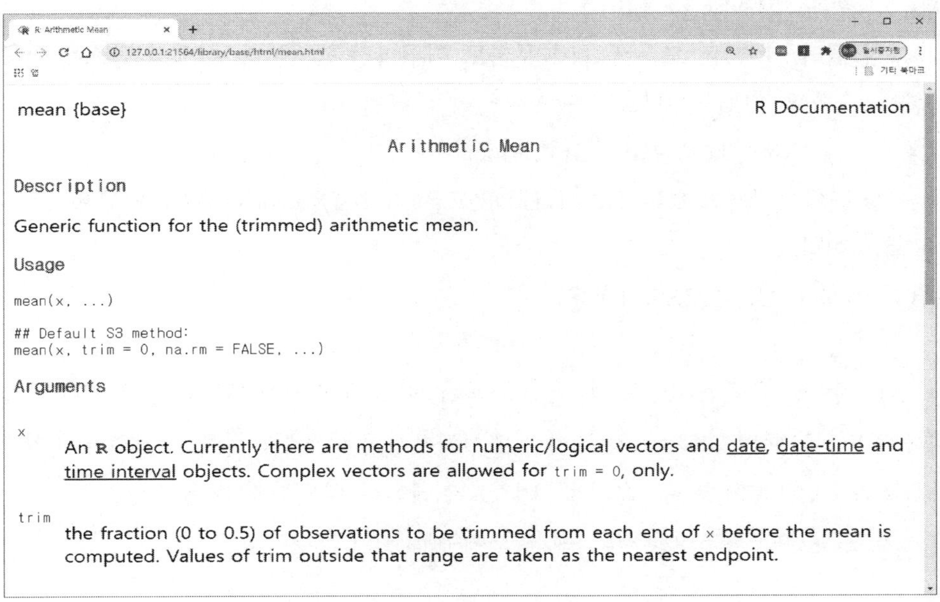

그림 A.2.11 mean() 함수의 사용법

그림 A.2.11의 mean() 함수의 사용법에서 보는 것처럼 함수를 사용하는 경우에 필수적인 인수가 있고 생략 가능한 인수가 있다. 예를 들어, mean(x,...) 함수에서 x는 필수적인 인수이다.

A.3 R 프로그램 문법

(1) 데이터 형태

R의 데이터 형태는 벡터(vector), 행렬(matrix), 데이터 프레임(data frame), 리스트(list) 등으로 구분된다.

① 벡터(vector)

R에서 가장 기본적인 데이터 형태가 벡터(vector)이다. 벡터는 하나 이상의 숫자, 문자 등의 집합으로, 동일한 데이터 형태로 구성되는 1차원 데이터 구조이다. 수학에서 사용하는 벡터와는 의미가 다르다.

R에서 c() 함수를 이용하여 벡터를 생성한다. 벡터는 숫자형 벡터, 문자형 벡터, 논리형 벡터로 구분된다.

- 숫자형 벡터 : 벡터의 모든 원소가 숫자로 이루어진 벡터이다.

  예 x <- c(1,2,3,4,5,6,7,8,9,10)

- 문자형 벡터 : 벡터의 모든 원소가 문자로 이루어진 벡터이다. 여기서 원소는 이중 따옴표 " " 혹은 단일 따옴표 ' '를 사용하여 나타낸다.

  예 y <- c("Kim","Lee","Park","Lim","Moon")

- 논리형 벡터 : 벡터의 모든 원소가 TRUE(혹은 T), FALSE(혹은 F)의 논리값으로 이루어진 벡터이다.

  예 z <- c(TRUE, FALSE, TRUE)

참고로, 벡터는 원소가 동일한 형태를 갖는다. 따라서 숫자형 벡터는 오직 숫자만 포함하여야 하고, 문자형 벡터는 오직 문자만 포함하여야 한다. 예를 들어, 숫자와 문자가 포함된 벡터, c(1,2,"Kim","Lee")는 문자형 벡터로 취급하니 주의하기 바란다.

그림 A.3.1은 여러 가지 벡터의 예를 보여주고 있다.

```
> x <- c(1,2,3,4,5,6,7,8,9,10)
> x
 [1]  1  2  3  4  5  6  7  8  9 10
> y <- c("Kim","Lee","Park","Lim","Moon")
> y
[1] "Kim"  "Lee"  "Park" "Lim"  "Moon"
> z <- c(TRUE, FALSE, TRUE)
> z
[1]  TRUE FALSE  TRUE
> 
```

그림 A.3.1 여러 가지 벡터의 예

• 데이터의 형 확인

R에서 class() 함수를 이용하여 데이터 형을 확인할 수 있다. **그림 A.3.2**는 class() 함수를 사용하여 데이터 형을 확인하고 있다.

```
> x <- c(1,2,3,4,5,6,7,8,9,10)
> class(x)
[1] "numeric"
> y <- c("Kim","Lee","Park","Lim","Moon")
> class(y)
[1] "character"
> z <- c(TRUE, FALSE, TRUE)
> class(z)
[1] "logical"
> 
```

그림 A.3.2 class() 함수를 사용한 데이터 형 확인

그림 A.3.2에서 숫자형 벡터는 "numeric", 문자형 벡터는 "character", 논리형 벡터는 "logical"로 나타내고 있다.

• 벡터의 길이

length() 함수를 이용하여 벡터의 길이를 알 수 있다. 통계분석에서 벡터의 길이는 통계 관측값의 개수를 알기 위해 필요하다. **그림 A.3.3**은 length() 함수를 이용하여 벡터의 길이를 구하고 있다.

```
R Console
> x <- c(1,2,3,4,5,6,7,8,9,10)
> length(x)
[1] 10
> y <- c("Kim","Lee","Park","Lim","Moon")
> length(y)
[1] 5
> z <- c(TRUE, FALSE, TRUE)
> length(z)
[1] 3
>
```

그림 A.3.3 length() 함수를 상요한 벡터의 길이 확인

② **행렬**(matrix)

행렬은 데이터가 행(row)과 열(column)로 이루어진 2차원 구조이다. 행렬의 원소는 벡터와 같이 동일한 데이터 형만 허용한다. R에서 matrix() 함수를 이용하여 행렬을 생성할 수 있다. R에서 행렬은 기본적으로 열(column)을 기준으로 생성한다. 다음은 matrix() 함수의 사용형식이다.

```
matrix(data, nrow, ncol, byrow)
```

◦ data : 데이터

◦ nrow : 행의 개수

◦ ncol : 열의 개수

◦ byrow : 행 기준 지정, 디폴트는 열 기준이다.

그림 A.3.4는 1부터 9까지 수를 가지고 3행 3열의 행렬을 만들고자 할 때 byrow 인수를 사용하는 경우와 사용하지 않는 경우 각각의 예를 보여주고 있다.

```
R Console
> A = matrix(1:9, nrow=3)
> A
     [,1] [,2] [,3]
[1,]    1    4    7
[2,]    2    5    8
[3,]    3    6    9
> B = matrix(1:9, nrow=3, byrow=T)
> B
     [,1] [,2] [,3]
[1,]    1    2    3
[2,]    4    5    6
[3,]    7    8    9
> |
```

그림 A.3.4 matrix() 함수 이용 행렬 생성

그림 A.3.4에서 연속적인 데이터를 만들고자 하는 경우 콜론(:)을 이용하여 범위를 지정할 수 있다. 여기서 "1:9"는 1부터 9까지 연속적인 데이터를 만든다.

• 행렬의 차원

dim() 함수를 이용하여 행렬의 차원(dimension)을 알 수 있다. 여기서 차원이란 행과 열의 길이를 의미한다. **그림 A.3.5**는 dim() 함수를 이용하여 행렬의 차원을 구하고 있다.

```
R Console
> A = matrix(1:9, nrow=3)
> A
     [,1] [,2] [,3]
[1,]    1    4    7
[2,]    2    5    8
[3,]    3    6    9
> dim(A)
[1] 3 3
> B = matrix(1:9, nrow=3, byrow=T)
> B
     [,1] [,2] [,3]
[1,]    1    2    3
[2,]    4    5    6
[3,]    7    8    9
> dim(B)
[1] 3 3
```

그림 A.3.5 dim() 함수이용 행렬 차원

그림 A.3.5에서 행렬 A와 B의 각각의 차원은 3, 3이다. 즉, 행의 수가 3이고 열의 수가 3임을 나타낸다.

③ 데이터 프레임(data frame)

데이터 프레임은 변수(열)와 관측값(행)으로 구성된 2차원 데이터 구조이다. 데이터 프레임은 행렬과 같은 구조이지만 행렬과 다르게 각 열(column)마다 다른 데이터 형을 가질 수 있다. 다시 말하면, 데이터 프레임의 각 변수의 데이터 형태는 일치하지 않아도 상관없지만 각 변수에 대한 관측값의 수는 같아야 한다. 통계분석에서 사용되는 데이터의 형태는 대부분 데이터 프레임이므로, R에서도 가장 빈번히 사용된다. R에서는 data.frame() 함수를 이용하여 데이터 프레임을 생성한다.

```
> x <- c("Kim","Lee","Park","Lim","Moon")
> y <- c("M", "F", "M", "F", "M")
> z <- c(170, 160, 180, 155, 175)
> df <- data.frame(x,y,z)
> df
     x y   z
1  Kim M 170
2  Lee F 160
3 Park M 180
4  Lim F 155
5 Moon M 175
> |
```

그림 A.3.6 data.frame() 함수 사용 데이터 프레임 생성

그림 A.3.6에서 변수 df의 구조가 바로 데이터 프레임인데, df는 3개의 열, 즉 첫 번째 열과 두 번째 열은 문자형 벡터이고 세 번째 열은 숫자형 벡터로 구성되어 있음을 알 수 있다.

• 데이터 프레임에서 데이터 검색 및 수정

데이터 프레임을 벡터들의 집합으로 간주하여 개별 벡터의 검색 및 수정 등을 용이하게 할 수 있다. 이를 위해 "$" 기호를 사용한다. **그림 A.3.7**은 데이터 프레임에서 데이터를 검색 및 수정하는 예를 보여주고 있다.

```
> x <- c("Kim","Lee","Park","Lim","Moon")
> y <- c("M", "F", "M", "F", "M")
> z <- c(170, 160, 180, 155, 175)
> df <- data.frame(x,y,z)
> df
     x y   z
1  Kim M 170
2  Lee F 160
3 Park M 180
4  Lim F 155
5 Moon M 175
> df$z
[1] 170 160 180 155 175
> df$z <- z+10
> df
     x y   z
1  Kim M 180
2  Lee F 170
3 Park M 190
4  Lim F 165
5 Moon M 185
> df[df$y=="M", ]
     x y   z
1  Kim M 180
3 Park M 190
5 Moon M 185
> |
```

그림 A.3.7 데이터 프레임에서 데이터 검색 및 수정

그림 A.3.7에서 변수 z에 대해 검색하고자 하는 경우 데이터 프레임 df에 $ 기호를 붙여서 df$z처럼 사용한다. 그리고 데이터 프레임에서 일부 데이터만을 검색하고자 하는 경우, 예를 들면 변수 y에 대해 M(성별이 남성)만을 검색하고자 하는 경우 다음과 같이 사용할 수 있다.

df[df$y=="M",]

• 데이터 프레임에서 행과 열의 이름 변경

데이터 프레임을 생성할 때 각 열과 행의 이름은 자동으로 부여된다. rownames() 함수를 사용하여 행의 이름, colnames() 함수를 사용하여 열의 이름을 변경할 수 있다. **그림 A.3.8**은 데이터 프레임에서 행과 열의 이름을 변경하는 예를 보여주고 있다.

```
R Console
> x <- c("Kim","Lee","Park","Lim","Moon")
> y <- c("M", "F", "M", "F", "M")
> z <- c(170, 160, 180, 155, 175)
> df <- data.frame(x,y,z)
> df
     x y   z
1  Kim M 170
2  Lee F 160
3 Park M 180
4  Lim F 155
5 Moon M 175
> rownames(df) <- c("p1","p2","p3","p4","p5")
> colnames(df) <- c("name","sex","height")
> df
   name sex height
p1  Kim   M    170
p2  Lee   F    160
p3 Park   M    180
p4  Lim   F    155
p5 Moon   M    175
> |
```

그림 A.3.8 데이터 프레임에서 행과 열의 이름 변경

그림 A.3.8에서 행의 이름이 기존의 이름 1, 2, 3, 4, 5에서 p1, p2, p3, p4, p5로 변경되고, 열의 이름이 기존의 이름 x, y, z에서 name, sex, height로 변경된 것을 볼 수 있다.

④ 리스트(list)

리스트는 벡터, 행렬, 데이터 프레임 등 서로 다른 데이터 구조를 하나로 묶을 수 있는 데이터 구조이다. 리스트는 데이터 프레임에서처럼 각 변수의 원소 개수가 동일해야 한다는 제한도 없어서 데이터 형태 중에서 가장 자유로운 구조를 갖고 있다. R에서는 list() 함수를 사용하여 리스트를 생성한다. **그림 A.3.9**는 벡터, 행렬, 데이터 프레임을 하나의 리스트로 나타내고 있다.

```
R Console
> x <- c("Kim","Lee","Park","Lim","Moon")
> y <-  c(170, 160, 180, 155, 175)
> m <- matrix(1:9, nrow=3)
> df <- data.frame(x,y)
> L1 <- list(x,y,m,df)
> L1
[[1]]
[1] "Kim"  "Lee"  "Park" "Lim"  "Moon"

[[2]]
[1] 170 160 180 155 175

[[3]]
     [,1] [,2] [,3]
[1,]    1    4    7
[2,]    2    5    8
[3,]    3    6    9

[[4]]
     x   y
1  Kim 170
2  Lee 160
3 Park 180
4  Lim 155
5 Moon 175
```

그림 A.3.9 list() 함수 사용 리스트 생성

그림 A.3.9에서 리스트를 구성하는 각각의 원소를 [[1]], [[2]], [[3]], [[4]]로 나타내고 있다. 따라서 각 원소를 검색하고자 하는 경우 다음과 같다.

L1[[1]], L1[[2]], L1[[3]], L1[[4]]

그림 A.3.10은 **그림 A.3.9**에서 리스트를 구성하는 각각의 원소에 이름을 부여하고 있다.

```
R Console
> x <- c("Kim","Lee","Park","Lim","Moon")
> y <-  c(170, 160, 180, 155, 175)
> m <- matrix(1:9, nrow=3)
> df <- data.frame(x,y)
> L2 <- list(name=x,height=y,matrix=m,dataframe=df)
> L2
$name
[1] "Kim"  "Lee"  "Park" "Lim"  "Moon"

$height
[1] 170 160 180 155 175

$matrix
     [,1] [,2] [,3]
[1,]    1    4    7
[2,]    2    5    8
[3,]    3    6    9

$dataframe
     x   y
1  Kim 170
2  Lee 160
3 Park 180
4  Lim 155
5 Moon 175
```

그림 A.3.10 리스트의 원소 이름 부여

그림 A.3.10에서 리스트를 구성하는 각각의 원소를 $name, $height, $matrix, $dataframe로 나타내고 있다. 따라서 각 원소를 검색하고자 하는 경우 다음과 같다.

L2$name, L2$height, L3$matrix, L2$dataframe

(2) 데이터 시각화

데이터 시각화(data visualization)는 데이터를 그림이나 그래프를 통해 시각적으로 표현하는 과정이다. R에서 제공하는 대표적인 시각화 함수로는 산점도(scatter plot, 산포도)를 그리는 plot() 함수, 막대그래프(bar graph)를 그리는 barplot() 함수, 히스토그램(histogram)을 그리는 hist() 함수 등이 있다.

① plot() 함수

plot() 함수는 x와 y의 2개 축을 기준으로 좌표를 찍어 산점도를 그리는 함수이다. plot() 함수는 R에서 제공하는 기본적인 시각화 함수이다. plot() 함수의 사용형식은 다음과 같다.

```
plot(y)
plot(x, y, type, main, xlab, ylab)
```

- x, y: 데이터
- type: 좌표를 표시하는 인수로서 "p"와 "l"이 있다. 여기서 "p"는 디폴트로 점(points)을 표시하기 위해 사용하고 "l"은 선(lines)을 표시하기 위해 사용한다.
- main: plot의 전체 제목
- xlab: x축 제목
- ylab: y축 제목

다음은 15개의 데이터에 대해 plot() 함수의 디폴트 옵션을 사용하여 산점도를 그리고자 한다.

```
y <- c(62, 75, 56, 64, 66, 53, 50, 64, 80, 64, 45, 70, 52, 65, 54)
plot(y)
```

```
> plot(y)
```

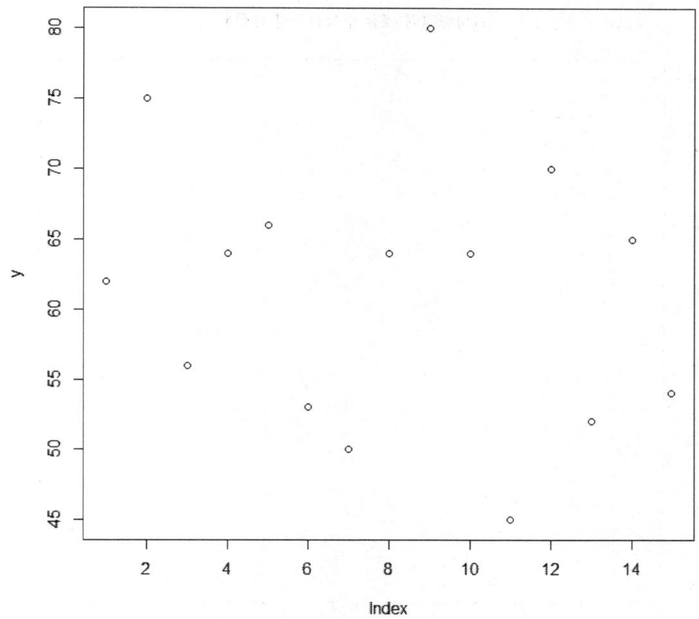

그림 A.3.11 plot() 함수의 디폴트 옵션 사용

그림 A.3.11은 index에 따른 y의 분포를 나타낸 것이다. 여기서 index 값은 자동으로 지정된다.

다음은 x, y 데이터에 대해 plot() 함수의 옵션을 사용하여 x축과 y축의 제목과 그래프의 이름을 추가하고자 한다.

```
x <- c(77, 76, 65, 49, 57, 46, 51, 55, 65, 41, 77, 52, 52, 68, 75)
y <- c(62, 75, 56, 64, 66, 53, 50, 64, 80, 64, 45, 70, 52, 65, 54)
plot(x, y, main="과학성적에 대한 수학성적의 산점도", xlab="과학성적", ylab="수학
성적")
```

```
> plot(x, y, main="과학성적에 대한 수학성적의 산점도", xlab="과학성적", ylab="수학성적
")
```

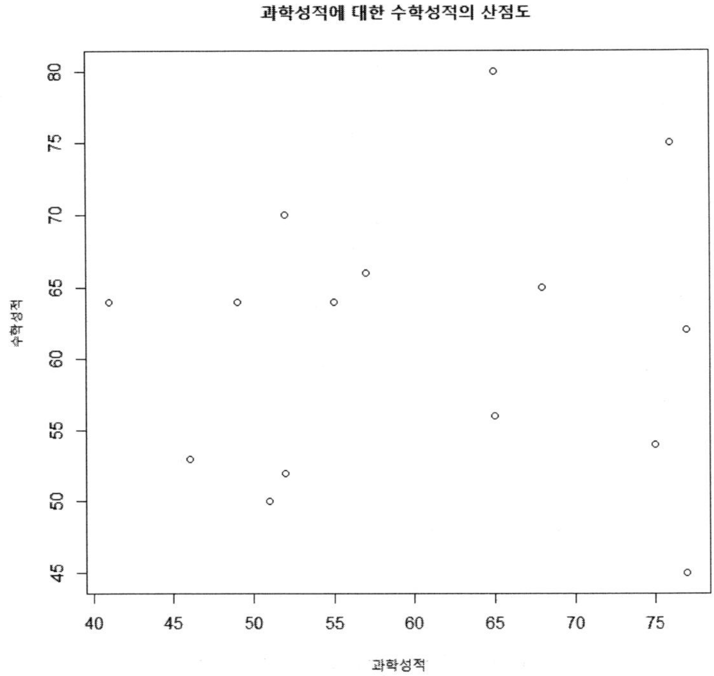

그림 A.3.12 plot() 함수의 옵션 사용

② barplot() 함수

barplot() 함수는 막대그래프를 그리는 함수이다. 막대그래프는 도수분포표(frequency table)로부터 그린다.

다음은 x 데이터(과학성적)에서 75점 이상이면 "Good"(잘함), 55점 이상이고 75점 미만이면 "Fair"(보통), 55점 미만이면 "Bad"(못함)로 구분하고자 한다. table() 함수를 이용하여 도수분포표를 작성한 후 barplot() 함수를 이용하여 막대그래프를 그린다.

```
x <- c(77, 76, 65, 49, 57, 46, 51, 55, 65, 41, 77, 52, 52, 68, 75)

x[x >= 75]<- "Good"
x[(x >= 55) & (x <75)]<- "Fair"
x[x < 55]<- "Bad"

freq <- table(x)
freq
barplot(freq)
```

R에서 전체 데이터의 일부분을 추출하고자 하는 경우(여기서는 x 데이터에서 조건을 만족하는 데이터만을 추출하는 경우) 사용형식은 다음과 같다.

x[x의 조건식]

예를 들어, x 데이터에서 75점 이상을 추출하고자 하는 경우에는 x[x >= 75], 55점 이상이고 75점 미만을 추출하고자 하는 경우에는 x[(x >= 55) & (x <75)], 그리고 55점 미만을 추출하고자 하는 경우에는 x[x < 55]이다.

다음은 도수분포표를 보여주고 있다.

```
> freq <- table(x)
> freq
x
 Bad Fair Good
   6    5    4
```

→"Bad"가 6명, "Fair"가 5명, "Good"가 4명이다.

그림 A.3.13은 위 도수분포표에 대한 막대그래프를 보여주고 있다.

```
> barplot(freq)
```

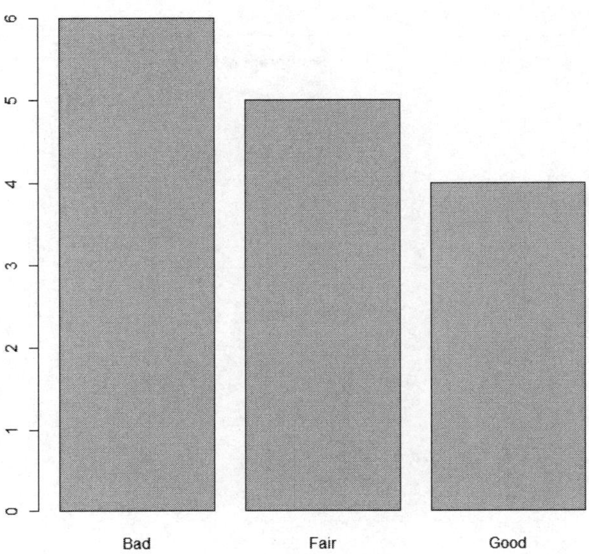

그림 A.3.13 barplot() 함수를 사용한 막대그래프

③ hist() 함수

hist() 함수는 히스토그램을 그리기 위한 함수이다. 히스토그램을 그려봄으로써 데이터의 분포를 알 수 있다. 다음은 hist() 함수의 사용형식이다.

```
hist(x)
hist(x, freq, main, xlab, ylab )
```

◦ x: 데이터
◦ freq: 디폴트인 경우 구간별 빈도수를 나타내며, FALSE이면 각 구간의 확률 밀도함수 값이 그려진다. 이 경우 전체 막대 너비의 합은 1이 된다.
◦ main: 히스토그램의 제목
◦ xlab: x축 제목
◦ ylab: y축 제목

다음 15개의 데이터에 대해 hist() 함수의 디폴트 옵션을 사용하여 히스토그램을 그리면 **그림 A.3.14**와 같다.

```
x <- c(77, 76, 65, 49, 57, 46, 51, 55, 65, 41, 77, 52, 52, 68, 75)
hist(x)
```

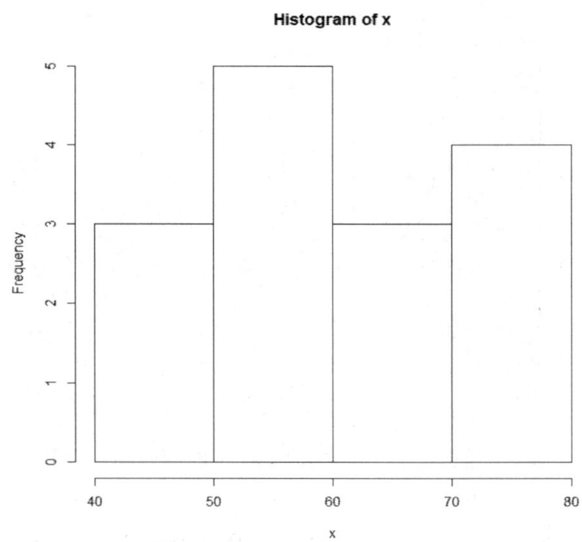

그림 A.3.14 hist() 함수의 디폴트 옵션 사용

다음은 x 데이터에 대해 hist() 함수의 옵션을 사용하여 x축의 제목과 히스토그램의 이름을 추가하고자 한다.

```
x <- c(77, 76, 65, 49, 57, 46, 51, 55, 65, 41, 77, 52, 52, 68, 75)
hist(x, freq=FALSE, main="과학성적 히스토그램", xlab="과학성적")
```

```
> hist(x, freq=FALSE, main="과학성적 히스토그램", xlab="과학성적")
```

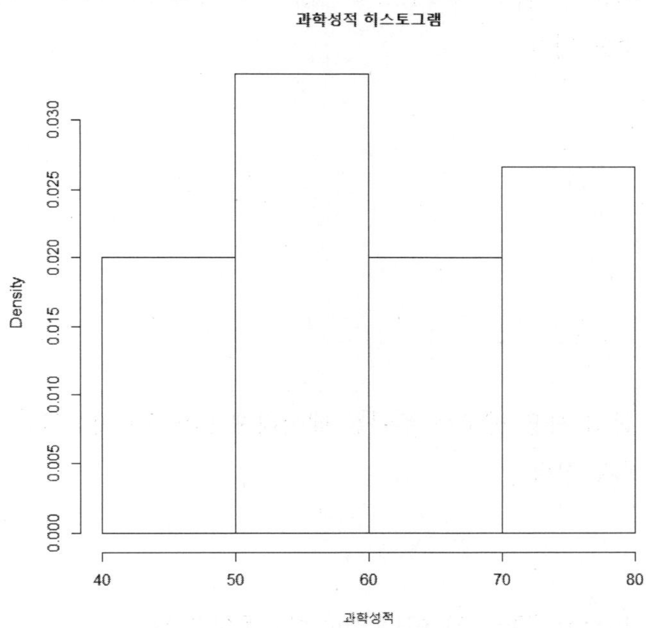

그림 A.3.15 hist() 함수의 옵션 사용

(3) 제어문과 함수

R에서 제어문에는 조건문과 반복문이 있고, 가장 많이 사용하는 조건문에는 if 문, if ~ else 문, ifelse 문 등이 있고 반복문에는 for 문과 while 문 등이 있다.

R의 함수에는 내장함수(built-in function)와 사용자 정의 함수(user defined function)가 있다. 내장함수는 R에서 별도로 정의할 필요 없는 기존의 함수를 말하고 사용자 정의 함수는 사용자가 직접 함수를 정의한 다음 그 함수를 불러서 사용하는 함수이다. 여기서는 사용자 정의 함수에 대해 설명하고자 한다.

① 조건문

i) if ~ else 문

다음은 if ~ else 문의 사용형식이다.

```
if (조건) { 문장 1 }  else  { 문장 2 }
```

조건을 만족하면 문장 1을 수행하고 조건을 만족하지 않으면 문장 2를 수행한다. 위 if ~ else 문의 사용형식은 한 줄로 나타냈으나 프로그램 가독성을 위해 아래와 같이 여러 줄에 걸쳐 나타낼 수도 있다.

```
if (조건) {
  문장 1
} else {
 문장 2
}
```

다음은 if ~ else 문의 사용 예로서 주어진 데이터에 대해 75 이상이면 "합격" 아니면 "불합격"을 출력하고자 한다.

```
x <- 80
if (x >= 75) {print("합격")} else {print("불합격")}
```

```
[1] "합격"
```

if ~ else 문의 한 줄을 아래와 같이 여러 줄에 걸쳐 나타낼 수 있다.

```
x <- 80
if (x >= 75) {
print("합격")
} else {
print("불합격")
}
```

```
[1] "합격"
```

if ~ else 문의 단점은 여러 원소로 이루어진 벡터에 대해 조건검사가 불가능하고 오로지 하나의 원소에 대해서만 조건검사가 가능하다는 것이다.

다음은 15개의 데이터에 대해 if ~ else 문을 사용하여 75 이상이면 "합격" 아니면 "불합격"을 출력하고자 한다.

```
x <- c(77, 76, 65, 49, 57, 46, 51, 55, 65, 41, 77, 52, 52, 68, 75)
if (x >= 75) {
print("합격")
} else {
print("불합격")
}
```

```
[1] "합격"
경고메시지(들):
In if (x >= 75) { :
  length > 1 이라는 조건이 있고, 첫 번째 요소만이 사용될 것입니다
```

→ 위 경고메시지는 if ~ else 문은 반복 연산이 불가능하기 때문에 벡터 x의 첫 번째 요소, 즉 77에 대해서만 사용이 가능하다는 점을 나타내고 있다. 우리가 원하는 벡터에 대해 반복 연산이 가능하려면 ifelse 문이나 후술할 반복문 for을 사용하면 된다.

ii) ifelse 문

다음은 ifelse 문의 사용형식이다.

```
ifelse (조건, 리턴값 1, 리턴값 2)
```

조건을 만족하면 리턴값 1을 출력하고 조건을 만족하지 않으면 리턴값 2를 출력한다.

ifelse 문의 장점은 여러 원소로 이루어진 벡터에 대해 벡터 연산이 가능하다는 점이다. 즉, 여러 원소로 이루어진 벡터 각각의 원소에 대해 조건검사가 가능하다.

다음 15개의 데이터에 대해 ifelse 문을 사용하여 75 이상이면 "합격" 아니면 "불합격"을 출력하고자 한다.

```
x <- c(77, 76, 65, 49, 57, 46, 51, 55, 65, 41, 77, 52, 52, 68, 75)
ifelse (x >= 75, "합격", "불합격")
```

```
[1] "합격" "합격" "불합격" "불합격" "불합격" "불합격" "불합격" "불합격"
[9] "불합격" "불합격" "합격" "불합격" "불합격" "불합격" "합격"
```

② 반복문

for 문은 문장을 반복하고자 하는 경우 사용한다. 다음은 for 문의 사용형식이다.

```
for(변수 in 초깃값 : 최종값) {
 문장
}
```

여기서 변수가 초깃값부터 최종값이 될 때까지 문장을 반복 수행한다.

다음은 15개의 데이터에 대해 for 문을 사용하여 75 이상이면 "합격" 아니면 "불합격"을 출력하고자 한다.

```
x <- c(77, 76, 65, 49, 57, 46, 51, 55, 65, 41, 77, 52, 52, 68, 75)
for(i in 1:15) {
  if (x[i] >= 75) {
      print("합격")
   } else {
      print("불합격")
   }
}
```

```
[1] "합격"
[1] "합격"
[1] "불합격"
[1] "불합격"
[1] "불합격"
[1] "불합격"
[1] "불합격"
[1] "불합격"
[1] "불합격"
[1] "불합격"
[1] "합격"
[1] "불합격"
[1] "불합격"
[1] "불합격"
[1] "합격"
```

→ 위 코드는 for 문 안에 if ~ else 문이 있는 형태이다. 15개의 원소 각각에 대해 if ~ else 문이 반복 수행되고 있다.

③ 사용자 정의 함수

R에서 사용자 정의 함수를 설명하기 전에 수학에서의 함수에 대해 생각해보고자 한다. 2개의 인수 x_1, x_2을 갖는 함수는 다음과 같다.

$$y = f(x_1, x_2)$$

여기서

f : 함수기호

x_1, x_2 : 입력값

y : 결과값

예를 들어, 2개의 수 각각의 제곱의 합을 구하는 경우 함수는 다음과 같다.

$$y = f(x_1, x_2) = x_1^2 + x_2^2$$

2개의 수, 10과 20의 제곱인 100과 400의 합을 구하는 경우, $x_1 = 10$, $x_2 = 20$을 함수 $f(x_1, x_2)$에 적용하면 다음과 같다.

$$f(x_1 = 10, x_2 = 20) = 100 + 400 \rightarrow y = 500$$

따라서 함수 f을 적용하여 얻어진 결과값은 $y = 500$이다.

R에서도 수학의 함수와 동일하게 직접 함수를 정의한 다음 함수에 입력값을 적용하여 원하는 결과를 얻는다. 여기서 직접 정의한 함수를 사용자 정의 함수(user defined function)라 하고, 수학에서 입력값을 적용하는 것을 R에서는 함수를 호출(call)한다고 한다. 다음은 함수를 정의하는 형식이다.

```
함수이름 <- function(인수1, 인수2,…) {
  수식
}
```

다음은 2개의 수 각각의 제곱의 합을 구하기 위해 함수를 정의한 다음 두수 10과 20을 적용하고자 한다.

```
hap <- function(x, y) {
x^2 + y^2
}
x <- 10
y <- 20
hap(10, 20)
```

```
> hap(10, 20)
[1] 500
```

사용자 함수를 정의할 때 return 문을 생략할 수 있고 또는 명시적으로 return 문을 사용하여 계산된 값을 되돌려 줄 수 있다. 다음은 return 문을 사용하는 경우 함수의 사용형식이다.

```
함수이름 <- function(인수1, 인수2, ...) {
 변수=수식
 return (변수)
}
```

다음은 2개의 수 각각의 제곱을 더하기 위해 return 문을 사용한 사용자 정의 함수를 보여주고 있다.

```
hap <- function(x, y) {
z = x^2 + y^2
return(z)
}
x <- 10
y <- 20
hap(10, 20)
```

```
> hap(10, 20)
[1] 500
```

사용자 정의 함수를 사용하는 이유는 무엇일까? 무엇보다 편리하기 때문이다. 함수를 한번만 정의해 두면, 필요할 때마다 정의된 함수를 호출하여 사용하면 코드의 반복 사용을 줄일 수 있어서 편리하다.

다음 두 개의 x, y 데이터에 대해 사용자 정의 함수를 사용하여 평균, 표준편차, 최솟값, 최댓값을 구하고자 한다.

```
 x <- c(77, 76, 65, 49, 57, 46, 51, 55, 65, 41, 77, 52, 52, 68, 75)
 y <- c(62, 75, 56, 64, 66, 53, 50, 64, 80, 64, 45, 70, 52, 65, 54)
f <- function(x) {
  x_mean <- mean(x)
  x_sd <- sd(x)
  x_min <- min(x)
  x_max <- max(x)
  x_summary <- list(mean=x_mean,sd=x_sd, min = x_min, max = x_max)
  return(x_summary)
}
f(x)
f(y)
```

```
> f(x)
$mean
```

```
[1] 60.4

$sd
[1] 12.22293

$min
[1] 41

$max
[1] 77

> f(y)
$mean
[1] 61.33333

$sd
[1] 9.641182

$min
[1] 45

$max
[1] 80
```

(4) 입력 및 출력

1) 입력

① 콘솔 입력

• scan() 함수

scan() 함수는 콘솔(키보드) 혹은 외부 파일로부터 데이터를 입력받고자 하는 경우 사용한다. 기본적으로 입력받는 데이터는 숫자형이다.

다음은 scan() 함수를 사용하여 콘솔로부터 5개의 숫자형 데이터를 입력받고 있다.

```
> x <- scan()
1: 10 20 30 40 50
6:
Read 5 items
> x
[1] 10 20 30 40 50
```

위 코드에서 엔터키 입력 시 입력이 종료되고 사용자가 입력한 숫자들은 벡터로 저장된다.

만약, 데이터가 숫자가 아니고 문자를 입력하는 경우는 옵션 what="" 혹은 what=character()을 사용한다.

다음은 scan() 함수를 사용하여 콘솔로부터 5개의 문자형 데이터를 입력받고 있다.

```
> x <- scan(what="")
1: Lim Lee Kim Park Moon
6:
Read 5 items
> x
[1] "Lim"  "Lee"  "Kim"  "Park" "Moon"
```

위 코드에서 엔터키 입력 시 입력이 종료되고 사용자가 입력한 문자들은 벡터로 저장된다.

다음은 scan() 함수를 사용하여 외부 파일로부터 데이터를 입력받고자 한다. **그림 A.3.16**은 숫자 데이터를 갖고 있는 파일 "부록1.txt"이다.

그림 A.3.16 숫자 데이터 파일 "부록1.txt"

scan() 함수를 사용하여 "부록1.txt" 파일을 읽어온다.

```
> x <- scan("D:/통계학R고싶다/부록/부록1.txt")
Read 15 items
> x [1] 10 20 30 40 50 50 40 30 20 10 10 20 30 20 10
```

그림 A.3.16의 파일 "부록1.txt"를 보면 여러 줄에 걸쳐 있는 데이터임을 알 수 있다. 그러나 scan() 함수를 사용하여 읽어온 데이터는 하나의 벡터 형태임을 알 수 있다.

그림 A.3.17은 문자 데이터를 갖고 있는 파일 "부록2.txt"이다.

그림 A.3.17 문자 데이터 파일 "부록2.txt"

scan() 함수를 사용하여 "부록2.txt" 파일을 읽어 온다.

```
> x <- scan("D:/통계학R고싶다/부록/부록2.txt", what="")
Read 5 items
> x
[1] "나"      "아버지" "어머니" "누나"    "동생"
```

그림 A.3.17의 "부록2.txt"에는 여러 줄에 걸쳐 데이터를 입력하였으나 scan() 함수는 하나의 벡터로 저장하고 있다.

② 파일입력

• readLines() 함수

파일에서 데이터를 행(줄) 단위로 읽어 배열을 생성해 주는 함수이다. R에서 텍스트 파일을 읽는 데 자주 이용되는 함수이다. readLines() 함수의 사용형식은 다음과 같다.

```
readLines(file, encoding="unknown")
```

◦ file: 파일 이름

◦ encoding: 인코딩 방식 지정

예 moon <- readLines("moon.txt", encoding="UTF-8")

• read.table() 함수

read.table() 함수는 데이터가 표, 테이블 구조(행과 열을 갖는 구조)를 갖고 있는 텍스트 파일로부터 데이터를 읽어 데이터 프레임을 생성하는 데 사용되는 함수이다. 다음은 read.table() 함수의 사용형식이다.

```
read.table(file, header = FALSE, sep = "")
```

◦ file: 파일 이름

◦ header: 데이터에 변수이름(header, 헤더) 포함 여부를 지정한다. 디폴트는 header = FALSE로 데이터에 변수이름이 없다는 것을 나타내고, header = TRUE이면 데이터에 변수이름이 있다는 것을 나타낸다.

◦ sep: 데이터 구분자(separator)를 지정한다. 여기서 구분자란 데이터와 데이터 간 구분하는 문자를 말하며 주로, 공백(빈칸), 콤마(쉼표), 탭(tab) 등이 사용된다. 디폴트는 데이터를 공백(빈칸)으로 구분된다. 만약 공백(빈칸) 대신 다른 구분자를 사용하는 경우, 예를 들어, 콤마(쉼표)로 구분하는 경우 sep = "," 그리고 탭(tab)으로 구분하는 경우 sep = "\t"와 같이 지정한다.

그림 A.3.18은 데이터가 표, 테이블 구조의 텍스트 파일 "부록3.txt"이다.

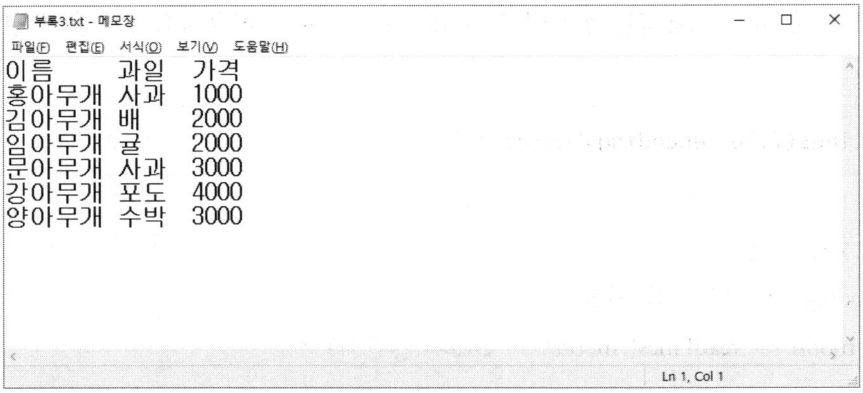

그림 A.3.18 표. 테이블 구조의 파일 "부록3.txt"

그림 A.3.18에서 보면 변수이름을 갖고 있고 데이터의 구분자는 공백(빈칸)으로 되어 있다. read.table() 함수를 이용하여 파일 "부록3.txt"를 읽어온다.

```
setwd("D:/통계학R고싶다/부록")
x <- read.table("부록3.txt", header = TRUE)
x
> x
      이름 과일 가격
1 홍아무개 사과 1000
2 김아무개   배 2000
3 임아무개   귤 2000
4 문아무개 사과 3000
5 강아무개 포도 4000
6 양아무개 수박 3000
```

위 코드에서 보면, read.table() 함수에서 sep = ""가 디폴트로 적용되었고, 별도로 header = TRUE 옵션만 추가 지정되었다.

- read.csv() 함수

read.csv() 함수는 텍스트 파일에서 각 데이터 열의 구분을 콤마(,)로 하는 CSV(Comma Separated Value) 파일을 읽어 데이터 프레임을 생성하기 위한 함수이다. 다음은 read.csv() 함수의 사용형식이다.

```
read.csv(file, header = TRUE, sep = ",")
```

◦ file: CSV 파일이름

◦ header: 데이터에 변수이름(header, 헤더) 포함 여부 지정. 디폴트는 header = TRUE로 데이터에 변수이름이 있다는 것을 나타내고, header = FALSE이면 데이터에 변수이름이 없다는 것을 나타낸다.

◦ sep: 데이터 구분자(separator) 지정. 디폴트는 콤마(쉼표)(,)로 데이터를 구분한다.

참고로, read.csv() 함수는 read.table() 함수와의 차이점은 몇 가지 디폴트 옵션, 즉 구분자 sep=","와 header= TRUE 등을 제외하고는 동일하다.

그림 A.3.19는 텍스트 파일 중에서 데이터 열의 구분을 콤마(쉼표)(,)로 하는 CSV 파일이다.

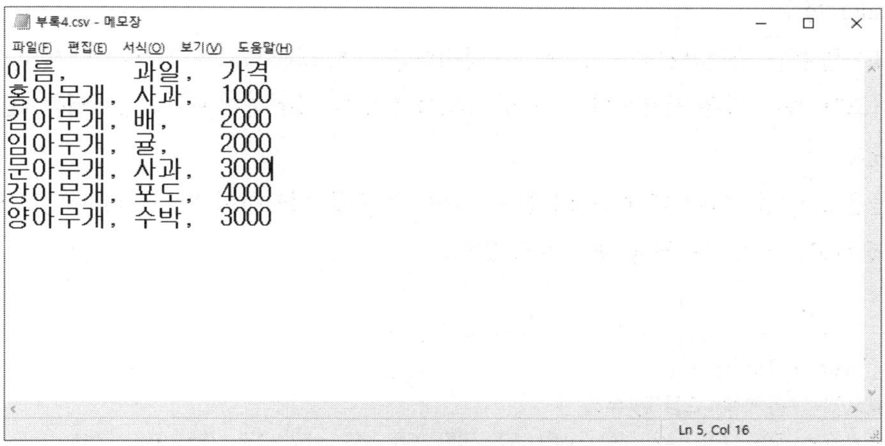

그림 A.3.19 CSV 파일 "부록4.csv"

그림 A.3.19의 "부록4.csv" 파일은 변수이름을 갖고 있다. read.csv() 함수를 이용하여 파일 "부록4.csv"를 읽어온다.

```
setwd("D:/통계학R고싶다/부록")
x <- read.csv("부록4.csv")
x
> x
      이름  과일 가격
1 홍아무개  사과 1000
2 김아무개    배 2000
3 임아무개    귤 2000
4 문아무개  사과 3000
5 강아무개  포도 4000
6 양아무개  수박 3000
```

위 코드에서 보면, read.csv() 함수에서 header = TRUE, sep = ","가 디폴트임으로 별도로 옵션을 지정할 필요가 없다.

• load() 함수

load() 함수는 작업공간에 있는 변수, 데이터를 객체(object)로 저장해서 다시 메모리에 로딩하고자 하는 경우 사용한다. 참고로, save() 함수를 사용하여 변수, 데이터를 메모리에 저장한다.

다음은 x, y 데이터에 대해 save() 함수, load() 함수를 이용하여 바이너리 파일로 R 객체를 저장하고 불러오는 예를 보여주고 있다.

```
#rm(list = ls())
setwd("D:/통계학R고싶다/부록")
x <- c(77, 76, 65, 49, 57, 46, 51, 55, 65, 41, 77, 52, 52, 68, 75)
y <- c(62, 75, 56, 64, 66, 53, 50, 64, 80, 64, 45, 70, 52, 65, 54)
save(x, y, file="xy.RData")
load("xy.RData")
ls()
> ls()
[1] "x" "y"
```

위 코드에서 load() 함수를 이용하여 "xy.RData" 파일로부터 객체 x, y가 메모리 상에 로딩되어 있는 것을 알 수 있다.

2) 출력

① 콘솔 출력

• print() 함수

한 번에 1개의 객체를 콘솔에 출력한다.

다음은 if ~ else 문에서 조건에 따라 주어진 객체를 화면에 출력하는 예이다.

```
x <- 80
if (x >= 75) {
print("합격")
} else {
print("불합격")
}
[1] "합격"
```

위 코드에서 보면, print() 함수는 결과를 출력한 후 자동으로 개행(new line, 줄 바꿈)이 일어난다.

• cat() 함수

한 번에 여러 개의 객체를 콘솔에 출력한다.

```
x <- 80
if (x >= 75) {
cat("당신은", x, "점입니다. 합격입니다.\n")
} else {
cat("당신은", x, "점입니다. 불합격입니다.\n")
}
당신은 80 점입니다. 합격입니다.
```

cat() 함수는 결과를 출력한 후 자동으로 개행(줄 바꿈)이 일어나지 않는다. 따라서 개행을 하려면 개행문자(\n)를 사용한다.

② 파일 출력

• write() 함수

write() 함수는 R에서 간단한 문자열을 저장하기 위해서 사용한다. 반대로, 문자열을 읽

으려면 readLines() 함수를 사용한다.

다음은 텍스트 마이닝에 대한 간단한 정의를 write() 함수를 사용하여 파일에 저장하고자 한다.

```
setwd("D:/통계학R고싶다/부록")
text_mining<- "텍스트마이닝 (text mining)은 비정형 텍스트 데이터 (unstructured
text data)에서 패턴을 추출하여 유용한 정보를 찾아내는 기법으로 자연어 처리 (natural
language processing; NLP)에 기반을 둔 기술이다. 여기서 자연어 (natural language)
란 우리가 일상생활에서 사용하는 언어를 말하고, 자연어 처리는 컴퓨터가 사람처럼 자연어를
처리하는 분야를 말한다. "

write(text_mining, "text_mining.txt")
#text_mining <- readLines("text_mining.txt")
```

위 코드 수행결과 디렉토리 "D:/통계학R고싶다/부록"에 있는 파일 "text_mining.txt"에 텍스트마이닝에 대한 간단한 정의가 저장되어 있는 것을 확인할 수 있다.

• write.table() 함수

write.table() 함수는 데이터 프레임 형태의 텍스트 데이터를 저장하는 함수이다. write.table() 함수의 사용형식은 다음과 같다.

```
write.table(x, file, sep="",quote=TRUE, row.names=TRUE,col.names = TRUE)
```

◦ x: 객체
◦ file: 파일 이름
◦ quote: 데이터의 이중따옴표 표시
◦ row.names: 행의 이름을 파일에 저장 여부
◦ col.names: 열의 이름을 파일에 저장 여부

"부록3.txt" 파일에 있는 데이터를 read.table() 함수를 사용하여 읽은 다음 write.table() 함수를 사용하여 파일로 저장하고자 한다.

```
setwd("D:/통계학R고싶다/부록")
x <- read.table("부록3.txt", header = TRUE)
x
> x
      이름 과일 가격
1 홍아무개 사과 1000
2 김아무개   배 2000
3 임아무개   귤 2000
4 문아무개 사과 3000
5 강아무개 포도 4000
6 양아무개 수박 3000
write.table(x, "부록5.txt")
write.table(x, "부록6.txt",quote=FALSE, row.names=FALSE)
```

```
> write.table(x, "부록5.txt")
```

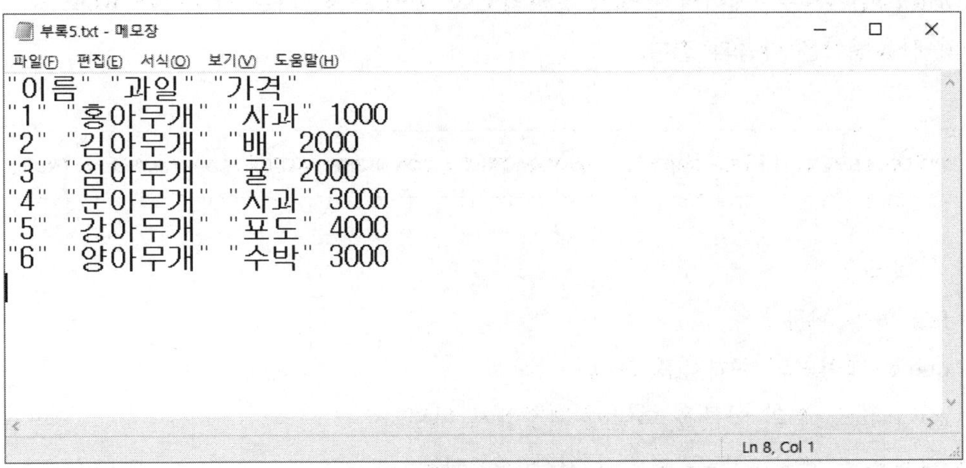


```
"이름" "과일" "가격"
"1" "홍아무개" "사과" 1000
"2" "김아무개" "배" 2000
"3" "임아무개" "귤" 2000
"4" "문아무개" "사과" 3000
"5" "강아무개" "포도" 4000
"6" "양아무개" "수박" 3000
```

그림 A.3.20 “부록5.txt” 파일

```
> write.table(x, "부록6.txt",quote=FALSE, row.names=FALSE)
```

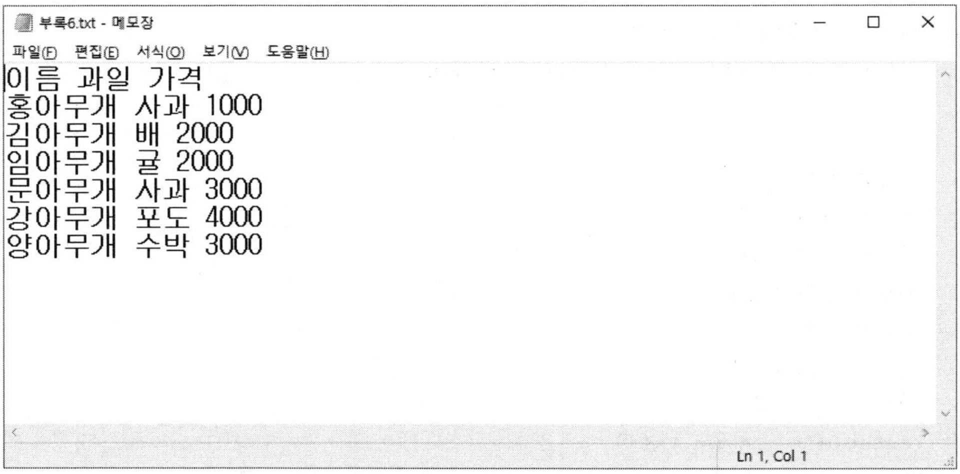

그림 A.3.21 "부록6.txt" 파일

• write.csv() 함수

write.csv() 함수는 데이터 프레임 형태의 CSV 파일로 저장하는 함수이다. write.csv() 함수의 사용형식은 다음과 같다.

```
write.csv(x, file, sep=",",quote=TRUE, row.names=TRUE,col.names = TRUE)
```

◦ x: 객체
◦ file: 파일 이름
◦ quote: 데이터의 큰따옴표 표시
◦ row.names: 행의 이름을 파일에 저장할지 여부
◦ col.names: 열의 이름을 파일에 저장할지 여부

CSV 파일 "부록4.csv"에 있는 데이터를 read.csv() 함수를 사용하여 읽은 다음 write.csv() 함수를 사용하여 다시 CSV 파일로 저장하고자 하면, 다음과 같다.

```
setwd("D:/통계학R고싶다/부록")
x <- read.csv("부록4.csv")
x
> x
      이름  과일 가격
1 홍아무개  사과 1000
2 김아무개    배 2000
3 임아무개    귤 2000
4 문아무개  사과 3000
5 강아무개  포도 4000
6 양아무개  수박 3000

write.csv(x, "부록7.csv")
write.csv(x, "부록8.csv",quote=FALSE, row.names=FALSE)
```

```
> write.csv(x, "부록7.csv")
```

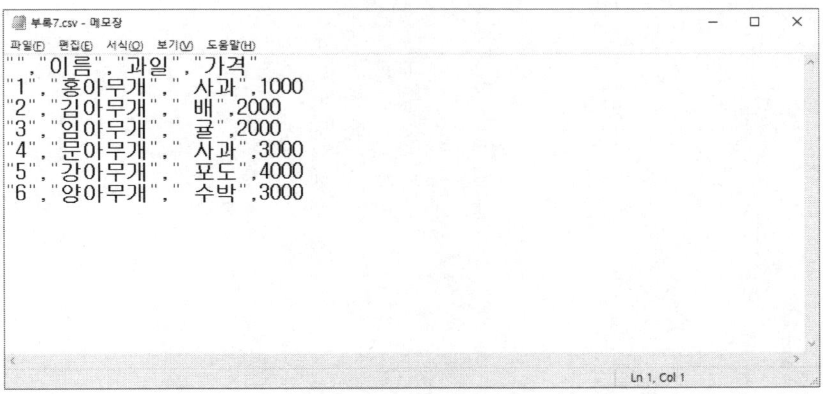

부록7.csv - 메모장

파일(F) 편집(E) 서식(O) 보기(V) 도움말(H)

```
"","이름","과일","가격"
"1","홍아무개"," 사과",1000
"2","김아무개"," 배",2000
"3","임아무개"," 귤",2000
"4","문아무개"," 사과",3000
"5","강아무개"," 포도",4000
"6","양아무개"," 수박",3000
```

Ln 1, Col 1

그림 A.3.22 "부록7.csv" 파일

```
> write.csv(x, "부록8.csv",quote=FALSE, row.names=FALSE)
```

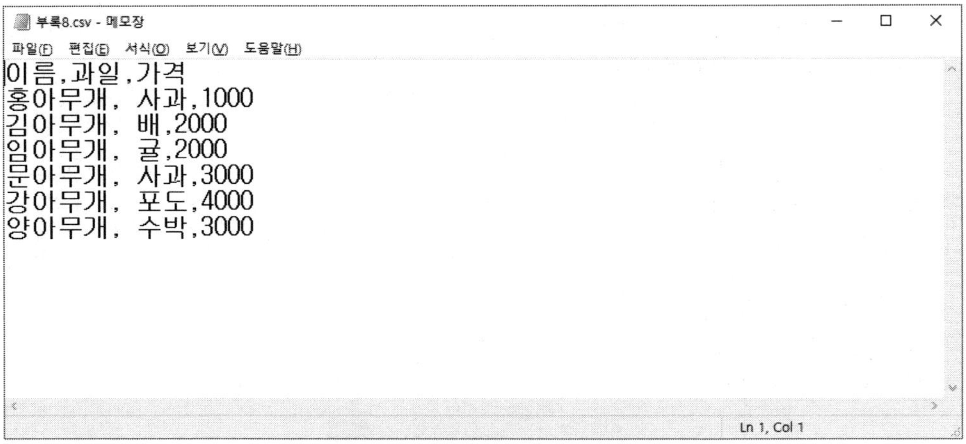

그림 A.3.23 "부록8.csv" 파일

부록 B

표 1 누적이항분포표

$$P\{X \le c\} = \sum_{x=0}^{c} \binom{n}{x} p^x (1-p)^{n-x}$$

n	c	p										
		0.05	0.1	0.2	0.3	0.4	0.5	0.6	0.7	0.8	0.9	0.95
1	0	0.950	0.900	0.800	0.700	0.600	0.500	0.400	0.300	0.200	0.100	0.050
	1	1.000	1.000	1.000	1.000	1.000	1.000	1.000	1.000	1.000	1.000	1.000
2	0	0.903	0.810	0.640	0.490	0.360	0.250	0.160	0.090	0.040	0.010	0.003
	1	0.998	0.990	0.960	0.910	0.840	0.750	0.640	0.510	0.360	0.190	0.098
	2	1.000	1.000	1.000	1.000	1.000	1.000	1.000	1.000	1.000	1.000	1.000
3	0	0.857	0.729	0.512	0.343	0.216	0.125	0.064	0.027	0.008	0.001	0.000
	1	0.993	0.972	0.896	0.784	0.648	0.500	0.352	0.216	0.104	0.028	0.007
	2	1.000	0.999	0.992	0.973	0.936	0.875	0.784	0.657	0.488	0.271	0.143
	3	1.000	1.000	1.000	1.000	1.000	1.000	1.000	1.000	1.000	1.000	1.000
4	0	0.815	0.656	0.410	0.240	0.130	0.063	0.026	0.008	0.002	0.000	0.000
	1	0.986	0.948	0.819	0.652	0.475	0.313	0.179	0.084	0.027	0.004	0.000
	2	1.000	0.996	0.973	0.916	0.821	0.688	0.525	0.348	0.181	0.052	0.014
	3	1.000	1.000	0.998	0.992	0.974	0.938	0.870	0.760	0.590	0.344	0.185
	4	1.000	1.000	1.000	1.000	1.000	1.000	1.000	1.000	1.000	1.000	1.000
5	0	0.774	0.590	0.328	0.168	0.078	0.031	0.010	0.002	0.000	0.000	0.000
	1	0.977	0.919	0.737	0.528	0.337	0.188	0.087	0.031	0.007	0.000	0.000
	2	0.999	0.991	0.942	0.837	0.683	0.500	0.317	0.163	0.058	0.009	0.001
	3	1.000	1.000	0.993	0.969	0.913	0.813	0.663	0.472	0.263	0.081	0.023
	4	1.000	1.000	1.000	0.998	0.990	0.969	0.922	0.832	0.672	0.410	0.226
	5	1.000	1.000	1.000	1.000	1.000	1.000	1.000	1.000	1.000	1.000	1.000
6	0	0.735	0.531	0.262	0.118	0.047	0.016	0.004	0.001	0.000	0.000	0.000
	1	0.967	0.886	0.655	0.420	0.233	0.109	0.041	0.011	0.002	0.000	0.000
	2	0.998	0.984	0.901	0.744	0.544	0.344	0.179	0.070	0.017	0.001	0.000
	3	1.000	0.999	0.983	0.930	0.821	0.656	0.456	0.256	0.099	0.016	0.002
	4	1.000	1.000	0.998	0.989	0.959	0.891	0.767	0.580	0.345	0.114	0.033
	5	1.000	1.000	1.000	0.999	0.996	0.984	0.953	0.882	0.738	0.469	0.265
	6	1.000	1.000	1.000	1.000	1.000	1.000	1.000	1.000	1.000	1.000	1.000

n	c	p										
		0.05	0.1	0.2	0.3	0.4	0.5	0.6	0.7	0.8	0.9	0.95
7	0	0.698	0.478	0.210	0.082	0.028	0.008	0.002	0.000	0.000	0.000	0.000
	1	0.956	0.850	0.577	0.329	0.159	0.063	0.019	0.004	0.000	0.000	0.000
	2	0.996	0.974	0.852	0.647	0.420	0.227	0.096	0.029	0.005	0.000	0.000
	3	1.000	0.997	0.967	0.874	0.710	0.500	0.290	0.126	0.033	0.003	0.000
	4	1.000	1.000	0.995	0.971	0.904	0.773	0.580	0.353	0.148	0.026	0.004
	5	1.000	1.000	1.000	0.996	0.981	0.938	0.841	0.671	0.423	0.150	0.044
	6	1.000	1.000	1.000	1.000	0.998	0.992	0.972	0.918	0.790	0.522	0.302
	7	1.000	1.000	1.000	1.000	1.000	1.000	1.000	1.000	1.000	1.000	1.000
8	0	0.663	0.430	0.168	0.058	0.017	0.004	0.001	0.000	0.000	0.000	0.000
	1	0.943	0.813	0.503	0.255	0.106	0.035	0.009	0.001	0.000	0.000	0.000
	2	0.994	0.962	0.797	0.552	0.315	0.145	0.050	0.011	0.001	0.000	0.000
	3	1.000	0.995	0.944	0.806	0.594	0.363	0.174	0.058	0.010	0.000	0.000
	4	1.000	1.000	0.990	0.942	0.826	0.637	0.406	0.194	0.056	0.005	0.000
	5	1.000	1.000	0.999	0.989	0.950	0.855	0.685	0.448	0.203	0.038	0.006
	6	1.000	1.000	1.000	0.999	0.991	0.965	0.894	0.745	0.497	0.187	0.057
	7	1.000	1.000	1.000	1.000	0.999	0.996	0.983	0.942	0.832	0.570	0.337
	8	1.000	1.000	1.000	1.000	1.000	1.000	1.000	1.000	1.000	1.000	1.000
9	0	0.630	0.387	0.134	0.040	0.010	0.002	0.000	0.000	0.000	0.000	0.000
	1	0.929	0.775	0.436	0.196	0.071	0.020	0.004	0.000	0.000	0.000	0.000
	2	0.992	0.947	0.738	0.463	0.232	0.090	0.025	0.004	0.000	0.000	0.000
	3	0.999	0.992	0.914	0.730	0.483	0.254	0.099	0.025	0.003	0.000	0.000
	4	1.000	0.999	0.980	0.901	0.733	0.500	0.267	0.099	0.020	0.001	0.000
	5	1.000	1.000	0.997	0.975	0.901	0.746	0.517	0.270	0.086	0.008	0.001
	6	1.000	1.000	1.000	0.996	0.975	0.910	0.768	0.537	0.262	0.053	0.008
	7	1.000	1.000	1.000	1.000	0.996	0.980	0.929	0.804	0.564	0.225	0.071
	8	1.000	1.000	1.000	1.000	1.000	0.998	0.990	0.960	0.866	0.613	0.370
	9	1.000	1.000	1.000	1.000	1.000	1.000	1.000	1.000	1.000	1.000	1.000
10	0	0.599	0.349	0.107	0.028	0.006	0.001	0.000	0.000	0.000	0.000	0.000
	1	0.914	0.736	0.376	0.149	0.046	0.011	0.002	0.000	0.000	0.000	0.000
	2	0.988	0.930	0.678	0.383	0.167	0.055	0.012	0.002	0.000	0.000	0.000
	3	0.999	0.987	0.879	0.650	0.382	0.172	0.055	0.011	0.001	0.000	0.000
	4	1.000	0.998	0.967	0.850	0.633	0.377	0.166	0.047	0.006	0.000	0.000
	5	1.000	1.000	0.994	0.953	0.834	0.623	0.367	0.150	0.033	0.002	0.000
	6	1.000	1.000	0.999	0.989	0.945	0.828	0.618	0.350	0.121	0.013	0.001
	7	1.000	1.000	1.000	0.998	0.988	0.945	0.833	0.617	0.322	0.070	0.012
	8	1.000	1.000	1.000	1.000	0.998	0.989	0.954	0.851	0.624	0.264	0.086
	9	1.000	1.000	1.000	1.000	1.000	0.999	0.994	0.972	0.893	0.651	0.401
	10	1.000	1.000	1.000	1.000	1.000	1.000	1.000	1.000	1.000	1.000	1.000

n	c	p										
		0.05	0.1	0.2	0.3	0.4	0.5	0.6	0.7	0.8	0.9	0.95
11	0	0.569	0.314	0.086	0.020	0.004	0.000	0.000	0.000	0.000	0.000	0.000
	1	0.898	0.697	0.322	0.113	0.030	0.006	0.001	0.000	0.000	0.000	0.000
	2	0.985	0.910	0.617	0.313	0.119	0.033	0.006	0.001	0.000	0.000	0.000
	3	0.998	0.981	0.839	0.570	0.296	0.113	0.029	0.004	0.000	0.000	0.000
	4	1.000	0.997	0.950	0.790	0.533	0.274	0.099	0.022	0.002	0.000	0.000
	5	1.000	1.000	0.988	0.922	0.753	0.500	0.247	0.078	0.012	0.000	0.000
	6	1.000	1.000	0.998	0.978	0.901	0.726	0.467	0.210	0.050	0.003	0.000
	7	1.000	1.000	1.000	0.996	0.971	0.887	0.704	0.430	0.161	0.019	0.002
	8	1.000	1.000	1.000	0.999	0.994	0.967	0.881	0.687	0.383	0.090	0.015
	9	1.000	1.000	1.000	1.000	0.999	0.994	0.970	0.887	0.678	0.303	0.102
	10	1.000	1.000	1.000	1.000	1.000	1.000	0.996	0.980	0.914	0.686	0.431
	11	1.000	1.000	1.000	1.000	1.000	1.000	1.000	1.000	1.000	1.000	1.000
12	0	0.540	0.282	0.069	0.014	0.002	0.000	0.000	0.000	0.000	0.000	0.000
	1	0.882	0.659	0.275	0.085	0.020	0.003	0.000	0.000	0.000	0.000	0.000
	2	0.980	0.889	0.558	0.253	0.083	0.019	0.003	0.000	0.000	0.000	0.000
	3	0.998	0.974	0.795	0.493	0.225	0.073	0.015	0.002	0.000	0.000	0.000
	4	1.000	0.996	0.927	0.724	0.438	0.194	0.057	0.009	0.001	0.000	0.000
	5	1.000	0.999	0.981	0.882	0.665	0.387	0.158	0.039	0.004	0.000	0.000
	6	1.000	1.000	0.996	0.961	0.842	0.613	0.335	0.118	0.019	0.001	0.000
	7	1.000	1.000	0.999	0.991	0.943	0.806	0.562	0.276	0.073	0.004	0.000
	8	1.000	1.000	1.000	0.998	0.985	0.927	0.775	0.507	0.205	0.026	0.002
	9	1.000	1.000	1.000	1.000	0.997	0.981	0.917	0.747	0.442	0.111	0.020
	10	1.000	1.000	1.000	1.000	1.000	0.997	0.980	0.915	0.725	0.341	0.118
	11	1.000	1.000	1.000	1.000	1.000	1.000	0.998	0.986	0.931	0.718	0.460
	12	1.000	1.000	1.000	1.000	1.000	1.000	1.000	1.000	1.000	1.000	1.000
13	0	0.513	0.254	0.055	0.010	0.001	0.000	0.000	0.000	0.000	0.000	0.000
	1	0.865	0.621	0.234	0.064	0.013	0.002	0.000	0.000	0.000	0.000	0.000
	2	0.975	0.866	0.502	0.202	0.058	0.011	0.001	0.000	0.000	0.000	0.000
	3	0.997	0.966	0.747	0.421	0.169	0.046	0.008	0.001	0.000	0.000	0.000
	4	1.000	0.994	0.901	0.654	0.353	0.133	0.032	0.004	0.000	0.000	0.000
	5	1.000	0.999	0.970	0.835	0.574	0.291	0.098	0.018	0.001	0.000	0.000
	6	1.000	1.000	0.993	0.938	0.771	0.500	0.229	0.062	0.007	0.000	0.000
	7	1.000	1.000	0.999	0.982	0.902	0.709	0.426	0.165	0.030	0.001	0.000
	8	1.000	1.000	1.000	0.996	0.968	0.867	0.647	0.346	0.099	0.006	0.000
	9	1.000	1.000	1.000	0.999	0.992	0.954	0.831	0.579	0.253	0.034	0.003
	10	1.000	1.000	1.000	1.000	0.999	0.989	0.942	0.798	0.498	0.134	0.025
	11	1.000	1.000	1.000	1.000	1.000	0.998	0.987	0.936	0.766	0.379	0.135
	12	1.000	1.000	1.000	1.000	1.000	1.000	0.999	0.990	0.945	0.746	0.487
	13	1.000	1.000	1.000	1.000	1.000	1.000	1.000	1.000	1.000	1.000	1.000

n	c	p										
		0.05	0.1	0.2	0.3	0.4	0.5	0.6	0.7	0.8	0.9	0.95
14	0	0.488	0.229	0.044	0.007	0.001	0.000	0.000	0.000	0.000	0.000	0.000
	1	0.847	0.585	0.198	0.047	0.008	0.001	0.000	0.000	0.000	0.000	0.000
	2	0.970	0.842	0.448	0.161	0.040	0.006	0.001	0.000	0.000	0.000	0.000
	3	0.996	0.956	0.698	0.355	0.124	0.029	0.004	0.000	0.000	0.000	0.000
	4	1.000	0.991	0.870	0.584	0.279	0.090	0.018	0.002	0.000	0.000	0.000
	5	1.000	0.999	0.956	0.781	0.486	0.212	0.058	0.008	0.000	0.000	0.000
	6	1.000	1.000	0.988	0.907	0.692	0.395	0.150	0.031	0.002	0.000	0.000
	7	1.000	1.000	0.998	0.969	0.850	0.605	0.308	0.093	0.012	0.000	0.000
	8	1.000	1.000	1.000	0.992	0.942	0.788	0.514	0.219	0.044	0.001	0.000
	9	1.000	1.000	1.000	0.998	0.982	0.910	0.721	0.416	0.130	0.009	0.000
	10	1.000	1.000	1.000	1.000	0.996	0.971	0.876	0.645	0.302	0.044	0.004
	11	1.000	1.000	1.000	1.000	0.999	0.994	0.960	0.839	0.552	0.158	0.030
	12	1.000	1.000	1.000	1.000	1.000	0.999	0.992	0.953	0.802	0.415	0.153
	13	1.000	1.000	1.000	1.000	1.000	1.000	0.999	0.993	0.956	0.771	0.512
	14	1.000	1.000	1.000	1.000	1.000	1.000	1.000	1.000	1.000	1.000	1.000
15	0	0.463	0.206	0.035	0.005	0.000	0.000	0.000	0.000	0.000	0.000	0.000
	1	0.829	0.549	0.167	0.035	0.005	0.000	0.000	0.000	0.000	0.000	0.000
	2	0.964	0.816	0.398	0.127	0.027	0.004	0.000	0.000	0.000	0.000	0.000
	3	0.995	0.944	0.648	0.297	0.091	0.018	0.002	0.000	0.000	0.000	0.000
	4	0.999	0.987	0.836	0.515	0.217	0.059	0.009	0.001	0.000	0.000	0.000
	5	1.000	0.998	0.939	0.722	0.403	0.151	0.034	0.004	0.000	0.000	0.000
	6	1.000	1.000	0.982	0.869	0.610	0.304	0.095	0.015	0.001	0.000	0.000
	7	1.000	1.000	0.996	0.950	0.787	0.500	0.213	0.050	0.004	0.000	0.000
	8	1.000	1.000	0.999	0.985	0.905	0.696	0.390	0.131	0.018	0.000	0.000
	9	1.000	1.000	1.000	0.996	0.966	0.849	0.597	0.278	0.061	0.002	0.000
	10	1.000	1.000	1.000	0.999	0.991	0.941	0.783	0.485	0.164	0.013	0.001
	11	1.000	1.000	1.000	1.000	0.998	0.982	0.909	0.703	0.352	0.056	0.005
	12	1.000	1.000	1.000	1.000	1.000	0.996	0.973	0.873	0.602	0.184	0.036
	13	1.000	1.000	1.000	1.000	1.000	1.000	0.995	0.965	0.833	0.451	0.171
	14	1.000	1.000	1.000	1.000	1.000	1.000	1.000	0.995	0.965	0.794	0.537
	15	1.000	1.000	1.000	1.000	1.000	1.000	1.000	1.000	1.000	1.000	1.000
16	0	0.440	0.185	0.028	0.003	0.000	0.000	0.000	0.000	0.000	0.000	0.000
	1	0.811	0.515	0.141	0.026	0.003	0.000	0.000	0.000	0.000	0.000	0.000
	2	0.957	0.789	0.352	0.099	0.018	0.002	0.000	0.000	0.000	0.000	0.000
	3	0.993	0.932	0.598	0.246	0.065	0.011	0.001	0.000	0.000	0.000	0.000
	4	0.999	0.983	0.798	0.450	0.167	0.038	0.005	0.000	0.000	0.000	0.000
	5	1.000	0.997	0.918	0.660	0.329	0.105	0.019	0.002	0.000	0.000	0.000
	6	1.000	0.999	0.973	0.825	0.527	0.227	0.058	0.007	0.000	0.000	0.000
	7	1.000	1.000	0.993	0.926	0.716	0.402	0.142	0.026	0.001	0.000	0.000

n	c	p										
		0.05	0.1	0.2	0.3	0.4	0.5	0.6	0.7	0.8	0.9	0.95
16	8	1.000	1.000	0.999	0.974	0.858	0.598	0.284	0.074	0.007	0.000	0.000
	9	1.000	1.000	1.000	0.993	0.942	0.773	0.473	0.175	0.027	0.001	0.000
	10	1.000	1.000	1.000	0.998	0.981	0.895	0.671	0.340	0.082	0.003	0.000
	11	1.000	1.000	1.000	1.000	0.995	0.962	0.833	0.550	0.202	0.017	0.001
17	0	0.418	0.167	0.023	0.002	0.000	0.000	0.000	0.000	0.000	0.000	0.000
	1	0.792	0.482	0.118	0.019	0.002	0.000	0.000	0.000	0.000	0.000	0.000
	2	0.950	0.762	0.310	0.077	0.012	0.001	0.000	0.000	0.000	0.000	0.000
	3	0.991	0.917	0.549	0.202	0.046	0.006	0.000	0.000	0.000	0.000	0.000
	4	0.999	0.978	0.758	0.389	0.126	0.025	0.003	0.000	0.000	0.000	0.000
	5	1.000	0.995	0.894	0.597	0.264	0.072	0.011	0.001	0.000	0.000	0.000
	6	1.000	0.999	0.962	0.775	0.448	0.166	0.035	0.003	0.000	0.000	0.000
	7	1.000	1.000	0.989	0.895	0.641	0.315	0.092	0.013	0.000	0.000	0.000
	8	1.000	1.000	0.997	0.960	0.801	0.500	0.199	0.040	0.003	0.000	0.000
	9	1.000	1.000	1.000	0.987	0.908	0.685	0.359	0.105	0.011	0.000	0.000
	10	1.000	1.000	1.000	0.997	0.965	0.834	0.552	0.225	0.038	0.001	0.000
	11	1.000	1.000	1.000	0.999	0.989	0.928	0.736	0.403	0.106	0.005	0.000
	12	1.000	1.000	1.000	1.000	0.997	0.975	0.874	0.611	0.242	0.022	0.001
	13	1.000	1.000	1.000	1.000	1.000	0.994	0.954	0.798	0.451	0.083	0.009
	14	1.000	1.000	1.000	1.000	1.000	0.999	0.988	0.923	0.690	0.238	0.050
	15	1.000	1.000	1.000	1.000	1.000	1.000	0.998	0.981	0.882	0.518	0.208
	16	1.000	1.000	1.000	1.000	1.000	1.000	1.000	0.998	0.977	0.833	0.582
	17	1.000	1.000	1.000	1.000	1.000	1.000	1.000	1.000	1.000	1.000	1.000
18	0	0.397	0.150	0.018	0.002	0.000	0.000	0.000	0.000	0.000	0.000	0.000
	1	0.774	0.450	0.099	0.014	0.001	0.000	0.000	0.000	0.000	0.000	0.000
	2	0.942	0.734	0.271	0.060	0.008	0.001	0.000	0.000	0.000	0.000	0.000
	3	0.989	0.902	0.501	0.165	0.033	0.004	0.000	0.000	0.000	0.000	0.000
	4	0.998	0.972	0.716	0.333	0.094	0.015	0.001	0.000	0.000	0.000	0.000
	5	1.000	0.994	0.867	0.534	0.209	0.048	0.006	0.000	0.000	0.000	0.000
	6	1.000	0.999	0.949	0.722	0.374	0.119	0.020	0.001	0.000	0.000	0.000
	7	1.000	1.000	0.984	0.859	0.563	0.240	0.058	0.006	0.000	0.000	0.000
	8	1.000	1.000	0.996	0.940	0.737	0.407	0.135	0.021	0.001	0.000	0.000
	9	1.000	1.000	0.999	0.979	0.865	0.593	0.263	0.060	0.004	0.000	0.000
	10	1.000	1.000	1.000	0.994	0.942	0.760	0.437	0.141	0.016	0.000	0.000
	11	1.000	1.000	1.000	0.999	0.980	0.881	0.626	0.278	0.051	0.001	0.000
	12	1.000	1.000	1.000	1.000	0.994	0.952	0.791	0.466	0.133	0.006	0.000
	13	1.000	1.000	1.000	1.000	0.999	0.985	0.906	0.667	0.284	0.028	0.002
	14	1.000	1.000	1.000	1.000	1.000	0.996	0.967	0.835	0.499	0.098	0.011
	15	1.000	1.000	1.000	1.000	1.000	0.999	0.992	0.940	0.729	0.266	0.058
	16	1.000	1.000	1.000	1.000	1.000	1.000	0.999	0.986	0.901	0.550	0.226

n	c	p										
		0.05	0.1	0.2	0.3	0.4	0.5	0.6	0.7	0.8	0.9	0.95
18	17	1.000	1.000	1.000	1.000	1.000	1.000	1.000	0.998	0.982	0.850	0.603
	18	1.000	1.000	1.000	1.000	1.000	1.000	1.000	1.000	1.000	1.000	1.000
19	0	0.377	0.135	0.014	0.001	0.000	0.000	0.000	0.000	0.000	0.000	0.000
	1	0.755	0.420	0.083	0.010	0.001	0.000	0.000	0.000	0.000	0.000	0.000
	2	0.933	0.705	0.237	0.046	0.005	0.000	0.000	0.000	0.000	0.000	0.000
	3	0.987	0.885	0.455	0.133	0.023	0.002	0.000	0.000	0.000	0.000	0.000
	4	0.998	0.965	0.673	0.282	0.070	0.010	0.001	0.000	0.000	0.000	0.000
	5	1.000	0.991	0.837	0.474	0.163	0.032	0.003	0.000	0.000	0.000	0.000
	6	1.000	0.998	0.932	0.666	0.308	0.084	0.012	0.001	0.000	0.000	0.000
	7	1.000	1.000	0.977	0.818	0.488	0.180	0.035	0.003	0.000	0.000	0.000
	8	1.000	1.000	0.993	0.916	0.667	0.324	0.088	0.011	0.000	0.000	0.000
	9	1.000	1.000	0.998	0.967	0.814	0.500	0.186	0.033	0.002	0.000	0.000
	10	1.000	1.000	1.000	0.989	0.912	0.676	0.333	0.084	0.007	0.000	0.000
	11	1.000	1.000	1.000	0.997	0.965	0.820	0.512	0.182	0.023	0.000	0.000
	12	1.000	1.000	1.000	0.999	0.988	0.916	0.692	0.334	0.068	0.002	0.000
	13	1.000	1.000	1.000	1.000	0.997	0.968	0.837	0.526	0.163	0.009	0.000
	14	1.000	1.000	1.000	1.000	0.999	0.990	0.930	0.718	0.327	0.035	0.002
	15	1.000	1.000	1.000	1.000	1.000	0.998	0.977	0.867	0.545	0.115	0.013
	16	1.000	1.000	1.000	1.000	1.000	1.000	0.995	0.954	0.763	0.295	0.067
	17	1.000	1.000	1.000	1.000	1.000	1.000	0.999	0.990	0.917	0.580	0.245
	18	1.000	1.000	1.000	1.000	1.000	1.000	1.000	0.999	0.986	0.865	0.623
	19	1.000	1.000	1.000	1.000	1.000	1.000	1.000	1.000	1.000	1.000	1.000
20	0	0.358	0.122	0.012	0.001	0.000	0.000	0.000	0.000	0.000	0.000	0.000
	1	0.736	0.392	0.069	0.008	0.001	0.000	0.000	0.000	0.000	0.000	0.000
	2	0.925	0.677	0.206	0.035	0.004	0.000	0.000	0.000	0.000	0.000	0.000
	3	0.984	0.867	0.411	0.107	0.016	0.001	0.000	0.000	0.000	0.000	0.000
	4	0.997	0.957	0.630	0.238	0.051	0.006	0.000	0.000	0.000	0.000	0.000
	5	1.000	0.989	0.804	0.416	0.126	0.021	0.002	0.000	0.000	0.000	0.000
	6	1.000	0.998	0.913	0.608	0.250	0.058	0.006	0.000	0.000	0.000	0.000
	7	1.000	1.000	0.968	0.772	0.416	0.132	0.021	0.001	0.000	0.000	0.000
	8	1.000	1.000	0.990	0.887	0.596	0.252	0.057	0.005	0.000	0.000	0.000
	9	1.000	1.000	0.997	0.952	0.755	0.412	0.128	0.017	0.001	0.000	0.000
	10	1.000	1.000	0.999	0.983	0.872	0.588	0.245	0.048	0.003	0.000	0.000
	11	1.000	1.000	1.000	0.995	0.943	0.748	0.404	0.113	0.010	0.000	0.000
	12	1.000	1.000	1.000	0.999	0.979	0.868	0.584	0.228	0.032	0.000	0.000
	13	1.000	1.000	1.000	1.000	0.994	0.942	0.750	0.392	0.087	0.002	0.000
	14	1.000	1.000	1.000	1.000	0.998	0.979	0.874	0.584	0.196	0.011	0.000
	15	1.000	1.000	1.000	1.000	1.000	0.994	0.949	0.762	0.370	0.043	0.003
	16	1.000	1.000	1.000	1.000	1.000	0.999	0.984	0.893	0.589	0.133	0.016
	17	1.000	1.000	1.000	1.000	1.000	1.000	0.996	0.965	0.794	0.323	0.075

n	c	p										
		0.05	0.1	0.2	0.3	0.4	0.5	0.6	0.7	0.8	0.9	0.95
20	18	1.000	1.000	1.000	1.000	1.000	1.000	0.999	0.992	0.931	0.608	0.264
	19	1.000	1.000	1.000	1.000	1.000	1.000	1.000	0.999	0.988	0.878	0.642
	20	1.000	1.000	1.000	1.000	1.000	1.000	1.000	1.000	1.000	1.000	1.000
25	0	0.277	0.072	0.004	0.000	0.000	0.000	0.000	0.000	0.000	0.000	0.000
	1	0.642	0.271	0.027	0.002	0.000	0.000	0.000	0.000	0.000	0.000	0.000
	2	0.873	0.537	0.098	0.009	0.000	0.000	0.000	0.000	0.000	0.000	0.000
	3	0.966	0.764	0.234	0.033	0.002	0.000	0.000	0.000	0.000	0.000	0.000
	4	0.993	0.902	0.421	0.090	0.009	0.000	0.000	0.000	0.000	0.000	0.000
	5	0.999	0.967	0.617	0.193	0.029	0.002	0.000	0.000	0.000	0.000	0.000
	6	1.000	0.991	0.780	0.341	0.074	0.007	0.000	0.000	0.000	0.000	0.000
	7	1.000	0.998	0.891	0.512	0.154	0.022	0.001	0.000	0.000	0.000	0.000
	8	1.000	1.000	0.953	0.677	0.274	0.054	0.004	0.000	0.000	0.000	0.000
	9	1.000	1.000	0.983	0.811	0.425	0.115	0.013	0.000	0.000	0.000	0.000
	10	1.000	1.000	0.994	0.902	0.586	0.212	0.034	0.002	0.000	0.000	0.000
	11	1.000	1.000	0.998	0.956	0.732	0.345	0.078	0.006	0.000	0.000	0.000
	12	1.000	1.000	1.000	0.983	0.846	0.500	0.154	0.017	0.000	0.000	0.000
	13	1.000	1.000	1.000	0.994	0.922	0.655	0.268	0.044	0.002	0.000	0.000
	14	1.000	1.000	1.000	0.998	0.966	0.788	0.414	0.098	0.006	0.000	0.000
	15	1.000	1.000	1.000	1.000	0.987	0.885	0.575	0.189	0.017	0.000	0.000
	16	1.000	1.000	1.000	1.000	0.996	0.946	0.726	0.323	0.047	0.000	0.000
	17	1.000	1.000	1.000	1.000	0.999	0.978	0.846	0.488	0.109	0.002	0.000
	18	1.000	1.000	1.000	1.000	1.000	0.993	0.926	0.659	0.220	0.009	0.000
	19	1.000	1.000	1.000	1.000	1.000	0.998	0.971	0.807	0.383	0.033	0.001
	20	1.000	1.000	1.000	1.000	1.000	1.000	0.991	0.910	0.579	0.098	0.007
	21	1.000	1.000	1.000	1.000	1.000	1.000	0.998	0.967	0.766	0.236	0.034
	22	1.000	1.000	1.000	1.000	1.000	1.000	1.000	0.991	0.902	0.463	0.127
	23	1.000	1.000	1.000	1.000	1.000	1.000	1.000	0.998	0.973	0.729	0.358
	24	1.000	1.000	1.000	1.000	1.000	1.000	1.000	1.000	0.996	0.928	0.723
	25	1.000	1.000	1.000	1.000	1.000	1.000	1.000	1.000	1.000	1.000	1.000

표 2 표준정규분포표

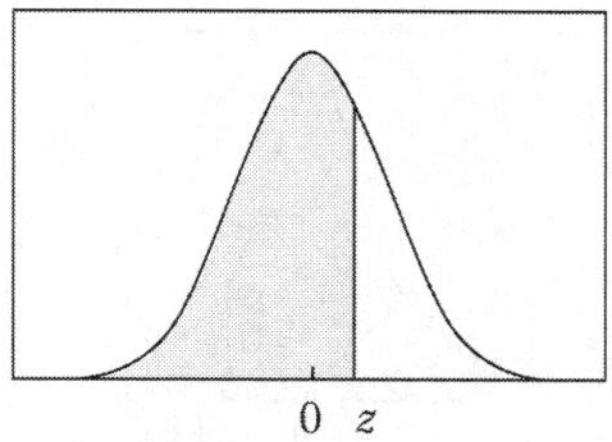

표의 숫자는 z와 같거나 작은 확률을 나타낸다.

z	.00	.01	.02	.03	.04	.05	.06	.07	.08	.09
0.0	.5000	.5040	.5080	.5120	.5160	.5199	.5239	.5279	.5319	.5359
0.1	.5398	.5438	.5478	.5517	.5557	.5596	.5636	.5675	.5714	.5753
0.2	.5793	.5832	.5871	.5910	.5948	.5987	.6026	.6064	.6103	.6141
0.3	.6179	.6217	.6255	.6293	.6331	.6368	.6406	.6443	.6480	.6517
0.4	.6554	.6591	.6628	.6664	.6700	.6736	.6772	.6808	.6844	.6879
0.5	.6915	.6950	.6985	.7019	.7054	.7088	.7123	.7157	.7190	.7224
0.6	.7257	.7291	.7324	.7357	.7389	.7422	.7454	.7486	.7517	.7549
0.7	.7580	.7611	.7642	.7673	.7704	.7734	.7764	.7794	.7823	.7852
0.8	.7881	.7910	.7939	.7967	.7995	.8023	.8051	.8078	.8106	.8133
0.9	.8159	.8186	.8212	.8238	.8264	.8289	.8315	.8340	.8365	.8389
1.0	.8413	.8438	.8461	.8485	.8508	.8531	.8554	.8577	.8599	.8621
1.1	.8643	.8665	.8686	.8708	.8729	.8749	.8770	.8790	.8810	.8830
1.2	.8849	.8869	.8888	.8907	.8925	.8944	.8962	.8980	.8997	.9015
1.3	.9032	.9049	.9066	.9082	.9099	.9115	.9131	.9147	.9162	.9177
1.4	.9192	.9207	.9222	.9236	.9251	.9265	.9279	.9292	.9306	.9319
1.5	.9332	.9345	.9357	.9370	.9382	.9394	.9406	.9418	.9429	.9441
1.6	.9452	.9463	.9474	.9484	.9495	.9505	.9515	.9525	.9535	.9545
1.7	.9554	.9564	.9573	.9582	.9591	.9599	.9608	.9616	.9625	.9633
1.8	.9641	.9649	.9656	.9664	.9671	.9678	.9686	.9693	.9699	.9706
1.9	.9713	.9719	.9726	.9732	.9738	.9744	.9750	.9756	.9761	.9767
2.0	.9772	.9778	.9783	.9788	.9793	.9798	.9803	.9808	.9812	.9817
2.1	.9821	.9826	.9830	.9834	.9838	.9842	.9846	.9850	.9854	.9857
2.2	.9861	.9864	.9868	.9871	.9875	.9878	.9881	.9884	.9887	.9890
2.3	.9893	.9896	.9898	.9901	.9904	.9906	.9909	.9911	.9913	.9916
2.4	.9918	.9920	.9922	.9925	.9927	.9929	.9931	.9932	.9934	.9936
2.5	.9938	.9940	.9941	.9943	.9945	.9946	.9948	.9949	.9951	.9952
2.6	.9953	.9955	.9956	.9957	.9959	.9960	.9961	.9962	.9963	.9964
2.7	.9965	.9966	.9967	.9968	.9969	.9970	.9971	.9972	.9973	.9974
2.8	.9974	.9975	.9976	.9977	.9977	.9978	.9979	.9979	.9980	.9981
2.9	.9981	.9982	.9982	.9983	.9984	.9984	.9985	.9985	.9986	.9986
3.0	.9987	.9987	.9987	.9988	.9988	.9989	.9989	.9989	.9990	.9990
3.1	.9990	.9991	.9991	.9991	.9992	.9992	.9992	.9992	.9993	.9993
3.2	.9993	.9993	.9994	.9994	.9994	.9994	.9994	.9995	.9995	.9995
3.3	.9995	.9995	.9995	.9996	.9996	.9996	.9996	.9996	.9996	.9997
3.4	.9997	.9997	.9997	.9997	.9997	.9997	.9997	.9997	.9997	.9998

표 3 t-분포표

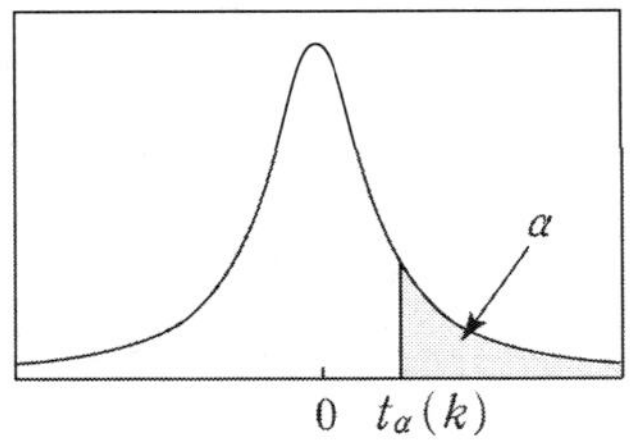

표의 숫자는 주어진 α값에 대한 $t_\alpha(k)$의 값을 나타낸다.

k \ α	.4	.25	.1	.05	.025	.01	.005	.0025	.001	.0005
1	.325	1.000	3.078	6.314	12.706	31.821	63.657	127.32	318.31	636.62
2	.289	.816	1.886	2.920	4.303	6.965	9.925	14.089	22.327	31.598
3	.277	.765	1.638	2.353	3.182	4.541	5.841	7.453	10.214	12.924
4	.271	.741	1.533	2.132	2.776	3.747	4.604	5.598	7.173	8.610
5	.267	.727	1.476	2.015	2.571	3.365	4.032	4.773	5.893	6.869
6	.265	.718	1.440	1.943	2.447	3.143	3.707	4.317	5.208	5.959
7	.263	.711	1.415	1.895	2.365	2.998	3.499	4.029	4.785	5.408
8	.262	.706	1.397	1.860	2.306	2.896	3.355	3.833	4.501	5.041
9	.261	.703	1.383	1.833	2.262	2.821	3.250	3.690	4.297	4.781
10	.260	.700	1.372	1.812	2.228	2.764	3.169	3.581	4.144	4.587
11	.260	.697	1.363	1.796	2.201	2.718	3.106	3.497	4.025	4.437
12	.259	.695	1.356	1.782	2.179	2.681	3.055	3.428	3.930	4.318
13	.259	.694	1.350	1.771	2.160	2.650	3.012	3.372	3.852	4.221
14	.258	.692	1.345	1.761	2.145	2.624	2.977	3.326	3.787	4.140
15	.258	.691	1.341	1.753	2.131	2.602	2.947	3.286	3.733	4.073
16	.258	.690	1.337	1.746	2.120	2.583	2.921	3.252	3.686	4.015
17	.257	.689	1.333	1.740	2.110	2.567	2.898	3.222	3.646	3.965
18	.257	.688	1.330	1.734	2.101	2.552	2.878	3.197	3.610	3.922
19	.257	.688	1.328	1.729	2.093	2.539	2.861	3.174	3.579	3.883
20	.257	.687	1.325	1.725	2.086	2.528	2.845	3.153	3.552	3.850
21	.257	.686	1.323	1.721	2.080	2.518	2.831	3.135	3.527	3.819
22	.256	.686	1.321	1.717	2.074	2.508	2.819	3.119	3.505	3.792
23	.256	.685	1.319	1.714	2.069	2.500	2.807	3.104	3.485	3.767
24	.256	.685	1.318	1.711	2.064	2.491	2.797	3.091	3.467	3.745
25	.256	.684	1.316	1.708	2.060	2.485	2.787	3.078	3.450	3.725
26	.256	.684	1.315	1.706	2.056	2.479	2.779	3.067	3.435	4.707
27	.256	.684	1.314	1.703	2.052	2.473	2.771	3.057	3.421	3.690
28	.256	.683	1.313	1.701	2.048	2.467	2.763	3.047	3.408	3.674
29	.256	.683	1.311	1.699	2.045	2.462	2.756	3.038	3.396	3.659
30	.256	.683	1.310	1.697	2.042	2.457	2.750	3.030	3.385	3.646
40	.255	.681	1.303	1.684	2.021	2.423	2.704	2.971	3.307	3.551
60	.254	.679	1.296	1.671	2.000	2.390	2.660	2.915	3.232	3.460
120	.254	.677	1.289	1.658	1.980	2.358	2.617	2.860	3.160	3.373
∞	.253	.674	1.282	1.645	1.960	2.326	2.576	2.807	3.090	3.291

표 4 χ^2-분포표

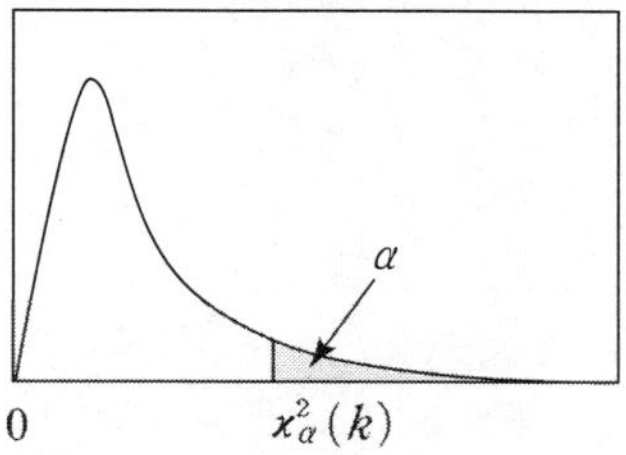

표의 숫자는 주어진 α값에 대한 $\chi^2{}_\alpha(k)$의 값을 나타낸다.

k	α							
	.995	.99	.975	.95	.05	.025	.01	.005
1	.000039	.000157	.000982	.003932	3.84146	5.02390	6.63489	7.87944
2	.010025	.020100	.050636	.102586	5.99148	7.37778	9.21035	10.59653
3	.071724	.114832	.215795	.351846	7.81473	9.34840	11.34488	12.83807
4	.206990	.297110	.484419	.710721	9.48773	11.14326	13.27670	14.86017
5	.411740	.554300	.831211	1.14548	11.07048	12.83249	15.08632	16.74965
6	.675727	.872085	1.23734	1.63538	12.59158	14.44935	16.81187	18.54751
7	.989265	1.23903	1.68986	2.16735	14.06713	16.01277	18.47532	20.27774
8	1.34440	1.64651	2.17972	2.73263	15.50731	17.53454	20.09016	21.95486
9	1.73491	2.08789	2.70039	3.32512	16.91896	19.02278	21.66605	23.58927
10	2.15585	2.55820	3.24696	3.94030	18.30703	20.48320	23.20929	25.18805
11	2.60320	3.05350	3.81574	4.57481	19.67515	21.92002	24.72502	26.75686
12	3.07379	3.57055	4.40378	5.22603	21.02606	23.33666	26.21696	28.29966
13	3.56504	4.10690	5.00874	5.89186	22.36203	24.73558	27.68818	29.81932
14	4.07466	4.66042	5.62872	6.57063	23.68478	26.11893	29.14116	31.31943
15	4.60087	5.22936	6.26212	7.26093	24.99580	27.48836	30.57795	32.80149
16	5.14216	5.81220	6.90766	7.96164	26.29622	28.84532	31.99986	34.26705
17	5.69727	6.40774	7.56418	8.67175	27.58710	30.19098	33.40872	35.71838
18	6.26477	7.01490	8.23074	9.39045	28.86932	31.52641	34.80524	37.15639
19	6.84392	7.63270	8.90651	10.11701	30.14351	32.85234	36.19077	38.58212
20	7.43381	8.26037	9.59077	10.85080	31.41042	34.16958	37.56627	39.99686
21	8.03360	8.89717	10.28291	11.59132	32.67056	35.47886	38.93223	41.40094
22	8.64268	9.54249	10.98233	12.33801	33.92446	36.78068	40.28945	42.79566
23	9.26038	10.19569	11.68853	13.09051	35.17246	38.07561	41.63833	44.18139
24	9.88620	10.85635	12.40115	13.84842	36.41503	39.36406	42.97978	45.55836
25	10.51965	11.52395	13.11971	14.61140	37.65249	40.64650	44.31401	46.92797
26	11.16022	12.19818	13.84388	15.37916	38.88513	41.92314	45.64164	48.28978
27	11.80765	12.87847	14.57337	16.15139	40.11327	43.19452	46.96284	49.64504
28	12.46128	13.56467	15.30785	16.92788	41.33715	44.46079	48.27817	50.99356
29	13.12107	14.25641	16.04705	17.70838	42.55695	45.72228	49.58783	52.33550
30	13.78668	14.95346	16.79076	18.49267	43.77295	46.97922	50.89218	53.67187
40	20.70658	22.16420	24.43306	26.50930	55.75849	59.34168	63.69077	66.76605
50	27.99082	29.70673	32.35738	34.76424	67.50481	71.42019	76.15380	79.48984
60	35.53440	37.48480	40.48171	43.18797	79.08195	83.29771	88.37943	91.95181
70	43.27531	45.44170	48.75754	51.73926	90.53126	95.02315	100.42505	104.21477
80	51.17193	53.53998	57.15315	60.39146	101.87947	106.62854	112.32879	116.32093
90	59.19633	61.75402	65.64659	69.12602	113.14523	118.13591	124.11620	128.29868
100	67.32753	70.06500	74.22188	77.92944	124.34210	129.56125	135.80689	140.16971

표 5 F-분포표

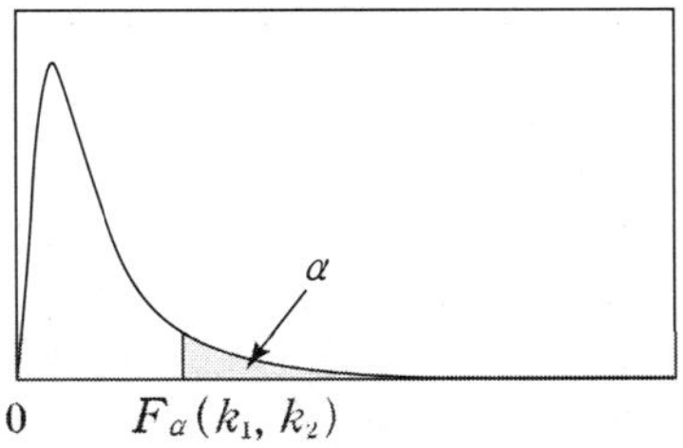

표의 숫자는 주어진 α값에 대한 $F_\alpha(k_1, k_2)$의 값을 나타낸다.

k_2	α	k_1								
		1	2	3	4	5	6	7	8	9
1	0.100	39.86	49.50	53.59	55.83	57.24	58.20	58.91	59.44	59.86
	0.050	161.45	199.50	215.71	224.58	230.16	233.99	236.77	238.88	240.54
	0.025	647.79	799.48	864.15	899.60	921.83	937.11	948.20	956.64	963.28
	0.010	4052	4999	5404	5624	5764	5859	5928	5981	6022
2	0.100	8.53	9.00	9.16	9.24	9.29	9.33	9.35	9.37	9.38
	0.050	18.51	19.00	19.16	19.25	19.30	19.33	19.35	19.37	19.38
	0.025	38.51	39.00	39.17	39.25	39.30	39.33	39.36	39.37	39.39
	0.010	98.50	99.00	99.16	99.25	99.30	99.33	99.36	99.38	99.39
3	0.100	5.54	5.46	5.39	5.34	5.31	5.28	5.27	5.25	5.24
	0.050	10.13	9.55	9.28	9.12	9.01	8.94	8.89	8.85	8.81
	0.025	17.44	16.04	15.44	15.10	14.88	14.73	14.62	14.54	14.47
	0.010	34.12	30.82	29.46	28.71	28.24	27.91	27.67	27.49	27.34
4	0.100	4.54	4.32	4.19	4.11	4.05	4.01	3.98	3.95	3.94
	0.050	7.71	6.94	6.59	6.39	6.26	6.16	6.09	6.04	6.00
	0.025	12.22	10.65	9.98	9.60	9.36	9.20	9.07	8.98	8.90
	0.010	21.20	18.00	16.69	15.98	15.52	15.21	14.98	14.80	14.66
5	0.100	4.06	3.78	3.62	3.52	3.45	3.40	3.37	3.34	3.32
	0.050	6.61	5.79	5.41	5.19	5.05	4.95	4.88	4.82	4.77
	0.025	10.01	8.43	7.76	7.39	7.15	6.98	6.85	6.76	6.68
	0.010	16.26	13.27	12.06	11.39	10.97	10.67	10.46	10.29	10.16

k_2	α	k_1								
		1	2	3	4	5	6	7	8	9
6	0.100	3.78	3.46	3.29	3.18	3.11	3.05	3.01	2.98	2.96
	0.050	5.99	5.14	4.76	4.53	4.39	4.28	4.21	4.15	4.10
	0.025	8.81	7.26	6.60	6.23	5.99	5.82	5.70	5.60	5.52
	0.010	13.75	10.92	9.78	9.15	8.75	8.47	8.26	8.10	7.98
7	0.100	3.59	3.26	3.07	2.96	2.88	2.83	2.78	2.75	2.72
	0.050	5.59	4.74	4.35	4.12	3.97	3.87	3.79	3.73	3.68
	0.025	8.07	6.54	5.89	5.52	5.29	5.12	4.99	4.90	4.82
	0.010	12.25	9.55	8.45	7.85	7.46	7.19	6.99	6.84	6.72
8	0.100	3.46	3.11	2.92	2.81	2.73	2.67	2.62	2.59	2.56
	0.050	5.32	4.46	4.07	3.84	3.69	3.58	3.50	3.44	3.39
	0.025	7.57	6.06	5.42	5.05	4.82	4.65	4.53	4.43	4.36
	0.010	11.26	8.65	7.59	7.01	6.63	6.37	6.18	6.03	5.91
9	0.100	3.36	3.01	2.81	2.69	2.61	2.55	2.51	2.47	2.44
	0.050	5.12	4.26	3.86	3.63	3.48	3.37	3.29	3.23	3.18
	0.025	7.21	5.71	5.08	4.72	4.48	4.32	4.20	4.10	4.03
	0.010	10.56	8.02	6.99	6.42	6.06	5.80	5.61	5.47	5.35
10	0.100	3.29	2.92	2.73	2.61	2.52	2.46	2.41	2.38	2.35
	0.050	4.96	4.10	3.71	3.48	3.33	3.22	3.14	3.07	3.02
	0.025	6.94	5.46	4.83	4.47	4.24	4.07	3.95	3.85	3.78
	0.010	10.04	7.56	6.55	5.99	5.64	5.39	5.20	5.06	4.94
11	0.100	3.23	2.86	2.66	2.54	2.45	2.39	2.34	2.30	2.27
	0.050	4.84	3.98	3.59	3.36	3.20	3.09	3.01	2.95	2.90
	0.025	6.72	5.26	4.63	4.28	4.04	3.88	3.76	3.66	3.59
	0.010	9.65	7.21	6.22	5.67	5.32	5.07	4.89	4.74	4.63
12	0.100	3.18	2.81	2.61	2.48	2.39	2.33	2.28	2.24	2.21
	0.050	4.75	3.89	3.49	3.26	3.11	3.00	2.91	2.85	2.80
	0.025	6.55	5.10	4.47	4.12	3.89	3.73	3.61	3.51	3.44
	0.010	9.33	6.93	5.95	5.41	5.06	4.82	4.64	4.50	4.39

k_2	α	k_1										
		10	12	15	20	25	30	40	50	60	120	1000
1	0.100	60.19	60.71	61.22	61.74	62.05	62.26	62.53	62.69	62.79	63.06	63.30
	0.050	241.88	243.90	245.95	248.02	249.26	250.10	251.14	251.77	252.20	253.25	254.19
	0.025	968.63	976.72	984.87	993.08	998.09	1001.4	1005.6	1008.1	1009.8	1014.0	1017.8
	0.010	6055.9	6106.7	6157.0	6208.7	6239.9	6260.4	6286.4	6302.3	6313.0	6339.5	6362.8
2	0.100	9.39	9.41	9.42	9.44	9.45	9.46	9.47	9.47	9.47	9.48	9.49
	0.050	19.40	19.41	19.43	19.45	19.46	19.46	19.47	19.48	19.48	19.49	19.49
	0.025	39.40	39.41	39.43	39.45	39.46	39.46	39.47	39.48	39.48	39.49	39.50
	0.010	99.40	99.42	99.43	99.45	99.46	99.47	99.48	99.48	99.48	99.49	99.50
3	0.100	5.23	5.22	5.20	5.18	5.17	5.17	5.16	5.15	5.15	5.14	5.13
	0.050	8.79	8.74	8.70	8.66	8.63	8.62	8.59	8.58	8.57	8.55	8.53
	0.025	14.42	14.34	14.25	14.17	14.12	14.08	14.04	14.01	13.99	13.95	13.91
	0.010	27.23	27.05	26.87	26.69	26.58	26.50	26.41	26.35	26.32	26.22	26.14
4	0.100	3.92	3.90	3.87	3.84	3.83	3.82	3.80	3.80	3.79	3.78	3.76
	0.050	5.96	5.91	5.86	5.80	5.77	5.75	5.72	5.70	5.69	5.66	5.63
	0.025	8.84	8.75	8.66	8.56	8.50	8.46	8.41	8.38	8.36	8.31	8.26
	0.010	14.55	14.37	14.20	14.02	13.91	13.84	13.75	13.69	13.65	13.56	13.47
5	0.100	3.30	3.27	3.24	3.21	3.19	3.17	3.16	3.15	3.14	3.12	3.11
	0.050	4.74	4.68	4.62	4.56	4.52	4.50	4.46	4.44	4.43	4.40	4.37
	0.025	6.62	6.52	6.43	6.33	6.27	6.23	6.18	6.14	6.12	6.07	6.02
	0.010	10.05	9.89	9.72	9.55	9.45	9.38	9.29	9.24	9.20	9.11	9.03
6	0.100	2.94	2.90	2.87	2.84	2.81	2.80	2.78	2.77	2.76	2.74	2.72
	0.050	4.06	4.00	3.94	3.87	3.83	3.81	3.77	3.75	3.74	3.70	3.67
	0.025	5.46	5.37	5.27	5.17	5.11	5.07	5.01	4.98	4.96	4.90	4.86
	0.010	7.87	7.72	7.56	7.40	7.30	7.23	7.14	7.09	7.06	6.97	6.89
7	0.100	2.70	2.67	2.63	2.59	2.57	2.56	2.54	2.52	2.51	2.49	2.47
	0.050	3.64	3.57	3.51	3.44	3.40	3.38	3.34	3.32	3.30	3.27	3.23
	0.025	4.76	4.67	4.57	4.47	4.40	4.36	4.31	4.28	4.25	4.20	4.15
	0.010	6.62	6.47	6.31	6.16	6.06	5.99	5.91	5.86	5.82	5.74	5.66
8	0.100	2.54	2.50	2.46	2.42	2.40	2.38	2.36	2.35	2.34	2.32	2.30
	0.050	3.35	3.28	3.22	3.15	3.11	3.08	3.04	3.02	3.01	2.97	2.93
	0.025	4.30	4.20	4.10	4.00	3.94	3.89	3.84	3.81	3.78	3.73	3.68
	0.010	5.81	5.67	5.52	5.36	5.26	5.20	5.12	5.07	5.03	4.95	4.87

k_2	α	k_1										
		10	12	15	20	25	30	40	50	60	120	1000
9	0.100	2.42	2.38	2.34	2.30	2.27	2.25	2.23	2.22	2.21	2.18	2.16
	0.050	3.14	3.07	3.01	2.94	2.89	2.86	2.83	2.80	2.79	2.75	2.71
	0.025	3.96	3.87	3.77	3.67	3.60	3.56	3.51	3.47	3.45	3.39	3.34
	0.010	5.26	5.11	4.96	4.81	4.71	4.65	4.57	4.52	4.48	4.40	4.32
10	0.100	2.32	2.28	2.24	2.20	2.17	2.16	2.13	2.12	2.11	2.08	2.06
	0.050	2.98	2.91	2.85	2.77	2.73	2.70	2.66	2.64	2.62	2.58	2.54
	0.025	3.72	3.62	3.52	3.42	3.35	3.31	3.26	3.22	3.20	3.14	3.09
	0.010	4.85	4.71	4.56	4.41	4.31	4.25	4.17	4.12	4.08	4.00	3.92
11	0.100	2.25	2.21	2.17	2.12	2.10	2.08	2.05	2.04	2.03	2.00	1.98
	0.050	2.85	2.79	2.72	2.65	2.60	2.57	2.53	2.51	2.49	2.45	2.41
	0.025	3.53	3.43	3.33	3.23	3.16	3.12	3.06	3.03	3.00	2.94	2.89
	0.010	4.54	4.40	4.25	4.10	4.01	3.94	3.86	3.81	3.78	3.69	3.61
12	0.100	2.19	2.15	2.10	2.06	2.03	2.01	1.99	1.97	1.96	1.93	1.91
	0.050	2.75	2.69	2.62	2.54	2.50	2.47	2.43	2.40	2.38	2.34	2.30
	0.025	3.37	3.28	3.18	3.07	3.01	2.96	2.91	2.87	2.85	2.79	2.73
	0.010	4.30	4.16	4.01	3.86	3.76	3.70	3.62	3.57	3.54	3.45	3.37

k_2	α	k_1								
		1	2	3	4	5	6	7	8	9
13	0.100	3.14	2.76	2.56	2.43	2.35	2.28	2.23	2.20	2.16
	0.050	4.67	3.81	3.41	3.18	3.03	2.92	2.83	2.77	2.71
	0.025	6.41	4.97	4.35	4.00	3.77	3.60	3.48	3.39	3.31
	0.010	9.07	6.70	5.74	5.21	4.86	4.62	4.44	4.30	4.19
14	0.100	3.10	2.73	2.52	2.39	2.31	2.24	2.19	2.15	2.12
	0.050	4.60	3.74	3.34	3.11	2.96	2.85	2.76	2.70	2.65
	0.025	6.30	4.86	4.24	3.89	3.66	3.50	3.38	3.29	3.21
	0.010	8.86	6.51	5.56	5.04	4.69	4.46	4.28	4.14	4.03
15	0.100	3.07	2.70	2.49	2.36	2.27	2.21	2.16	2.12	2.09
	0.050	4.54	3.68	3.29	3.06	2.90	2.79	2.71	2.64	2.59
	0.025	6.20	4.77	4.15	3.80	3.58	3.41	3.29	3.20	3.12
	0.010	8.68	6.36	5.42	4.89	4.56	4.32	4.14	4.00	3.89
16	0.100	3.05	2.67	2.46	2.33	2.24	2.18	2.13	2.09	2.06
	0.050	4.49	3.63	3.24	3.01	2.85	2.74	2.66	2.59	2.54
	0.025	6.12	4.69	4.08	3.73	3.50	3.34	3.22	3.12	3.05
	0.010	8.53	6.23	5.29	4.77	4.44	4.20	4.03	3.89	3.78
17	0.100	3.03	2.64	2.44	2.31	2.22	2.15	2.10	2.06	2.03
	0.050	4.45	3.59	3.20	2.96	2.81	2.70	2.61	2.55	2.49
	0.025	6.04	4.62	4.01	3.66	3.44	3.28	3.16	3.06	2.98
	0.010	8.40	6.11	5.19	4.67	4.34	4.10	3.93	3.79	3.68
18	0.100	3.01	2.62	2.42	2.29	2.20	2.13	2.08	2.04	2.00
	0.050	4.41	3.55	3.16	2.93	2.77	2.66	2.58	2.51	2.46
	0.025	5.98	4.56	3.95	3.61	3.38	3.22	3.10	3.01	2.93
	0.010	8.29	6.01	5.09	4.58	4.25	4.01	3.84	3.71	3.60
19	0.100	2.99	2.61	2.40	2.27	2.18	2.11	2.06	2.02	1.98
	0.050	4.38	3.52	3.13	2.90	2.74	2.63	2.54	2.48	2.42
	0.025	5.92	4.51	3.90	3.56	3.33	3.17	3.05	2.96	2.88
	0.010	8.18	5.93	5.01	4.50	4.17	3.94	3.77	3.63	3.52
20	0.100	2.97	2.59	2.38	2.25	2.16	2.09	2.04	2.00	1.96
	0.050	4.35	3.49	3.10	2.87	2.71	2.60	2.51	2.45	2.39
	0.025	5.87	4.46	3.86	3.51	3.29	3.13	3.01	2.91	2.84
	0.010	8.10	5.85	4.94	4.43	4.10	3.87	3.70	3.56	3.46

k_2	α	k_1								
		1	2	3	4	5	6	7	8	9
21	0.100	2.96	2.57	2.36	2.23	2.14	2.08	2.02	1.98	1.95
	0.050	4.32	3.47	3.07	2.84	2.68	2.57	2.49	2.42	2.37
	0.025	5.83	4.42	3.82	3.48	3.25	3.09	2.97	2.87	2.80
	0.010	8.02	5.78	4.87	4.37	4.04	3.81	3.64	3.51	3.40
22	0.100	2.95	2.56	2.35	2.22	2.13	2.06	2.01	1.97	1.93
	0.050	4.30	3.44	3.05	2.82	2.66	2.55	2.46	2.40	2.34
	0.025	5.79	4.38	3.78	3.44	3.22	3.05	2.93	2.84	2.76
	0.010	7.95	5.72	4.82	4.31	3.99	3.76	3.59	3.45	3.35
23	0.100	2.94	2.55	2.34	2.21	2.11	2.05	1.99	1.95	1.92
	0.050	4.28	3.42	3.03	2.80	2.64	2.53	2.44	2.37	2.32
	0.025	5.75	4.35	3.75	3.41	3.18	3.02	2.90	2.81	2.73
	0.010	7.88	5.66	4.76	4.26	3.94	3.71	3.54	3.41	3.30
24	0.100	2.93	2.54	2.33	2.19	2.10	2.04	1.98	1.94	1.91
	0.050	4.26	3.40	3.01	2.78	2.62	2.51	2.42	2.36	2.30
	0.025	5.72	4.32	3.72	3.38	3.15	2.99	2.87	2.78	2.70
	0.010	7.82	5.61	4.72	4.22	3.90	3.67	3.50	3.36	3.26

k_2	α	k_1										
		10	12	15	20	25	30	40	50	60	120	1000
13	0.100	2.14	2.10	2.05	2.01	1.98	1.96	1.93	1.92	1.90	1.88	1.85
	0.050	2.67	2.60	2.53	2.46	2.41	2.38	2.34	2.31	2.30	2.25	2.21
	0.025	3.25	3.15	3.05	2.95	2.88	2.84	2.78	2.74	2.72	2.66	2.60
	0.010	4.10	3.96	3.82	3.66	3.57	3.51	3.43	3.38	3.34	3.25	3.18
14	0.100	2.10	2.05	2.01	1.96	1.93	1.91	1.89	1.87	1.86	1.83	1.80
	0.050	2.60	2.53	2.46	2.39	2.34	2.31	2.27	2.24	2.22	2.18	2.14
	0.025	3.15	3.05	2.95	2.84	2.78	2.73	2.67	2.64	2.61	2.55	2.50
	0.010	3.94	3.80	3.66	3.51	3.41	3.35	3.27	3.22	3.18	3.09	3.02
15	0.100	2.06	2.02	1.97	1.92	1.89	1.87	1.85	1.83	1.82	1.79	1.76
	0.050	2.54	2.48	2.40	2.33	2.28	2.25	2.20	2.18	2.16	2.11	2.07
	0.025	3.06	2.96	2.86	2.76	2.69	2.64	2.59	2.55	2.52	2.46	2.40
	0.010	3.80	3.67	3.52	3.37	3.28	3.21	3.13	3.08	3.05	2.96	2.88
16	0.100	2.03	1.99	1.94	1.89	1.86	1.84	1.81	1.79	1.78	1.75	1.72
	0.050	2.49	2.42	2.35	2.28	2.23	2.19	2.15	2.12	2.11	2.06	2.02
	0.025	2.99	2.89	2.79	2.68	2.61	2.57	2.51	2.47	2.45	2.38	2.32
	0.010	3.69	3.55	3.41	3.26	3.16	3.10	3.02	2.97	2.93	2.84	2.76
17	0.100	2.00	1.96	1.91	1.86	1.83	1.81	1.78	1.76	1.75	1.72	1.69
	0.050	2.45	2.38	2.31	2.23	2.18	2.15	2.10	2.08	2.06	2.01	1.97
	0.025	2.92	2.82	2.72	2.62	2.55	2.50	2.44	2.41	2.38	2.32	2.26
	0.010	3.59	3.46	3.31	3.16	3.07	3.00	2.92	2.87	2.83	2.75	2.66
18	0.100	1.98	1.93	1.89	1.84	1.80	1.78	1.75	1.74	1.72	1.69	1.66
	0.050	2.41	2.34	2.27	2.19	2.14	2.11	2.06	2.04	2.02	1.97	1.92
	0.025	2.87	2.77	2.67	2.56	2.49	2.44	2.38	2.35	2.32	2.26	2.20
	0.010	3.51	3.37	3.23	3.08	2.98	2.92	2.84	2.78	2.75	2.66	2.58
19	0.100	1.96	1.91	1.86	1.81	1.78	1.76	1.73	1.71	1.70	1.67	1.64
	0.050	2.38	2.31	2.23	2.16	2.11	2.07	2.03	2.00	1.98	1.93	1.88
	0.025	2.82	2.72	2.62	2.51	2.44	2.39	2.33	2.30	2.27	2.20	2.14
	0.010	3.43	3.30	3.15	3.00	2.91	2.84	2.76	2.71	2.67	2.58	2.50
20	0.100	1.94	1.89	1.84	1.79	1.76	1.74	1.71	1.69	1.68	1.64	1.61
	0.050	2.35	2.28	2.20	2.12	2.07	2.04	1.99	1.97	1.95	1.90	1.85
	0.025	2.77	2.68	2.57	2.46	2.40	2.35	2.29	2.25	2.22	2.16	2.09
	0.010	3.37	3.23	3.09	2.94	2.84	2.78	2.69	2.64	2.61	2.52	2.43

k_2	α	k_1										
		10	12	15	20	25	30	40	50	60	120	1000
21	0.100	1.92	1.87	1.83	1.78	1.74	1.72	1.69	1.67	1.66	1.62	1.59
	0.050	2.32	2.25	2.18	2.10	2.05	2.01	1.96	1.94	1.92	1.87	1.82
	0.025	2.73	2.64	2.53	2.42	2.36	2.31	2.25	2.21	2.18	2.11	2.05
	0.010	3.31	3.17	3.03	2.88	2.79	2.72	2.64	2.58	2.55	2.46	2.37
22	0.100	1.90	1.86	1.81	1.76	1.73	1.70	1.67	1.65	1.64	1.60	1.57
	0.050	2.30	2.23	2.15	2.07	2.02	1.98	1.94	1.91	1.89	1.84	1.79
	0.025	2.70	2.60	2.50	2.39	2.32	2.27	2.21	2.17	2.14	2.08	2.01
	0.010	3.26	3.12	2.98	2.83	2.73	2.67	2.58	2.53	2.50	2.40	2.32
23	0.100	1.89	1.84	1.80	1.74	1.71	1.69	1.66	1.64	1.62	1.59	1.55
	0.050	2.27	2.20	2.13	2.05	2.00	1.96	1.91	1.88	1.86	1.81	1.76
	0.025	2.67	2.57	2.47	2.36	2.29	2.24	2.18	2.14	2.11	2.04	1.98
	0.010	3.21	3.07	2.93	2.78	2.69	2.62	2.54	2.48	2.45	2.35	2.27
24	0.100	1.88	1.83	1.78	1.73	1.70	1.67	1.64	1.62	1.61	1.57	1.54
	0.050	2.25	2.18	2.11	2.03	1.97	1.94	1.89	1.86	1.84	1.79	1.74
	0.025	2.64	2.54	2.44	2.33	2.26	2.21	2.15	2.11	2.08	2.01	1.94
	0.010	3.17	3.03	2.89	2.74	2.64	2.58	2.49	2.44	2.40	2.31	2.22

k_2	α	k_1								
		1	2	3	4	5	6	7	8	9
25	0.100	2.92	2.53	2.32	2.18	2.09	2.02	1.97	1.93	1.89
	0.050	4.24	3.39	2.99	2.76	2.60	2.49	2.40	2.34	2.28
	0.025	5.69	4.29	3.69	3.35	3.13	2.97	2.85	2.75	2.68
	0.010	7.77	5.57	4.68	4.18	3.85	3.63	3.46	3.32	3.22
26	0.100	2.91	2.52	2.31	2.17	2.08	2.01	1.96	1.92	1.88
	0.050	4.23	3.37	2.98	2.74	2.59	2.47	2.39	2.32	2.27
	0.025	5.66	4.27	3.67	3.33	3.10	2.94	2.82	2.73	2.65
	0.010	7.72	5.53	4.64	4.14	3.82	3.59	3.42	3.29	3.18
27	0.100	2.90	2.51	2.30	2.17	2.07	2.00	1.95	1.91	1.87
	0.050	4.21	3.35	2.96	2.73	2.57	2.46	2.37	2.31	2.25
	0.025	5.63	4.24	3.65	3.31	3.08	2.92	2.80	2.71	2.63
	0.010	7.68	5.49	4.60	4.11	3.78	3.56	3.39	3.26	3.15
28	0.100	2.89	2.50	2.29	2.16	2.06	2.00	1.94	1.90	1.87
	0.050	4.20	3.34	2.95	2.71	2.56	2.45	2.36	2.29	2.24
	0.025	5.61	4.22	3.63	3.29	3.06	2.90	2.78	2.69	2.61
	0.010	7.64	5.45	4.57	4.07	3.75	3.53	3.36	3.23	3.12
29	0.100	2.89	2.50	2.28	2.15	2.06	1.99	1.93	1.89	1.86
	0.050	4.18	3.33	2.93	2.70	2.55	2.43	2.35	2.28	2.22
	0.025	5.59	4.20	3.61	3.27	3.04	2.88	2.76	2.67	2.59
	0.010	7.60	5.42	4.54	4.04	3.73	3.50	3.33	3.20	3.09
30	0.100	2.88	2.49	2.28	2.14	2.05	1.98	1.93	1.88	1.85
	0.050	4.17	3.32	2.92	2.69	2.53	2.42	2.33	2.27	2.21
	0.025	5.57	4.18	3.59	3.25	3.03	2.87	2.75	2.65	2.57
	0.010	7.56	5.39	4.51	4.02	3.70	3.47	3.30	3.17	3.07
40	0.100	2.84	2.44	2.23	2.09	2.00	1.93	1.87	1.83	1.79
	0.050	4.08	3.23	2.84	2.61	2.45	2.34	2.25	2.18	2.12
	0.025	5.42	4.05	3.46	3.13	2.90	2.74	2.62	2.53	2.45
	0.010	7.31	5.18	4.31	3.83	3.51	3.29	3.12	2.99	2.89
50	0.100	2.81	2.41	2.20	2.06	1.97	1.90	1.84	1.80	1.76
	0.050	4.03	3.18	2.79	2.56	2.40	2.29	2.20	2.13	2.07
	0.025	5.34	3.97	3.39	3.05	2.83	2.67	2.55	2.46	2.38
	0.010	7.17	5.06	4.20	3.72	3.41	3.19	3.02	2.89	2.78

k_2	α	k_1								
		1	2	3	4	5	6	7	8	9
60	0.100	2.79	2.39	2.18	2.04	1.95	1.87	1.82	1.77	1.74
	0.050	4.00	3.15	2.76	2.53	2.37	2.25	2.17	2.10	2.04
	0.025	5.29	3.93	3.34	3.01	2.79	2.63	2.51	2.41	2.33
	0.010	7.08	4.98	4.13	3.65	3.34	3.12	2.95	2.82	2.72
100	0.100	2.76	2.36	2.14	2.00	1.91	1.83	1.78	1.73	1.69
	0.050	3.94	3.09	2.70	2.46	2.31	2.19	2.10	2.03	1.97
	0.025	5.18	3.83	3.25	2.92	2.70	2.54	2.42	2.32	2.24
	0.010	6.90	4.82	3.98	3.51	3.21	2.99	2.82	2.69	2.59
200	0.100	2.73	2.33	2.11	1.97	1.88	1.80	1.75	1.70	1.66
	0.050	3.89	3.04	2.65	2.42	2.26	2.14	2.06	1.98	1.93
	0.025	5.10	3.76	3.18	2.85	2.63	2.47	2.35	2.26	2.18
	0.010	6.76	4.71	3.88	3.41	3.11	2.89	2.73	2.60	2.50
1000	0.100	2.71	2.31	2.09	1.95	1.85	1.78	1.72	1.68	1.64
	0.050	3.85	3.00	2.61	2.38	2.22	2.11	2.02	1.95	1.89
	0.025	5.04	3.70	3.13	2.80	2.58	2.42	2.30	2.20	2.13
	0.010	6.66	4.63	3.80	3.34	3.04	2.82	2.66	2.53	2.43

k_2	α	k_1										
		10	12	15	20	25	30	40	50	60	120	1000
25	0.100	1.87	1.82	1.77	1.72	1.68	1.66	1.63	1.61	1.59	1.56	1.52
	0.050	2.24	2.16	2.09	2.01	1.96	1.92	1.87	1.84	1.82	1.77	1.72
	0.025	2.61	2.51	2.41	2.30	2.23	2.18	2.12	2.08	2.05	1.98	1.91
	0.010	3.13	2.99	2.85	2.70	2.60	2.54	2.45	2.40	2.36	2.27	2.18
26	0.100	1.86	1.81	1.76	1.71	1.67	1.65	1.61	1.59	1.58	1.54	1.51
	0.050	2.22	2.15	2.07	1.99	1.94	1.90	1.85	1.82	1.80	1.75	1.70
	0.025	2.59	2.49	2.39	2.28	2.21	2.16	2.09	2.05	2.03	1.95	1.89
	0.010	3.09	2.96	2.81	2.66	2.57	2.50	2.42	2.36	2.33	2.23	2.14
27	0.100	1.85	1.80	1.75	1.70	1.66	1.64	1.60	1.58	1.57	1.53	1.50
	0.050	2.20	2.13	2.06	1.97	1.92	1.88	1.84	1.81	1.79	1.73	1.68
	0.025	2.57	2.47	2.36	2.25	2.18	2.13	2.07	2.03	2.00	1.93	1.86
	0.010	3.06	2.93	2.78	2.63	2.54	2.47	2.38	2.33	2.29	2.20	2.11
28	0.100	1.84	1.79	1.74	1.69	1.65	1.63	1.59	1.57	1.56	1.52	1.48
	0.050	2.19	2.12	2.04	1.96	1.91	1.87	1.82	1.79	1.77	1.71	1.66
	0.025	2.55	2.45	2.34	2.23	2.16	2.11	2.05	2.01	1.98	1.91	1.84
	0.010	3.03	2.90	2.75	2.60	2.51	2.44	2.35	2.30	2.26	2.17	2.08
29	0.100	1.83	1.78	1.73	1.68	1.64	1.62	1.58	1.56	1.55	1.51	1.47
	0.050	2.18	2.10	2.03	1.94	1.89	1.85	1.81	1.77	1.75	1.70	1.65
	0.025	2.53	2.43	2.32	2.21	2.14	2.09	2.03	1.99	1.96	1.89	1.82
	0.010	3.00	2.87	2.73	2.57	2.48	2.41	2.33	2.27	2.23	2.14	2.05
30	0.100	1.82	1.77	1.72	1.67	1.63	1.61	1.57	1.55	1.54	1.50	1.46
	0.050	2.16	2.09	2.01	1.93	1.88	1.84	1.79	1.76	1.74	1.68	1.63
	0.025	2.51	2.41	2.31	2.20	2.12	2.07	2.01	1.97	1.94	1.87	1.80
	0.010	2.98	2.84	2.70	2.55	2.45	2.39	2.30	2.25	2.21	2.11	2.02
40	0.100	1.76	1.71	1.66	1.61	1.57	1.54	1.51	1.48	1.47	1.42	1.38
	0.050	2.08	2.00	1.92	1.84	1.78	1.74	1.69	1.66	1.64	1.58	1.52
	0.025	2.39	2.29	2.18	2.07	1.99	1.94	1.88	1.83	1.80	1.72	1.65
	0.010	2.80	2.66	2.52	2.37	2.27	2.20	2.11	2.06	2.02	1.92	1.82
50	0.100	1.73	1.68	1.63	1.57	1.53	1.50	1.46	1.44	1.42	1.38	1.33
	0.050	2.03	1.95	1.87	1.78	1.73	1.69	1.63	1.60	1.58	1.51	1.45
	0.025	2.32	2.22	2.11	1.99	1.92	1.87	1.80	1.75	1.72	1.64	1.56
	0.010	2.70	2.56	2.42	2.27	2.17	2.10	2.01	1.95	1.91	1.80	1.70

k_2	α	k_1										
		10	12	15	20	25	30	40	50	60	120	1000
60	0.100	1.71	1.66	1.60	1.54	1.50	1.48	1.44	1.41	1.40	1.35	1.30
	0.050	1.99	1.92	1.84	1.75	1.69	1.65	1.59	1.56	1.53	1.47	1.40
	0.025	2.27	2.17	2.06	1.94	1.87	1.82	1.74	1.70	1.67	1.58	1.49
	0.010	2.63	2.50	2.35	2.20	2.10	2.03	1.94	1.88	1.84	1.73	1.62
100	0.100	1.66	1.61	1.56	1.49	1.45	1.42	1.38	1.35	1.34	1.28	1.22
	0.050	1.93	1.85	1.77	1.68	1.62	1.57	1.52	1.48	1.45	1.38	1.30
	0.025	2.18	2.08	1.97	1.85	1.77	1.71	1.64	1.59	1.56	1.46	1.36
	0.010	2.50	2.37	2.22	2.07	1.97	1.89	1.80	1.74	1.69	1.57	1.45
200	0.100	1.63	1.58	1.52	1.46	1.41	1.38	1.34	1.31	1.29	1.23	1.16
	0.050	1.88	1.80	1.72	1.62	1.56	1.52	1.46	1.41	1.39	1.30	1.21
	0.025	2.11	2.01	1.90	1.78	1.70	1.64	1.56	1.51	1.47	1.37	1.25
	0.010	2.41	2.27	2.13	1.97	1.87	1.79	1.69	1.63	1.58	1.45	1.30
1000	0.100	1.61	1.55	1.49	1.43	1.38	1.35	1.30	1.27	1.25	1.18	1.08
	0.050	1.84	1.76	1.68	1.58	1.52	1.47	1.41	1.36	1.33	1.24	1.11
	0.025	2.06	1.96	1.85	1.72	1.64	1.58	1.50	1.45	1.41	1.29	1.13
	0.010	2.34	2.20	2.06	1.90	1.79	1.72	1.61	1.54	1.50	1.35	1.16

연습문제 해답

1장 통계학의 개요

01 G 대학교 통계학과 학생들의 한 달 용돈을 조사하는 경우, 학과 전체 학생 140명 중 15명을 추출하여 한 달 용돈을 조사하였다. 이 경우 통계학과 전체 학생이 모집단이 되고 모집단으로부터 추출된 15명이 바로 표본이 된다.

03
- 질적 자료: 전화번호, 이름, 혈액형, 종교, 거주 지역, 국회의원 후보에 대한 선호도("매우 좋다", "좋다", "그저 그렇다", "싫다", "매우 싫다"), 날씨(맑음, 흐림, 비, 눈), 사람 수("적음", "보통", "많음"), 기분 상태("매우 불행", "불행", "그저 그렇다", "행복", "매우 행복"), 우편번호, 생년월일, 주거 형태("아파트", "원룸", "주택")
- 양적 자료: 하루 스팸메일 건수, 온도, 주사위 눈의 수, 시험성적, 강수량, 1일 주식거래량, 감기 환자 수, 학생 수, 키, 몸무게, 나이, 자동차 사고 건수

05
- 이산형 자료: 하루 스팸메일 건수, 주사위 눈의 수, 감기 환자 수, 학생 수, 자동차 사고 건수
- 연속형 자료: 온도, 시험성적, 강수량, 1일 주식거래량, 키, 몸무게, 나이

2장 통계조사

01 단순임의추출법

03 집락추출법

05 계통추출법

3장 자료의 정리 및 요약

01 ① 히스토그램, 줄기-잎 그림, 상자그림

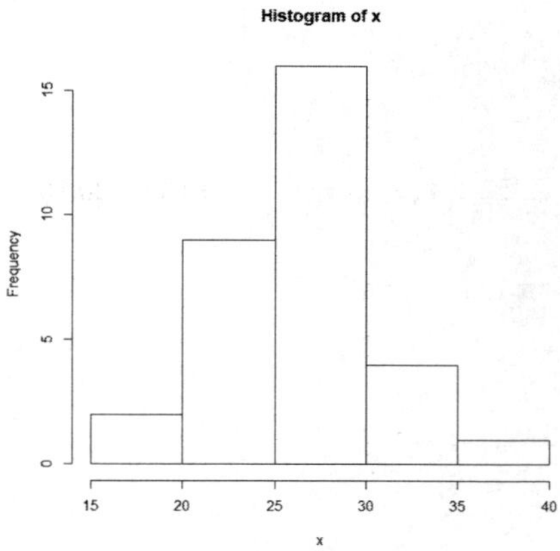

(a) 히스토그램

```
18 | 0
20 | 00
22 | 00
24 | 000000
26 | 000000000
28 | 00000
30 | 00
32 | 00
34 | 00
36 | 0
```

(b) 줄기-잎 그림

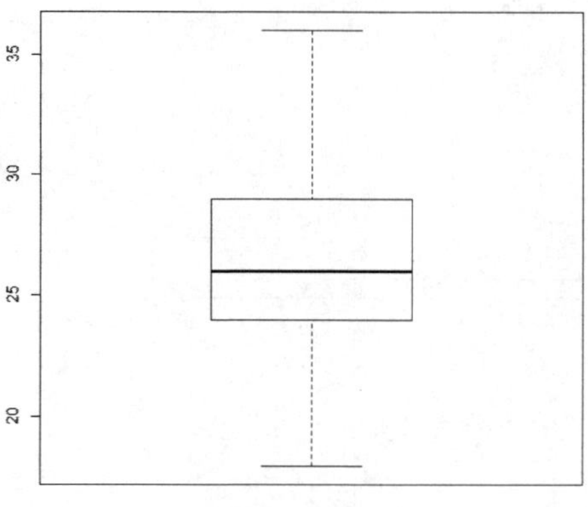

(c) 상자그림

② 평균, 중앙값, 분산, 표준편차

②-(a) 표본평균 $\bar{x} = \frac{1}{n}\sum_{i=1}^{n} x_i = \frac{1}{32}(36+29+\ldots+30+32) = 26.75$

②-(b) 중앙값을 구하기 위해 먼저 다음과 같이 크기 순서대로 나열한다.

18 20 21 22 22 24 24 24 24 24 25 26 26 26 26 26 26 27 27 27 28 28 29 29
29 30 30 32 32 34 34 36

중앙값의 순위$=\frac{n+1}{2}$, 여기서 n은 자료의 개수를 나타낸다. 따라서 중앙값의 순위가 $\frac{1}{2}(32+1)=16.5$번째, 즉 16번째와 17번째 중간이므로 중앙값은 16번째와 17번째의 관측값의 평균이다. 즉,

$$\frac{1}{2}(26+26)=26$$

②-(c) 표본분산 $s^2=\frac{1}{n-1}\sum_{i=1}^{n}(x_i-\bar{x})^2=\frac{1}{32-1}(36-26.75)^2+...+(32-26.75)^2=17.097$

②-(d) 표본표준편차: $s=\sqrt{s^2}=\sqrt{19.097}=4.135$

03 ① 히스토그램, 줄기-잎 그림, 상자그림

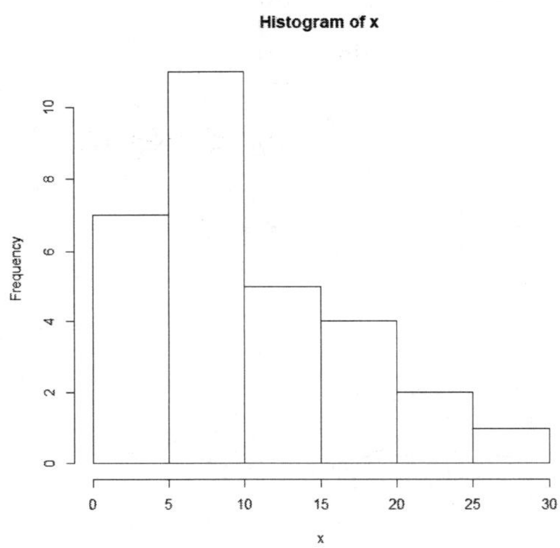

(a) 히스토그램

```
0 | 0013
0 | 55566789999
1 | 0002344
1 | 5678
2 | 04
2 | 5
3 | 0
```

(b) 줄기-잎 그림

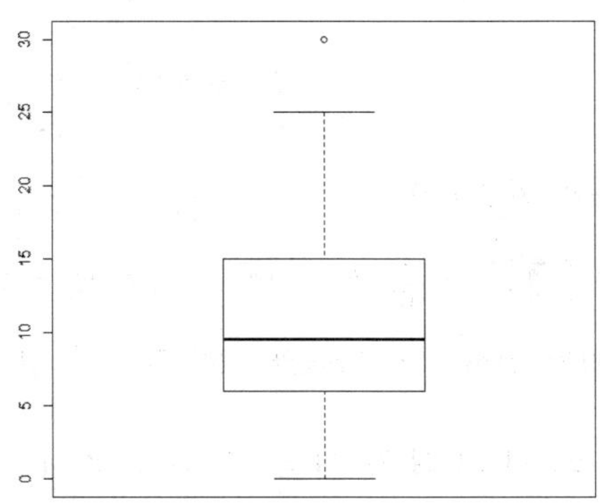

(c) 상자그림

② 평균, 중앙값, 분산, 표준편차

(a) 표본평균 $\overline{x}=\dfrac{1}{n}\sum_{i=1}^{n}x_i=\dfrac{1}{30}(10+0+\dots+9+9)=11$

(b) 중앙값을 구하기 위해 먼저 다음과 같이 크기 순서대로 나열한다.

0 0 1 3 5 5 5 6 6 7 8 9 9 9 9 10 10 10 12 13 14 14 15 16
17 18 20 24 25 30

중앙값의 순위$=\dfrac{n+1}{2}$, 여기서 n은 자료의 개수를 나타낸다.

중앙값은 다음과 같다.

중앙값의 순위는 $\dfrac{1}{2}(30+1)=15.5$번째, 즉 15번째와 16번째의 중간이므로 중앙값은 15번째와 16번째 관측값의 평균이다. 즉,

$$\frac{1}{2}(9+10)=9.5$$

(c) 표본분산 $s^2=\dfrac{1}{n-1}\sum_{i=1}^{n}(x_i-\overline{x})^2=\dfrac{1}{30-1}(10-11)^2+\dots+(9-11)^2=53.931$

(d) 표본표준편차: $s=\sqrt{s^2}=\sqrt{53.931}=7.344$

05 ① 히스토그램, 줄기-잎 그림, 상자그림

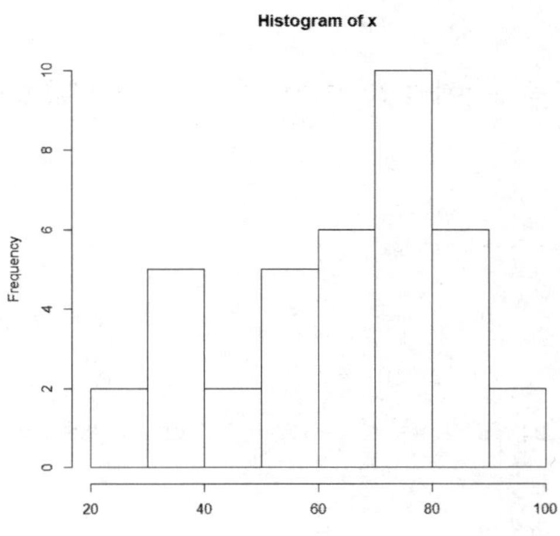

(a) 히스토그램

2 | 48
3 | 155
4 | 002
5 | 03368
6 | 0124479
7 | 22355689
8 | 004577
9 | 0025

(b) 줄기-잎 그림

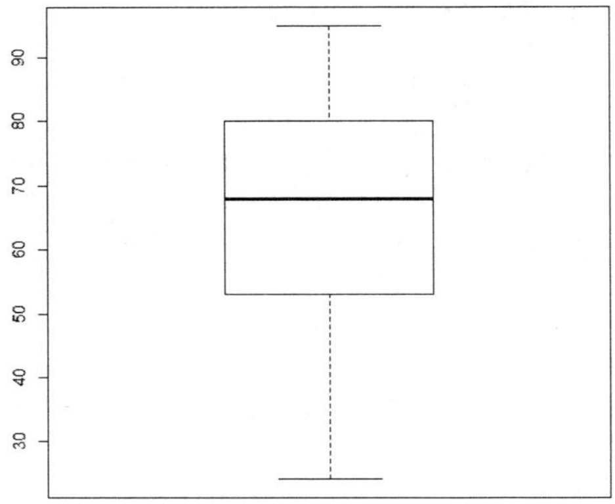

(c) 상자그림

② 평균, 중앙값, 분산, 표준편차

(a) 표본평균 $\overline{x}=\frac{1}{n}\sum_{i=1}^{n}x_i=\frac{1}{38}(24+31+...+87+76)=64.789$

(b) 중앙값을 구하기 위해 먼저 다음과 같이 크기 순서대로 나열한다.

24 28 31 35 35 40 40 42 50 53 53 56 58 60 61 62 64 64 67 69 72 72 73 75
75 76 78 79 80 80 84 85 87 87 90 90 92 95

중앙값의 순위= $\frac{n+1}{2}$, 여기서 n은 자료의 개수를 나타낸다.

중앙값은 다음과 같다.

중앙값의 순위는 $\frac{1}{2}(38+1)=19.5$번째, 즉 19번째와 20번째의 중간이므로 중앙값은 19번째와 20번째 관측값의 평균이다. 즉,

$$\frac{1}{2}(67+69)=68$$

(c) 표본분산

$$s^2=\frac{1}{n-1}\sum_{i=1}^{n}(x_i-\overline{x})^2=\frac{1}{38-1}(24-64.789)^2+...+(76-64.789)^2=389.306$$

(d) 표본표준편차: $s=\sqrt{s^2}=\sqrt{389.306}=19.731$

4장 확률분포

01 X의 평균 $E(X)$와 $E(X^2)$은 각각 다음과 같다.

$$E(X)=\sum_{i=1}^{n}x_i f(x_i)=1\times\frac{1}{4}+2\times\frac{3}{8}+3\times\frac{3}{8}=\frac{17}{8}$$

$$E(X^2)=\sum_{i=1}^{n}x_i^2 f(x_i)=1^2\times\frac{1}{4}+2^2\times\frac{3}{8}+3^2\times\frac{3}{8}=\frac{41}{8}$$

따라서, X의 분산과 표준편차는 각각 다음과 같다.

$$Var(X)=E(X^2)-\mu^2=\frac{41}{8}-(\frac{17}{8})^2=\frac{39}{64}$$

$$sd(X)=\sqrt{Var(X)}=\sqrt{\frac{39}{64}}=\frac{\sqrt{39}}{8}$$

03 X의 평균 $E(X)$와 $E(X^2)$은 각각 다음과 같다.

$$E(X)=\int_0^{12}xf(x)dx=\frac{1}{12}\int_0^{12}xdx=\frac{1}{12}\times\frac{1}{2}\left[x^2\right]_0^{12}=6$$

$$E(X^2)=\int_0^{12}x^2f(x)dx=\frac{1}{12}\int_0^{12}x^2dx=\frac{1}{12}\times\frac{1}{3}\left[x^3\right]_0^{12}=48$$

따라서, X의 분산과 표준편차는 각각 다음과 같다.

$$Var(X)=E(X^2)-[E(X)]^2=48-36=12$$

$$sd(X)=\sqrt{Var(X)}=\sqrt{12}=2\sqrt{3}$$

05 X를 15명의 암 환자 중에서 새로운 치료법에 의해 치유되는 사람의 수라 정의하면 X는 이항분포 $B(15, 0.5)$을 갖는다. 부록 B 표 1의 누적이항분포표로부터 다음의 확률을 구할 수 있다.

① 6명 이하 치유할 확률

$$P(X\le 6)=0.304$$

② 6명 이상 10명 이하 치유할 확률

$$P(6\le X\le 10)=P(X\le 10)-P(X\le 5)=0.941-0.151=0.79$$

③ 12명 이상 치유할 확률

$$P(X\ge 12)=1-P(X\le 11)=1-0.982=0.018$$

07 X를 200명 중에서의 실업자 수라 정의하면 X는 이항분포 $B(200, 0.08)$을 갖는다.

$$np = 200 \times 0.08 = 16 \geq 5,\ n(1-p) = 200 \times 0.92 = 184 \geq 5$$

이므로 이항분포의 정규분포 근사가 유효하다. 따라서,

$$X \sim N(16, 14.72)$$

이다. 고로, 구하고자 하는 확률은 다음과 같다.

$$P(X \leq 15) = P(\frac{X-16}{\sqrt{14.72}} \leq \frac{15-16}{\sqrt{14.72}})$$
$$= P(Z \leq -0.26) = 1 - 0.6026 = 0.3974$$

5장 표본분포

01 ① 모평균과 모분산

모집단 X의 분포는 다음과 같다.

x	10	50	100	500
확률	1/4	1/4	1/4	1/4

모평균 $\mu = E(X) = \sum_{i=1}^{n} x_i P(X = x_i) = 10 \times \frac{1}{4} + 50 \times \frac{1}{4} + 100 \times \frac{1}{4} + 500 \times \frac{1}{4}$

$$= 165$$

모분산 $\sigma^2 = Var(X) = E(X^2) - (E(X))^2$

$$= \sum_{i=1}^{n} x_i^2 P(X = x_i) - \mu^2$$

$$= 10^2 \times \frac{1}{4} + 50^2 \times \frac{1}{4} + 100^2 \times \frac{1}{4} + 500^2 \times \frac{1}{4} - 165^2$$

$$= 38425$$

② 가능한 모든 표본과 표본평균

모든 가능한 표본과 이들의 평균을 표로 그리면 다음과 같다.

표본	표본평균	표본	표본평균	표본	표본평균	표본	표본평균
(10,10)	10	(50,10)	30	(100,10)	55	(500,10)	255
(10,50)	30	(50,50)	50	(100,50)	75	(500,50)	275
(10,100)	55	(50,100)	75	(100,100)	100	(500,100)	300
(10,500)	255	(50,500)	275	(100,500)	300	(500,500)	500

③ 표본 평균의 확률분포, 기댓값과 분산

표본평균 $\overline{X}$의 확률분포는 다음 표와 같다.

$\overline{x}$	10	30	50	55	75	100	255	275	300	500
확률	1/16	2/16	1/16	2/16	2/16	1/16	2/16	2/16	2/16	1/16

따라서 기댓값 $E(\overline{X})$와 분산 $Var(\overline{X})$는 다음과 같다.

$$E(\overline{X}) = \sum_{i=1}^{n} \overline{x_i} P(\overline{X} = \overline{x_i}) = 10 \times \frac{1}{16} + 30 \times \frac{2}{16} + \ldots + 300 \times \frac{1}{16} + 500 \times \frac{1}{16}$$

$$= 165$$

$$Var(\overline{X}) = E(\overline{X^2}) - (E(\overline{X}))^2 = \sum_{i=1}^{n} \overline{x_i}^2 P(\overline{X} = \overline{x_i}) - \mu^2$$

$$= 10^2 \times \frac{1}{16} + 30^2 \times \frac{2}{16} + \ldots + 300^2 \times \frac{2}{16} + 500 \times \frac{1}{16} - 165^2$$

$$= 19212.5$$

03 핸드볼 공의 무게 X에 대해 다음과 같다.

$$\overline{X} \sim N(350, \frac{16^2}{64}) \Rightarrow N(350, 2^2)$$

$$X \sim N(350, 16^2)$$

i) $P(\overline{X} \le 346) = P(\frac{\overline{X} - 350}{2} \le \frac{346 - 250}{2}) = P(Z \le -\frac{4}{2}) = P(Z \le -2)$

$= 1 - P(Z \le 2) = 1 - 0.9772 = 0.0228$

ii) $P(\overline{X} \ge 355) = P(\frac{\overline{X} - 350}{2} \ge \frac{355 - 250}{2}) = P(Z \ge \frac{5}{2}) = 1 - P(Z \le 2.5)$

$= 1 - 0.9938 = 0.0062$

$\therefore P(\overline{X} \le 346) + P(\overline{X} \ge 355) = 0.0228 + 0.0062 = 0.029$

05 송어의 크기 $X \sim N(8, 4^2)$

$\overline{X} \sim N(8, \frac{4^2}{40}) \Rightarrow N(8, 0.4)$

$P(\overline{X} \le 7) = P(\frac{\overline{X} - 8}{\sqrt{0.4}} \le \frac{7 - 8}{\sqrt{0.4}}) = P(Z \le \frac{-1}{\sqrt{0.4}}) = 1 - P(Z \le \frac{\sqrt{10}}{2})$

$= 1 - P(Z \le 1.58) = 1 - 0.9429 = 0.0571$

6장 추정

01 ① 평균 체중의 추정값과 표준오차

$$\overline{x}=\frac{1}{n}\sum_{i=1}^{x}x_i=\frac{1}{36}(45+45+...+48)=48.8056$$

$$s=\sqrt{\frac{1}{n-1}\sum_{i=1}^{n}(x_i-\overline{x})^2}=\sqrt{\frac{1}{36-1}((45-45.8056)^2+...+(48-5.8056)^2)}$$

$$=1.9097$$

$$S.E(\overline{x})=\frac{1.9097}{\sqrt{36}}=0.3183$$

② 평균 체중에 대한 90% 신뢰구간

중심극한정리 이용 $\left(\overline{X}-z_{\alpha/2}\frac{S}{\sqrt{n}},\ \overline{X}+z_{\alpha/2}\frac{S}{\sqrt{n}}\right)$

$$=\left(48.8056-1.645\times\frac{1.9097}{\sqrt{36}},48.8056+1.645\times\frac{1.9097}{\sqrt{36}}\right)$$

$$=(45.2821,46.3291)$$

03 ① 평균 여성 몸무게의 추정값과 표준오차

$$\overline{x}=\frac{1}{20}(55+56+...+57)=56.5$$

$$s=\sqrt{\frac{1}{20-1}((55-56.5)^2+...+(57-56.5)^2)}$$

$$=6.357755$$

$$S.E(\overline{x})=\frac{6.357755}{\sqrt{20}}=1.54153$$

② 평균 여성 몸무게에 대한 90% 신뢰구간

$$\left(\overline{X}-t_{\alpha/2}(n-1)\frac{S}{\sqrt{n}},\ \overline{X}+t_{\alpha/2}(n-1)\frac{S}{\sqrt{n}}\right)$$

$$=\left(56.5-1.729\times\frac{6.3578}{\sqrt{20}},56.5+1.729\times\frac{6.3578}{\sqrt{20}}\right)$$

$$=(53.8345,\ 59.1655)$$

05 $\hat{p}=\dfrac{X}{n}=\dfrac{42}{60}=0.7$

$$\widehat{S.E.}(\hat{p})=\sqrt{\frac{\hat{p}(1-\hat{p})}{n}}=\sqrt{\frac{0.7\times0.3}{60}}=0.0592$$

07 $$\left(\hat{p}-z_{\alpha/2}\sqrt{\frac{\hat{p}(1-\hat{p})}{n}},\ \hat{p}+z_{\alpha/2}\sqrt{\frac{\hat{p}(1-\hat{p})}{n}}\right)$$

$$=\left(0.04-1.96\times\sqrt{\frac{0.04\times0.96}{100}},0.04+1.96\times\sqrt{\frac{0.04\times0.96}{100}}\right)$$

$$=(0.001593,\ 0.078407)$$

7장 가설검정

01 다음과 같이 가설을 세울 수 있다.

$$H_0:\mu=8 \quad H_1:\mu<8$$

검정통계량은 다음과 같다.

$$T=\frac{\overline{X}-\mu_0}{S/\sqrt{n}}\sim t(n-1)$$

유의수준 α에서 기각역은 $T\le -t_\alpha(n-1)$이다.
자료에서

$$n=8,\ \alpha=0.05$$

$$\bar{x}=\frac{10+7+...+10}{8}=7,$$

$$s=\sqrt{\frac{(10-7)^2+...+(10-7)^2}{7}}=2,$$

$$T=\frac{7-8}{2/\sqrt{8}}=-\sqrt{2}=-1.414,$$

$$-t_{0.05}(8-1)=-1.895.$$

따라서 $T\le -t_{0.05}(8-1)$을 만족하지 않음으로 H_0을 기각하지 못한다. 고로, L 교수의 주장이 맞다고 볼 수 없다.

03 다음과 같이 가설을 세울 수 있다.

$$H_0 : \mu = 11.9 \qquad H_1 : \mu > 11.9$$

검정통계량은 중심극한정리를 이용하면 다음과 같다.

$$Z = \frac{\overline{X} - u_0}{\sigma / \sqrt{n}} \mathrel{\dot\sim} N(0, 1)$$

유의수준 α에서 기각역은 $Z \geq z_\alpha$이다.
자료에서

$$n = 30, \quad \alpha = 0.05,$$

$$\bar{x} = \frac{10 + 0 + \dots + 9}{30} = 12.7, \quad s = \sqrt{\frac{(10 - 12.7)^2 + \dots + (9 - 12.7)^2}{30 - 1}} = 7.4609,$$

$$Z = \frac{12.7 - 11.9}{7.46/\sqrt{30}} = 0.5873,$$

$$z_{0.05} = 1.645.$$

따라서 $Z \geq z_{0.05}$을 만족하지 않으므로 H_0을 기각하지 못한다. 고로, 종전보다 독서량이 늘어났다고 볼 수 없다.

05 다음과 같이 가설을 세울 수 있다.

$$H_0 : \mu = 59 \qquad H_1 : \mu \geq 59$$

검정통계량은 다음과 같다.

$$T = \frac{\overline{X} - \mu_0}{S / \sqrt{n}} \sim t(n-1)$$

유의수준 α에서 기각역은 $T \geq t_\alpha(n-1)$이다.
자료에서

$$n = 10, \quad \alpha = 0.05,$$

$$\bar{x} = \frac{60 + 65 + \dots + 65}{10} = 62, \quad s = \sqrt{\frac{(60 - 62)^2 + \dots + (65 - 62)^2}{10 - 1}} = 2.582,$$

$$T = \frac{62 - 59}{2.58/\sqrt{10}} = 3.6742,$$

$$t_{0.05}(10 - 1) = 1.833.$$

따라서 $T \geq t_{0.05}(10 - 1)$이므로 H_0을 기각한다. 고로, L 교수의 주장이 맞다고 볼 수 있다.

07 다음과 같이 가설을 세울 수 있다.

$$H_0: \ p = 0.025 \quad H_1: \ p < 0.025$$

검정통계량은 다음과 같다.

$$Z = \frac{\hat{p} - p_0}{\sqrt{p_0(1-p_0)/n}} \sim N(0,1)$$

유의수준 α에서 기각역은 $Z \le -z_\alpha$이다.
자료에서

$$n = 100, \quad \hat{p} = \frac{2}{100} = 0.02,$$

$$Z = \frac{\hat{p} - p_0}{\sqrt{p_0(1-p_0)/n}} = \frac{0.02 - 0.025}{\sqrt{0.02 \times 0.98/100}} = -0.1786,$$

$$-z_{0.05} = -1.645.$$

따라서 $Z \le -z_{0.05}$을 만족하지 않음으로 H_0을 기각하지 못한다. 고로, 공장의 불량률은 줄어들었다고 볼 수 없다.

8장 두 모집단의 추정

01 $\alpha = 0.05$에서 $z_{\alpha/2} = z_{0.025} = 1.96$이고 $m = 10$, $\bar{x} = 73$, $\sigma_1 = 10$이고 $n = 8$, $\bar{y} = 68$, $\sigma_2 = 12$이다. 따라서, 문과와 이과 간 평균 국어성적의 차이에 대한 95% 신뢰구간은 다음과 같다.

$$\left((\bar{x} - \bar{y}) - z_{\alpha/2}\sqrt{\frac{\sigma_1^2}{m} + \frac{\sigma_2^2}{n}},\ (\bar{x} - \bar{y}) + z_{\alpha/2}\sqrt{\frac{\sigma_1^2}{m} + \frac{\sigma_2^2}{n}}\right)$$

$$= \left(73 - 68 - 1.96\sqrt{\frac{10}{10} + \frac{12}{8}},\ 73 - 68 + 1.96\sqrt{\frac{10}{10} + \frac{12}{8}}\right)$$

$$= (1.901, 8.099)$$

03 $\alpha = 0.05$에서 $z_{\alpha/2} = z_{0.025} = 1.96$이고 $m = 5$, $\bar{x} = 164.2$, $n = 9$, $\bar{y} = 163.5556$, 그리고 $\sigma^2 = 4$이다. 따라서, 두 그룹 간 키의 차이에 대한 95% 신뢰구간은 다음과 같다.

$$((\overline{x}-\overline{y})-z_{\alpha/2}\,\sigma\sqrt{\frac{1}{m}+\frac{1}{n}},\ (\overline{x}-\overline{y})+z_{\alpha/2}\sigma\sqrt{\frac{1}{m}+\frac{1}{n}})$$

$$=(164.2-163.5556-1.96\times 2\sqrt{\frac{1}{5}+\frac{1}{9}},\ 164.2-163.5556+1.96\times 2\sqrt{\frac{1}{5}+\frac{1}{9}})$$

$$=(-1.541987, 2.830876)$$

05 $\alpha=0.10$에서 $t_{\alpha/2}(m+n-2)=t_{0.05}(12)=1.782$이고 $m=5$, $\overline{x}=16.548$, $s_1^2=0.6241$이고 $n=9$, $\overline{y}=16.8944$, $s_2^2=0.7276$이다. $\mu_1-\mu_2$에 대한 점추정값은 $\overline{x}-\overline{y}=-0.3464$이다. 그리고 $s_p^2=\dfrac{(m-1)s_1^2+(n-1)s_2^2}{m+n-2}=\dfrac{(5-1)\times 0.6241+(9-1)\times 0.7276}{5+9-2}=0.6931$, $s_p=0.8325$이다.

따라서, $\mu_1-\mu_2$의 90% 신뢰구간은 다음과 같다.

$$((\overline{x}-\overline{y})-t_{\alpha/2}(m+n-2)\,s_p\sqrt{\frac{1}{m}+\frac{1}{n}},\ (\overline{x}-\overline{y})+t_{\alpha/2}(m+n-2)\,s_p\sqrt{\frac{1}{m}+\frac{1}{n}})$$

$$=(16.548-16.8944-1.782\times 0.8325\times\sqrt{\frac{1}{5}+\frac{1}{9}},\ (16.548-16.8944+1.782\times 0.8325\times\sqrt{\frac{1}{5}+\frac{1}{9}})$$

$$=(-1.1741, 0.4812)$$

07 다이어트 전과 후 몸무게의 차이 δ에 대한 점추정값은 $\overline{D}=4.143$이고 $\alpha=0.05$에서 $t_{\alpha/2}(n-1)=t_{0.025}(6)=2.447$이고 $s_D=2.673$이다. 따라서 다이어트 전과 후의 몸무게 차이에 대한 95% 신뢰구간은 다음과 같다.

$$(\overline{D}-t_{\alpha/2}(n-1)\,\frac{s_D}{\sqrt{n}},\ \overline{D}+t_{\alpha/2}(n-1)\,\frac{s_D}{\sqrt{n}})$$

$$=(4.143-2.447\times\frac{2.673}{\sqrt{7}}, 4.143+2.447\times\frac{2.673}{\sqrt{7}})$$

$$=(1.6710, 6.6147)$$

09 남학생의 흡연율을 p_1, 여학생의 흡연율을 p_2라 할 때 $\hat{p}_1=\dfrac{9}{100}=0.09$이고 $\hat{p}_2=\dfrac{4}{100}=0.04$이다. p_1-p_2에 대한 점추정값은 $\hat{p}_1-\hat{p}_2$이다.

$\alpha=0.05$에서 $z_{\alpha/2}=z_{0.025}=1.96$이다. 따라서, p_1-p_2에 대한 95% 신뢰구간은 다음과 같다.

$$((\hat{p}_1-\hat{p}_2)-z_{\alpha/2}\sqrt{\frac{\hat{p}_1(1-\hat{p}_1)}{m}+\frac{\hat{p}_2(1-\hat{p}_2)}{n}},\ (\hat{p}_1-\hat{p}_2)+z_{\alpha/2}\sqrt{\frac{\hat{p}_1(1-\hat{p}_1)}{m}+\frac{\hat{p}_2(1-\hat{p}_2)}{n}})$$

$$=(0.09-0.04)-1.96\times\sqrt{\frac{0.09(1-0.09)}{100}+\frac{0.04(1-0.04)}{100}},$$

$$(0.09-0.04)+1.96\times\sqrt{\frac{0.09(1-0.09)}{100}+\frac{0.04(1-0.04)}{100}})$$

$=(-0.018,0.118)$

9장 두 모집단의 가설검정

01 문과 출신의 통계학 평균성적을 μ_1이라 하고, 이과 출신의 통계학 평균성적을 μ_2라 하면, H_0과 H_1을 각각 다음과 같이 세울 수 있다.

$$H_0: \mu_1 = \mu_2 \quad H_1: \mu_1 < \mu_2$$

표본으로부터 $m=10$, $\overline{x}=68$, $\sigma_1^2=6.0$이고 $n=8$, $\overline{y}=72$, $\sigma_2^2=5.0$이다. 따라서, H_0하에서 Z-통계량 값은 다음과 같다.

$$Z=\frac{\overline{x}-\overline{y}}{\sqrt{\frac{\sigma_1^2}{m}+\frac{\sigma_2^2}{n}}}=\frac{68-72}{\sqrt{\frac{6}{10}+\frac{6}{8}}}=-3.44$$

$\alpha=0.05$에서 $z_\alpha=z_{0.05}=1.645$이므로 $Z\leq -z_{0.05}$이다. 따라서, $\alpha=0.05$에서 H_0을 기각한다. 고로, 문과 출신이 이과 출신보다 통계학 성적이 낮다고 할 수 있다.

03 아이돌 그룹 소속사 A의 평균 키를 μ_1이라 하고, 소속사 B의 평균 키를 μ_2라 하면, H_0과 H_1을 각각 다음과 같이 세울 수 있다.

$$H_0: \mu_1 = \mu_2 \quad H_1: \mu_1 \neq \mu_2$$

자료에서 $m=5$, $\overline{x}=165.8$, $s_1^2=6.2$이고 $n=9$, $\overline{y}=163$, $s_2^2=6.25$이다. 그리고

$$s_p^2=\frac{(m-1)s_1^2+(n-1)s_2^2}{m+n-2}=\frac{(5-1)\times 6.2+(9-1)\times 6.25}{5+9-2}=6.233,\ s_p=2.497$$

이다. 따라서, T-통계량 값은 다음과 같다.

$$T=\frac{\overline{x}-\overline{y}}{s_p\sqrt{\frac{1}{m}+\frac{1}{n}}}=\frac{165.8-163}{2.497\sqrt{\frac{1}{5}+\frac{1}{9}}}=2.01$$

$\alpha=0.10$에서 $t_{\alpha/2}(m+n-2)=t_{0.05}(12)=1.782$이므로 $|T|>t_{0.05}(12)$이다. 고로, H_0을 기각한다. 따라서 두 소속사 간의 평균 키에 차이가 있다고 할 수 있다.

05 아이돌 그룹이 소속사 관리하에 있지 않는 경우의 평균 BMI를 μ_1이라 하고, 소속사의 관리하에 있는 경우의 평균 BMI를 μ_2라 하면, H_0과 H_1을 각각 다음과 같이 세울 수 있다.

$$H_0 : \mu_1 = \mu_2 \qquad H_1 : \mu_1 > \mu_2$$

자료에서 $m=9$, $\bar{x}=16.894$, $n=5$, $\bar{y}=16.548$, 그리고 $\sigma^2=0.7$이다. 따라서, Z-통계량 값은 다음과 같다.

$$Z=\frac{\bar{x}-\bar{y}}{\sigma\sqrt{\frac{1}{m}+\frac{1}{n}}}=\frac{16.894-16.548}{0.837\sqrt{\frac{1}{9}+\frac{1}{5}}}=0.742$$

$\alpha=0.05$에서 $z_\alpha=z_{0.05}=1.645$이므로 $Z<z_{0.05}$이다. H_0을 기각할 수 없다. 따라서 소속사의 관리하에 있는 경우 BMI가 줄어들었다고 볼 수 없다.

07 다이어트 전과 후의 몸무게 차이를 δ라 하면 H_0과 H_1을 다음과 같이 세울 수 있다.

$$H_0 : \delta = 0 \qquad H_1 : \delta > 0$$

자료에서 대응표본 차를 계산한다.

다이어트 전의 몸무게	59	60	62	69	64	63	57
다이어트 후의 몸무게	60	54	58	62	58	59	54
차이 D_i	−1	6	4	7	6	4	3

위에서 $\overline{D}=4.143$, $s_D=2.673$이다. 따라서 T-통계량의 값은 다음과 같다.

$$T=\frac{\overline{D}}{s_D/\sqrt{n}}=\frac{4.143}{2.673/\sqrt{7}}=4.10$$

$\alpha=0.05$에서 $t_\alpha(n-1)=t_{0.05}(6)=1.943$이므로 $T>t_{0.05}(6)$이다. 따라서, H_0을 기각한다. 고로, 새로운 다이어트 방법에 의해 몸무게가 줄었다고 볼 수 있다.

09 남학생의 흡연율을 p_1, 여학생의 흡연율을 p_2라 할 때 H_0과 H_1을 다음과 같이 세울 수 있다.

$$H_0 : p_1 = p_2 \qquad H_1 : p_1 > p_2$$

자료에서 $m=n=100$이고 $\hat{p}_1=0.09$이고 $\hat{p}_2=0.04$이다. 그리고 합동표본비율 $\bar{p}$를 계산하면 다음과 같다.

$$\bar{p}=\frac{9+4}{100+100}=0.065$$

따라서, Z-통계량은 다음과 같다.

$$Z=\frac{\hat{p}_1-\hat{p}_2}{\sqrt{\bar{p}(1-\bar{p})(\frac{1}{m}+\frac{1}{n})}}=\frac{0.09-0.04}{\sqrt{0.065(1-0.065)\times(\frac{1}{100}+\frac{1}{100})}}=1.434$$

$\alpha=0.05$에서 $z_\alpha=z_{0.05}=1.645$이므로 $Z\le z_{0.05}$이다. 따라서, H_0을 기각할 수 없다. 고로, 남학생이 여학생보다 흡연율이 높다고 볼 수 없다.

10장 분산분석

01 α_i를 i번째 교육방법에 대한 처리 효과라 하면 H_0과 H_1은 다음과 같다.

H_0 : $\alpha_1=\alpha_2=\alpha_3=\alpha_4=0$

H_1 : 적어도 하나의 α_i는 0이 아니다.

위의 가설을 검정하기 위한 일원배치 분산분석표는 다음과 같다.

요인	제곱합	자유도	평균제곱	F
처리	1071	3	357.0	5.988
오차	1133	19	59.6	

부록의 F-분포표에서 $\alpha=0.05$에서의 $F_{0.05}(3,19)=3.13$이므로 $F>F_{0.05}(3,19)$이다. 따라서 H_0을 기각한다. 고로, 4가지 교육방법의 효과가 다르다고 할 수 있다.

03 α_i를 i번째 식이요법에 대한 처리 효과라 하면 H_0과 H_1은 다음과 같다.

$H_0:\alpha_1=\alpha_2=\alpha_3=\alpha_4=0$

H_1 :적어도 하나의 α_i는 0이 아니다.

위의 가설을 검정하기 위한 일원배치 분산분석표는 다음과 같다.

요인	제곱합	자유도	평균제곱	F
처리	3799	3	1266.3	1.607
오차	16553	21	788.2	

부록의 $F-$분포표에서 $\alpha=0.05$에서의 $F_{0.05}(3,21)=3.07$이므로 $F<F_{0.05}(3,21)$이다. 따라서 H_0을 기각할 수 없다. 고로, 4종류의 식이요법 A, B, C, D의 효과에 차이가 있다고 볼 수 없다.

05 품종에 따라 차이가 있는지를 검정하기 위한 H_0과 H_1은 다음과 같다.

$$H_0: \alpha_1=\alpha_2=\alpha_3=0$$

H_1: 적어도 하나의 α_i는 0이 아니다.

또한, 비료에 따라 차이가 있는지를 검정하기 위한 H_0과 H_1은 다음과 같다.

$$H_0: \beta_1=\beta_2=\beta_3=\beta_4=0$$

H_1: 적어도 하나의 β_j는 0이 아니다.

위의 가설을 검정하기 위한 이원배치 분산분석표는 다음과 같다.

요인	제곱합	자유도	평균제곱	F
품종	144.7	2	72.33	5.425
비료	102.0	3	34.00	2.550
오차	80.0	6	13.33	

품종에 대하여 $H_0: \alpha_1=\alpha_2=\alpha_3=0$을 검정하기 위한 검정통계량의 값 $F=5.425$이고 부록의 $F-$분포표에서 $F_{0.05}(2,6)=5.14$이므로 $F\geq F_{0.05}(2,6)$이다. 따라서 H_0을 기각한다. 고로, 품종에 따라 토마토 생산량에 차이가 있다고 볼 수 있다.
또한, 비료에 대하여 $H_0: \beta_1=\beta_2=\beta_3=\beta_4=0$을 검정하기 위한 검정통계량의 값 $F=2.550$이고 부록의 $F-$분포표에서 $F_{0.05}(3,6)=4.76$이므로 $F<F_{0.05}(3,6)$이다. 따라서 H_0을 기각할 수 없다. 고로, 비료에 따라 토마토 생산량에 차이가 있다고 볼 수 없다.

11장 상관분석

01 ① 학습시간은 x, 평균학점은 y라 하자. $\bar{x}=8.7, \bar{y}=2.3$이고

$$SS_{XY}=(16-8.7)(4.5-2.3)+(15-8.7)(3.8-2.3)+...+(0-8.7)(0.2-2.3)=73.5,$$

$$SS_X=(16-8.7)^2+(15-8.7)^2+...+(0-8.7)^2=284.1,$$

$$SS_Y=(4.5-2.3)^2+(3.8-2.3)^2+...+(0.2-2.3)^2=19.26$$

이다. 따라서 표본상관계수는 다음과 같다.

$$r = \frac{SS_{XY}}{\sqrt{SS_X}\sqrt{SS_Y}} = \frac{73.5}{\sqrt{284.1}\ \sqrt{19.26}} = 0.99$$

② 상관계수에 대한 가설을 다음과 같이 세운다.

$$H_0: \ \rho = 0, \quad H_1: \ \rho \neq 0$$

검정통계량의 값을 다음과 같이 계산한다.

$$T = \sqrt{n-2}\,\frac{r}{\sqrt{1-r^2}} = \sqrt{10-2}\,\frac{0.99}{\sqrt{1-(0.99)^2}} = 19.85$$

유의수준 5%에서 $t_{\alpha/2}(n-2) = t_{0.025}(8) = 2.306$ 이므로 $|T| > t_{0.025}(8)$ 이다.
따라서, 유의수준 5%에서 H_0을 기각한다. 고로, 학습시간과 평균학점 간에 상관관계가 존재한다고 볼 수 있다.

03 ① 체중은 x, BMI는 y라 하자. $\bar{x} = 45.11, \bar{y} = 16.89$ 이고

$$\begin{aligned} SS_{XY} &= (45-45.11)(15.94-16.89) + (45-45.11)(16.33-16.89) + \dots \\ &\quad + (45-45.11)(18.03-16.89) \ = \ -0.63, \\ SS_X &= (45-45.11)^2 + (45-45.11)^2 + \dots + (45-45.11)^2 = 2.89, \\ SS_Y &= (15.94-16.89)^2 + (16.33-16.89)^2 + \dots + (18.03-16.89)^2 = 5.82 \end{aligned}$$

이다. 따라서 표본상관계수는 다음과 같다.

$$r = \frac{SS_{XY}}{\sqrt{SS_X}\sqrt{SS_Y}} = \frac{-0.63}{\sqrt{2.89}\ \sqrt{5.82}} = -0.15$$

② 상관계수에 대한 가설을 다음과 같이 세운다.

$$H_0 : \rho = 0, \quad H_1 : \rho \neq 0$$

검정통계량의 값을 다음과 같이 계산한다.

$$T = \sqrt{n-2}\,\frac{r}{\sqrt{1-r^2}} = \sqrt{9-2}\,\frac{-0.15}{\sqrt{1-(-0.15)^2}} = -0.4$$

유의수준 5%에서 $t_{\alpha/2}(n-2) = t_{0.025}(7) = 2.365$ 이므로 $|T| < t_{0.025}(7)$ 이다. 따라서, 유의수준

5%에서 H_0을 기각할 수 없다. 고로, 체중과 BMI 간에 상관관계가 존재한다고 볼 수 없다.

12장 회귀분석

01 ① 학습시간과 평균학점에 대한 산점도

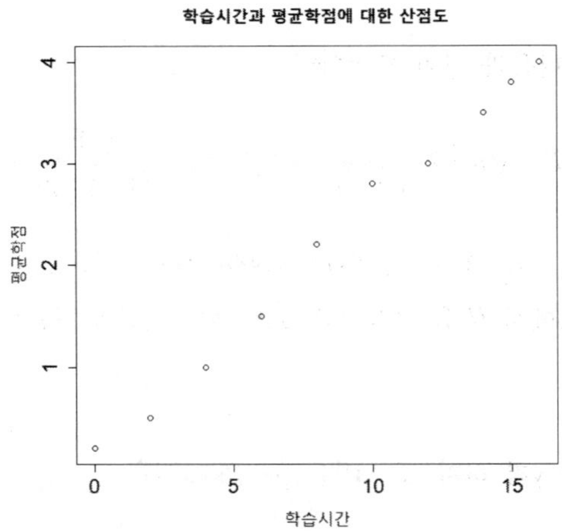

② 추정된 회귀계수 b_0, b_1은 다음과 같다.

$$b_1 = \frac{SS_{XY}}{SS_X} = 0.2459$$

$$b_0 = \bar{y} - b_1\bar{x} = 2.25 - 0.2459 \times 8.7 = 0.1110$$

따라서, 추정된 회귀직선은

$$\hat{y_i} = 0.1110 + 0.2459x_i$$

③ 학습시간이 11시간 즉, $x_i = 11$인 학생의 평균학점 추정값은

$$\hat{y_i} = 0.111 + 0.2459 \times 11 = 2.8159$$

이 된다.

④ 분산분석표

요인	제곱합	자유도	평균제곱	F
회귀	SSR=17.174	1	MSR=17.174	F=1233
오차	SSE=0.111	8	MSE=0.014	
계	SST	9		

학습시간과 평균학점에 대한 회귀모형의 유의성에 대해 검정하는 가설
$H_0 : \beta_1 = 0, \quad H_1 : \beta_1 \neq 0$에 대한 검정통계량의 값은

$$F = 1233$$

이고 부록의 $F-$분포표에서 $F_{0.05}(1,8) = 5.32$이므로 $H_0 : \beta_1 = 0$을 기각한다. 즉, 추정된 회귀직선은 통계적으로 유의하다.

⑤ 결정계수 R^2의 값은

$$R^2 = \frac{SSR}{SST} = \frac{17.174}{17.285} = 0.994$$

이므로 총 변동 중에서 회귀직선에 의해 설명되는 부분이 99.40%이다.

03 ① 수익과 이윤에 대한 산점도

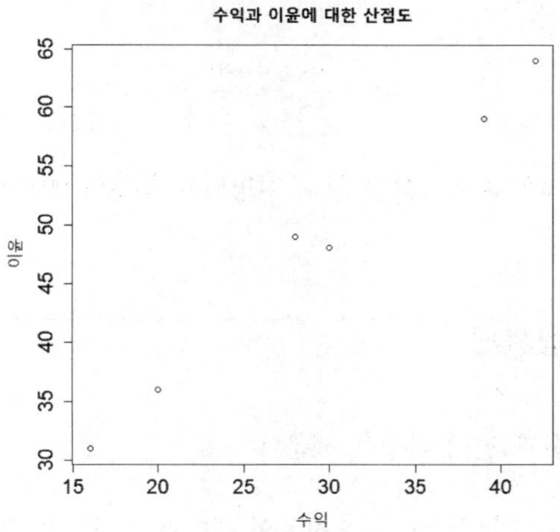

② 추정된 회귀계수 b_0, b_1은 다음과 같다.

$$b_1 = \frac{SS_{XY}}{SS_X} = 1.2407$$

$$b_0 = \overline{y} - b_1\overline{x} = 47.83 - 1.2407 \times 29.17 = 11.6401$$

따라서, 추정된 회귀직선은 $\hat{y_i} = 11.6401 + 1.2407x_i$ 이다.

③ 수익이 35 즉, $x_i = 35$ 인 기업의 이윤 추정값은

$$\hat{y_i} = 11.6401 + 1.2407 \times 35 = 55.0646$$

이다.

④ 분산분석표

요인	제곱합	자유도	평균제곱	F
회귀	SSR=801.674	1	MSR=801.674	F=350.2289
오차	SSE=9.156	4	MSE=2.289	
계	SST=810.83	5		

가설 $H_0 : \beta_1 = 0$, $H_1 : \beta_1 \neq 0$에 대한 검정통계량의 값은

$$F = 350.2289$$

이고 부록의 $F-$분포표에서 $F_{0.05}(1, 4) = 7.71$이므로 H_0을 기각한다. 즉 회귀직선은 유의하다.

⑤ 결정계수 R^2의 값은

$$R^2 = \frac{SSR}{SST} = \frac{801.674}{810.83} = 0.99$$

이므로 총 변동 중에서 회귀직선에 의해 설명되는 부분이 99%이다.

13장 범주형 자료분석

01 독립성검정에서 다음과 같이 가설을 세운다.

H_0 : 소득수준과 쇼핑장소의 선택과는 아무런 관련이 없다.
H_1 : H_0이 아니다.

분할표로부터 실제 관찰도수를 이용하여 H_0가 참일 때 기대도수를 계산하면 다음과 같다. 괄호 안에 숫자는 기대도수를 나타낸다.

소득수준 \ 쇼핑장소	백화점	대형할인매장	재래시장	합계
고소득층	15(9)	10(15)	5(6)	30
중간층	10(10.5)	20(17.5)	5(7)	35
저소득층	5(10.5)	20(17.5)	10(7)	35
합계	30	50	20	100

따라서 검정통계량 χ^2의 값은

$$\chi^2 = \sum_{i=1}^{3}\sum_{j=1}^{2}\frac{(O_{ij}-E_{ij})^2}{E_{ij}} = \frac{(15-9)^2}{9} + \ldots + \frac{(10-7)^2}{7} = 41.83$$

이며 자유도는 (3-1)(2-1)=2이다. 그러므로,

$$\chi^2 \geq \chi^2_{0.05}(2) = 5.99$$

가 되어 H_0을 기각한다. 따라서, 소득수준은 쇼핑 장소의 선택에 영향을 미친다고 할 수 있다.

03 동질성검정에서 다음과 같이 가설을 세운다.

H_0 : 학년에 따라 흡연하는 학생의 비율이 동일하다.
H_1 : H_0이 아니다.

분할표로부터 실제 관찰도수를 이용하여 H_0가 참일 때 기대도수를 계산하면 다음과 같다. 괄호 안에 숫자는 기대도수를 나타낸다.

학년 \ 흡연여부	흡연	비흡연	합계
1	14(11)	6(9)	20
2	16(11)	4(9)	20
3	15(16.5)	15(13.5)	30
4	10(16.5)	20(13.5)	30
합계	55	45	100

따라서 검정통계량 χ^2의 값은

$$\chi^2 = \sum_{i=1}^{4}\sum_{j=1}^{2}\frac{(O_{ij}-E_{ij})^2}{E_{ij}} = \frac{(14-11)^2}{11} + \ldots + \frac{(20-13.5)^2}{13.5} = 51.15$$

이며 자유도는 (4-1)(2-1)=3이다. 그러므로,

$$\chi^2 \geq \chi^2_{0.05}(3) = 7.81473$$

가 되어 H_0을 기각한다. 따라서, 학년에 따른 흡연 비율이 동일하다고 할 수 없다.

05 동질성검정에서 다음과 같이 가설을 세운다.

H_0 : 학년별로 인정여부의 비율이 동일하다.

H_1 : H_0이 아니다.

분할표로부터 실제 관찰도수를 이용하여 H_0가 참일 때 기대도수를 계산하면 다음과 같다. 괄호 안에 숫자는 기대도수를 나타낸다.

학년 \ 인정여부	인정한다.	인정하지 않는다.	합계
1	81(72.1)	22(30.9)	103
2	73(72.1)	30(30.9)	103
3	72(70)	28(30)	100
4	54(65.8)	40(28.2)	94
합계	280	120	400

따라서 검정통계량 χ^2의 값은

$$\chi^2 = \sum_{i=1}^{4}\sum_{j=1}^{2}\frac{(O_{ij}-E_{ij})^2}{E_{ij}} = \frac{(81-72.1)^2}{72.1} + \dots + \frac{(40-28.2)^2}{28.2} = 54.813$$

이며 자유도는 (4-1)(2-1)=3이다. 그러므로,

$$\chi^2 \geq \chi^2_{0.05}(3) = 7.81473$$

가 되어 H_0을 기각한다. 따라서, 학년에 따른 인정여부의 비율이 차이가 있다고 할 수 있다.

찾아보기

ㄱ

ㄴ

ㄷ

ㅁ

저자 소개

임동훈

부산대학교 계산통계학과 졸업(이학사)
부산대학교 대학원 계산통계학과 졸업(이학석사)
부산대학교 대학원 통계학과 졸업(이학박사)
미국 오하이오 주립대학교(Post-Doc)
현재 경상대학교 정보통계학과 교수, 바이오의료 빅데이터학과 교수
연구분야 : 빅데이터, 영상처리, 비모수통계학

저서

빅데이터 분석 : 그것이 R고 싶다, 자유아카데미, 2020
OpenCV를 이용한 영상처리, 자유아카데미, 2014
AMOS를 이용한 구조방정식 모형, 자유아카데미, 2014
R을 이용한 통계학, 자유아카데미, 2013
R을 이용한 비모수 통계학, 자유아카데미, 2010
초보자를 위한 비주얼 C++ 6.0 프로그래밍, 자유아카데미, 2008
초보자를 위한 OpenCV를 이용한 영상처리, 자유아카데미, 2008
초보자를 위한 XML 프로그래밍, 내하출판사, 2006

통계학 : 그것이 R고 싶다

저 자 임동훈
발 행 인 김지영
발 행 처 자유아카데미
주 소 경기도 파주시 회동길 37-42
파주출판도시
전 화 031-955-1321
팩 스 031-955-1322
홈페이지 www.freeaca.com
전자우편 main@freeaca.com (대표)
editor@freeaca.com (편집)
crm@freeaca.com (영업)
등 록 제406-2003-017호, 1980. 7. 12
제1판1쇄 2020년 11월 25일 발행
정 가 28,000원

저자와의
협의하에
인지생략

ISBN 979-11-5808-290-1 93310